DIFFERENTIALGLEICHUNGEN

LÖSUNGSMETHODEN UND LÖSUNGEN

VON

DR. E. KAMKE

EHEMALS O. PROFESSOR AN DER UNIVERSITÄT TÜBINGEN

II.

PARTIELLE DIFFERENTIALGLEICHUNGEN
ERSTER ORDNUNG FÜR EINE GESUCHTE FUNKTION

6. AUFLAGE. UNVERÄNDERTER NACHDRUCK
DER 5. AUFLAGE. MIT 16 FIGUREN

Springer Fachmedien Wiesbaden GmbH 1979

ISBN 978-3-663-12058-2 ISBN 978-3-663-12057-5 (eBook)
DOI 10.1007/978-3-663-12057-5

CIP-Kurztitelaufnahme der Deutschen Bibliothek

Kamke, Erich:
Differentialgleichungen : Lösungsmethoden u. Lösungen /
von E. Kamke. — Stuttgart : Teubner.
2. Partielle Differentialgleichungen erster Ordnung für eine gesuchte Funktion.
6. Aufl., unveränd. Nachdr. d. 5. Aufl. — 1979.
ISBN 978-3-663-12058-2

Ursprünglich erschienen bei B. G. Teubner, Stuttgart 1979
Softcover reprint of the hardcover 6th edition 1979

Vorwort.

Dieser Band 2 behandelt die partiellen Differentialgleichungen erster Ordnung sowie Systeme von solchen für *eine* gesuchte Funktion. Der erste Teil des Bandes enthält allgemeine Erörterungen über die Lösungsverhältnisse und Lösungen, der zweite Teil rund 300 Einzel-Differentialgleichungen mit ihren Lösungen.

Die unmittelbaren Anwendungen der partiellen Differentialgleichungen erster Ordnung in Physik und Technik sind weit spärlicher als die der Differentialgleichungen zweiter Ordnung, eher trifft man sie noch in der Differentialgeometrie an. Bei weiterem Nachforschen hätte sich wohl noch diese oder jene weitere Anwendung auffinden lassen. Gleichwohl veröffentliche ich den Band schon jetzt, in der Hoffnung, daß die Benutzer des Buches zu seiner Vervollkommnung mehr beisteuern werden, als es mir in der nächsten Zeit gelingen könnte. Ich werde für jede solche Zuschrift dankbar sein.

Die zweite Auflage ist, abgesehen von der Verbesserung von Druckfehlern, ein unveränderter Abdruck der ersten Auflage.

Tübingen, im September 1947.

E. Kamke.

Aus dem Vorwort zur dritten Auflage.

Dieses Buch ist seit einer Reihe von Jahren vergriffen. Da immer wieder nach ihm gefragt wird und da im Rahmen des gesteckten Zieles z. Z. nicht sehr Wesentliches hinzuzufügen wäre, haben Verlag und Verfasser sich entschlossen, das Buch nach vorliegenden Platten nochmals zu drucken.

Tübingen, im März 1956.

E. Kamke.

Vorwort zur vierten Auflage.

Von größeren sachlichen Änderungen ist auch bei der vierten Auflage abgesehen worden, jedoch sind die dem Verfasser bekannt gewordenen Fehler verbessert.

Tübingen, im Februar 1959.

E. Kamke.

Vorwort zur 6. Auflage

Von den „Lösungsmethoden und Lösungen" des Verfassers stellte der vorliegende Band den Teil über partielle Differentialgleichungen erster Ordnung für eine gesuchte Funktion dar. Dem Verlag B. G. Teubner danke ich herzlich für seine Bereitwilligkeit, das Buch als Nachdruck herauszugeben, so daß das Gesamtwerk nun wieder zur Verfügung steht.

Bochum, Januar 1979 **Detlef Kamke**
Platanenweg 42

Inhaltsverzeichnis.

D. Differentialgleichungen erster Ordnung für eine gesuchte Funktion.

§ 1. Lineare und quasilineare Differentialgleichungen.

§ 2. Die nichtlineare Differentialgleichung $F\left(x, y, z, \frac{\partial z}{\partial x}, \frac{\partial z}{\partial y}\right) = 0$.

§ 3. Allgemeine Differentialgleichungen erster Ordnung $F\left(x_1, \ldots, x_n, z, \frac{\partial z}{\partial x_1}, \ldots, \frac{\partial z}{\partial x_n}\right) = 0$ und Systeme von solchen.

E. Einzel-Differentialgleichungen.

Erklärung der Zeichen und Abkürzungen.

$p = \frac{\partial z}{\partial x}$, $q = \frac{\partial z}{\partial y}$, $p_\nu = \frac{\partial z}{\partial x_\nu}$, $q_\nu = \frac{\partial z}{\partial y_\nu}$.

$\mathfrak{x}$; $\mathfrak{y}$; $\mathfrak{p}$; $\mathfrak{q}$ steht, falls nichts anderes gesagt ist, für $x_1, \ldots x_n$; $y_1, \ldots, y_n$; $p_1, \ldots, p_n$; $q_1, \ldots, q_n$.

$f_{x_\nu}(\mathfrak{x}) = \frac{\partial f}{\partial x_\nu}$, entsprechend f_x, f_y, f_{y_ν}.

$\mathfrak{G}(\mathfrak{x})$ = Gebiet im $x_1, \ldots, x_n$-Raum.

A, B, C willkürliche Konstante.

D = Differential, Gl = Gleichung, I = Integral, also z. B. DGl = Differentialgleichung, IFläche = Integralfläche.

k-mal stetig differenzierbar nach den x_ν heißt eine Funktion $f(\mathfrak{x})$ oder $f(\mathfrak{x}, \mathfrak{y})$, wenn f nebst allen partiellen Ableitungen der Ordnung $\leq k$ nach den x_ν stetig in dem $\mathfrak{x}$-Bereich bzw. in dem $\mathfrak{x}, \mathfrak{y}$-Bereich ist.

Acta Soc. Fennicae: Acta Societatis scientiarum Fennicae. Helsingforsiae.

Acta Szeged: Acta Litterarum ac Scientiarum Regiae Universitatis Hungaricae Francisco-Josephinae. Sectio Scientiarum Mathematicarum. Szeged.

Americ. Journ. Math.: American Journal of Mathematics. Baltimore.

Annales École Norm.: Annales scientifiques de l'École Normale Supérieure. Paris.

Annales Soc. Polon.: Annales de la Société Polonaise de Mathématiques. Cracovie.

Annali di Mat.: Annali di Matematica pura ed applicata. Bologna.

Annals of Math.: Annals of Mathematics. Princeton.

Archiv Math.: Archiv der Mathematik und Physik. Leipzig, Berlin.

Atti Accad. Lincei: Atti della Reale Accademia Nazionale dei Lincei. Rendiconti. Classe di Scienze fisiche, matematiche e naturali. Roma.

Atti Congresso Intern. Bologna 1928: Atti del Congresso Internazionale dei Matematici. Bologna 1928.

Atti Torino: Atti della Reale Accademia delle Scienze di Torino.

Bianchi, DGeometrie: L. Bianchi, Vorlesungen über Differentialgeometrie, 1. Aufl., Leipzig 1899.

Bieberbach, DGlen: L. Bieberbach, Theorie der Differentialgleichungen, 3. Aufl. Berlin 1930.

du Bois-Reymond, Partielle DGlen: P. du Bois-Reymond, Beiträge zur Interpretation der partiellen Differentialgleichungen mit drei Variabeln. Leipzig 1864.

Carathéodory, Variationsrechnung: C. Carathéodory, Variationsrechnung und partielle Differentialgleichungen erster Ordnung. Leipzig und Berlin 1935.

Commentarii math. Helvetici: Commentarii mathematici Helvetici. Zürich.
Courant-Hilbert, Methoden math. Physik: R. Courant — D. Hilbert, Methoden der mathematischen Physik I, 2. Aufl. Berlin 1931, II Berlin 1937.

Darboux, Théorie des surfaces: G. Darboux, Leçons sur la théorie générale des surfaces II. Paris 1889.
Duke Math. Journal: Duke Mathematical Journal. Durham.

Forsyth, Diff. Equations: A. R. Forsyth, Theory of Differential Equations. Cambridge 1906.
Forsyth-Jacobsthal, DGlen: A. R. Forsyth — W. Jacobsthal, Lehrbuch der Differentialgleichungen, 2. Aufl. Braunschweig 1912.
Forsyth-Maser, DGlen: A. R. Forsyth-H. Maser, Theorie der Differentialgleichungen I: Exacte Gleichungen und das Pfaffsche Problem. Leipzig 1893.
Frank-v. Mises, D- u. IGlen: Ph. Frank — R. v. Mises, Die Differential- und Integralgleichungen der Mechanik und Physik, Bd. I, 2. Aufl. Braunschweig 1930.

Giornale Mat.: Giornale di Matematiche di Battaglini. Napoli.
Goursat, Équations du premier ordre: E. Goursat, Leçons sur l'intégration des equations aux dérivées partielles du premier ordre. 2. Aufl., Paris 1921.
Goursat, Problème de Pfaff: E. Goursat, Leçons sur le problème de Pfaff. Paris 1922.

Hamilton-Prange, Strahlenoptik: W. R. Hamiltons Abhandlungen zur Strahlenoptik, übersetzt und mit Anmerkungen herausgegeben von G. Prange. Leipzig 1933.
Haupt-Aumann, D- u. IRechnung: O. Haupt — G. Aumann, Differential- und Integralrechnung. I—III. Berlin 1938.
Horn, Partielle DGlen: J. Horn, Partielle Differentialgleichungen. 2. Aufl., Berlin und Leipzig 1929.

Jahresbericht DMV: Jahresbericht der Deutschen Mathematiker-Vereinigung. Leipzig.
Japanese Journal of Math.: Japanese Journal of Mathematics. Tokyo.
Journal für Math.: Journal für die reine und angewandte Mathematik. Berlin.
Julia, Exercices d'Analyse: G. Julia, Exercices d'Analyse, Bd. 3, Paris 1933. Bd. 4, Paris 1935.

Kamke, DGlen: E. Kamke, Differentialgleichungen reeller Funktionen. 2. Auflage, Leipzig 1944, sowie E. *Kamke*, Differentialgleichungen, Teil II, Partielle Differentialgleichungen, 5. Auflage, Leipzig 1965.
Knoblauch, Differentialgeometrie: J. Knoblauch, Grundlagen der Differentialgeometrie, Leipzig und Berlin 1913.

Laguerre, Oeuvres: Oeuvres de Laguerre. Paris 1898.

Math. Annalen: Mathematische Annalen. Berlin.
Math. Zeitschrift: Mathematische Zeitschrift. Berlin.
Mathematica. Mathematica. Cluj.
Mansion, Équations du premier ordre: P. Mansion, Théorie des équations aux dérivées partielles du premier ordre. Paris 1876.

Monatshefte f. Math.: Monatshefte für Mathematik und Physik. Leipzig.
Morris-Brown, Diff. Equations: M. Morris — O. E. Brown, Differential Equations. New York 1935.

Nouvelles Annales Math.: Nouvelles Annales de Mathématiques. Paris.

Philosophical Transactions London: Philosophical Transactions of the Royal Society of London. London.

Serret-Scheffers, Differential- und Integralrechnung: Serret-Scheffers, Lehrbuch der Differential- und Integralrechnung, Bd. 2, 6. und 7. Aufl. 1921, Bd. 3, 6. Aufl. Leipzig und Berlin 1924.
Sitzungsberichte Heidelberg: Sitzungsberichte der Heidelberger Akademie der Wissenschaften. Mathematisch-naturwissenschaftliche Klasse, Abt. A. Heidelberg.
Sitzungsberichte Wien: Sitzungsberichte der Kaiserlichen Akademie der Wissenschaften. Mathematisch-naturwissenschaftliche Klasse. Abt. IIa. Wien.
Studia Math.: Studia Mathematica. Lwów.

Transactions Americ. Math. Soc.: Transactions of the American Mathematical Society. Menasha—New York.
Transactions Soc. Edinburgh: Transactions of the Royal Society of Edinburgh. Edinburgh.

Whittaker, Analyt. Dynamik: E. T. Whittaker, Analytische Dynamik der Punkte und starren Körper. Nach der zweiten Auflage übersetzt von Dr. F. und K. Mittelsten Scheid. Berlin 1924.

Zeitschrift f. angew. Math. Mech.: Zeitschrift für angewandte Mathematik und Mechanik. Berlin.
Zeitschrift für Gletscherkunde: Zeitschrift für Gletscherkunde. Berlin.

D. Differentialgleichungen erster Ordnung für eine gesuchte Funktion.

1. Allgemeine Vorbemerkungen.

1·1. Einteilung der Differentialgleichungen. Die allgemeine (implizite) partielle Differentialgleichung erster Ordnung für eine gesuchte Funktion $z = z(x_1, \ldots, x_n)$ ist von der Gestalt

$$F\left(x_1, \ldots, x_n, z, \frac{\partial z}{\partial x_1}, \ldots, \frac{\partial z}{\partial x_n}\right) = 0; \tag{1}$$

dabei ist F eine gegebene Funktion von $2n + 1$ Argumenten. Lösung, Integral, Integralfläche (IFläche; solution, surface intégrale) der DGl ist jede Funktion $z = \psi(x_1, \ldots, x_n)$, die in einem Gebiet $\mathfrak{g}(x_1, \ldots, x_n)$ stetige[1]) partielle Ableitungen erster Ordnung hat und nebst ihren Ableitungen die Gl (1) erfüllt.

Die explizite Form (Normalform, kanonische Form) der partiellen DGl erster Ordnung ist

$$\frac{\partial z}{\partial x} = f\left(x, y_1, \ldots, y_n, z, \frac{\partial z}{\partial y_1}, \ldots, \frac{\partial z}{\partial y_n}\right); \tag{2}$$

dabei ist f eine gegebene Funktion von $2n + 2$ Argumenten; die unabhängigen Veränderlichen sind jetzt mit $x, y_1, \ldots, y_n$ bezeichnet, gesucht ist also eine Funktion $z = z(x, y_1, \ldots, y_n)$.

Häufig werden die Abkürzungen

$$p = \frac{\partial z}{\partial x}, \quad p_\nu = \frac{\partial z}{\partial x_\nu}, \quad q_\nu = \frac{\partial z}{\partial y_\nu} \tag{3}$$

verwendet. Mit diesen lauten die DGlen

$$F(x_1, \ldots, x_n, z, p_1, \ldots, p_n) = 0 \tag{1a}$$

und

$$p = f(x, y_1, \ldots, y_n, z, q_1, \ldots, q_n). \tag{2a}$$

---

[1]) Während bei den expliziten gewöhnlichen DGlen (vgl. I, S. 1) mit stetiger rechter Seite aus der DGl unmittelbar abgelesen werden kann, daß jede Lösung eine *stetige* Ableitung hat, ist das hier nicht möglich. Daher ist die Stetigkeit der Ableitungen (auch bei der expliziten DGl (2)) eine besondere Forderung, die an die Integrale gestellt wird.

Diese Gleichungen werden hier häufig noch kürzer in der Gestalt (**vektorielle** Schreibweise)

(1b) $$F(\mathfrak{x}, z, \mathfrak{p}) = 0$$

und

(2b) $$p = f(x, \mathfrak{y}, z, \mathfrak{q})$$

geschrieben werden; dabei steht $\mathfrak{x}$ für $x_1, \ldots, x_n$; $\mathfrak{p}$ für $p_1, \ldots, p_n$; $\mathfrak{y}$ für $y_1, \ldots, y_n$; $\mathfrak{q}$ für $q_1, \ldots, q_n$.

Die DGlen heißen linear, wenn sie linear in z und den Ableitungen sind, und quasilinear, wenn sie in den Ableitungen linear sind (Linearität in bezug auf z wird also in diesem Fall nicht verlangt). Die allgemeine Gestalt einer quasilinearen DGl ist

(4) $$\sum_{\nu=1}^{n} f_\nu(\mathfrak{x}, z)\, p_\nu = g(\mathfrak{x}, z);$$

und die der linearen DGl

(5) $$\sum_{\nu=1}^{n} f_\nu(\mathfrak{x})\, p_\nu + f_0(\mathfrak{x})\, z = f(\mathfrak{x});$$

dabei sind die Abkürzungen (3) benutzt, und es steht wieder $\mathfrak{x}$ für $x_1, \ldots, x_n$. Ist im letzten Fall auch noch $f_0 = f = 0$, so heißt die DGl homogen.

1·2. Vorläufiges über die Lösungsverhältnisse. Die partielle DGl erster Ordnung steht in engen Beziehungen zu einem System gewöhnlicher DGlen, den sog. charakteristischen Glen der gegebenen partiellen DGl. Ihre Lösungen lassen sich aus den Lösungen dieses Systems, den sog. Charakteristiken, aufbauen. Die Lösung ist im allgemeinen eindeutig bestimmt, wenn für sie eine „quer“ zu den Charakteristiken verlaufende Anfangskurve

(6) $$x_1 = x_1(t), \ldots, x_n = x_n(t), \; z = z(t)$$

und außerdem für die Punkte dieser Kurve noch die Ableitungen $\frac{\partial z}{\partial x_1}, \ldots, \frac{\partial z}{\partial x_n}$ gegeben sind (bei linearen und quasilinearen DGlen genügt es, die Anfangskurve (6) vorzuschreiben). Das ist, wenn man von allem Beiwerk absieht, die immer wiederkehrende Regel über die Lösungsverhältnisse. In Wirklichkeit ist diese Regel an eine Reihe von Voraussetzungen geknüpft. Von wesentlichem Einfluß auf die Lösungsverhältnisse und insbesondere auf die eindeutige Bestimmtheit der Lösungen ist die Gestalt des betrachteten Gebiets (vgl. 2·6 (e)). Bei den allgemeinen Sätzen, über die im folgenden berichtet wird, werden daher Angaben über das betrachtete Gebiet notwendig sein; vielfach wird dabei nicht das allgemeinste zulässige, sondern ein möglichst einfach zu beschreibendes Gebiet (der ganze Raum oder ein Parallelstreifen oder ein Quader) gewählt. Bei speziellen Lösungsverfahren wird von der Angabe des Gebietes abgesehen, da man bei ihrer Anwendung auf konkrete Beispiele den Gültigkeitsbereich von selbst meistens genauer als auf Grund allgemeingültiger Angaben erhält.

§ 1. Lineare und quasilineare Differentialgleichungen.

2. Die lineare homogene Differentialgleichung $f(x, y)\frac{\partial z}{\partial x} + g(x, y)\frac{\partial z}{\partial y} = 0.$ [1]

2·1. Veranschaulichung der Differentialgleichung. Der einfachste Typus einer partiellen DGl erster Ordnung ist die lineare homogene DGl (zu den Bezeichnungen s. 1·1) für eine gesuchte Funktion $z = z(x, y)$:

(1) $$f(x, y)\frac{\partial z}{\partial x} + g(x, y)\frac{\partial z}{\partial y} = 0$$

oder

(1a) $$f(x, y)\, p + g(x, y)\, q = 0,$$

wo zur Abkürzung

$$p = \frac{\partial z}{\partial x}, \quad q = \frac{\partial z}{\partial y}$$

gesetzt ist. Die DGl wird hier immer nur in einem solchen Gebiet[2] $\mathfrak{G}(x, y)$ betrachtet, in dem die Koeffizienten $f(x, y)$, $g(x, y)$ definiert und stetig sind[3].

Ein Zahlenquintupel x_0, y_0, z_0, p_0, q_0 wird als Flächenelement bezeichnet, wenn man es sich durch die Ebene

$$z - z_0 = (x - x_0)\, p_0 + (y - y_0)\, q_0$$

in dem x, y, z-Raum veranschaulicht denkt; der Punkt x_0, y_0, z_0, durch den die Ebene hindurchgeht, heißt der Trägerpunkt, p_0, q_0 heißen die Richtungskoeffizienten oder Richtungselemente des Flächenelements. Die Flächenelemente mit gemeinsamem Trägerpunkt x_0, y_0, z_0 sind offenbar die sämtlichen durch x_0, y_0, z_0 gehenden Ebenen mit Ausnahme der Ebenen,

---

[1]) Die Darstellung lehnt sich an KAMKE, DGlen, S. 296—321 an.

[2]) Von der Art dieses Gebietes können die Lösungsverhältnisse der DGl wesentlich abhängen; vgl. dazu 2·6 (d) und (e).

[3]) Es werden häufig noch weitere Voraussetzungen hinzukommen. Für die Lösbarkeit der DGl reicht nämlich die Stetigkeit im allgemeinen nicht aus; vgl. dazu O. PERRON, Math. Zeitschrift 27 (1928) 549ff.

die senkrecht zur x, y-Ebene sind. Ist $z = \psi(x, y)$ eine stetig differenzierbare Fläche, so sind die aus ihr gebildeten Flächenelemente

$$x, y, \psi(x, y), \psi_x(x, y), \psi_y(x, y) \tag{2}$$

gerade ihre Tangentialebenen.

Durch die DGl (1) bzw. (1a) werden jedem Raumpunkt x_0, y_0, z_0 die Flächenelemente x_0, y_0, z_0, p, q zugeordnet, deren Richtungskoeffizienten p, q die Gl

$$f(x_0, y_0)\, p + g(x_0, y_0)\, q = 0$$

erfüllen; das sind [1]) die sämtlichen Ebenen (ohne die zur x, y-Ebene senkrechte Ebene), die durch die horizontale Gerade

$$x - x_0 = f(x_0, y_0)\, t, \quad y - y_0 = g(x_0, y_0)\, t, \quad z = z_0$$

(t ist Parameter) gehen (Fig. 1); durch die DGl wird also jedem Punkt ein Ebenenbüschel (Mongesches Büschel) zugeordnet. Integral von (1) ist, geometrisch gesprochen, jede stetig differenzierbare Fläche $z = \psi(x, y)$, die in jedem ihrer Punkte x_0, y_0, z_0 ein diesem Punkte zugeordnetes Flächenelement zur Tangentialebene hat, d. h. deren Flächenelemente (2) die DGl erfüllen.

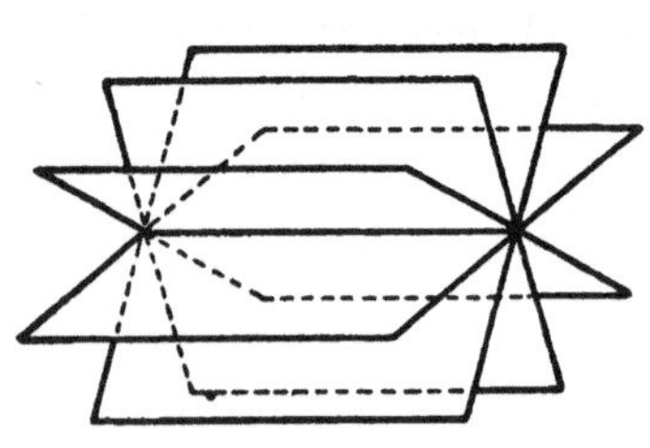

Fig. 1.

2·2. Weitere Vorbemerkungen über Integrale und über Höhenlinien als Charakteristiken.

(a) Jede DGl (1) hat offenbar die triviale oder uneigentliche Lösung $z = \text{const}$. Die von diesen verschiedenen Lösungen werden eigentliche oder nicht-triviale Lösungen genannt.

(b) Ist $z = \psi(x, y)$ in $\mathfrak{G}$ ein Integral von (1) und ist $A < \psi(x, y) < B$ [2]), so ist für jede in $A < u < B$ stetig differenzierbare Funktion $\Omega(u)$ auch $\chi(x, y) = \Omega(\psi(x, y))$ ein Integral von (1).

Denn es ist $f\chi_x + g\chi_y = \Omega'(\psi)\,(f\psi_x + g\psi_y) = 0$.

Ebenso ergibt sich: Sind $\psi_1(x, y), \ldots, \psi_m(x, y)$ in $\mathfrak{G}$ Integrale von (1) und ist $\Omega(u_1, \ldots, u_m)$ eine beliebige Funktion, die für den Wertebereich der ψ_ν definiert ist und stetige partielle Ableitungen erster Ordnung hat, so ist auch

$$\chi(x, y) = \Omega(\psi_1(x, y), \ldots, \psi_m(x, y))$$

---

[1]) Hier wird $|f(x_0, y_0)| + |g(x_0, y_0)| > 0$ vorausgesetzt, d. h. es wird eine reguläre Stelle (vgl. 2·8 (e)) x_0, y_0 betrachtet.

[2]) Es ist $A = -\infty$, $B = +\infty$ zugelassen.

ein Integral von (I). Insbesondere entsteht also durch Multiplikation eines Integrals mit einer Konstanten und durch lineare Komposition[1]) von Integralen wieder ein Integral.

(c) Eine Besonderheit der partiellen DGlen erster Ordnung ist, daß ihre Lösungsverhältnisse von den IKurven gewisser gewöhnlicher DGlen abhängen. Bei der DGl (I) kann man zu diesen auf folgendem Wege gelangen. Jede Lösung $z = \psi(x, y)$ stellt im x, y, z-Raum eine schlicht über der x, y-Ebene liegende Fläche dar. Die Punkte, für die $\psi(x, y)$ einen festen Wert c hat, liegen auf der gleichen Höhe über der x, y-Ebene. Sie mögen sich zu einer Kurve — Höhenlinie oder Isohypse genannt — zusammenschließen (Fig. 2), die sich in der Gestalt

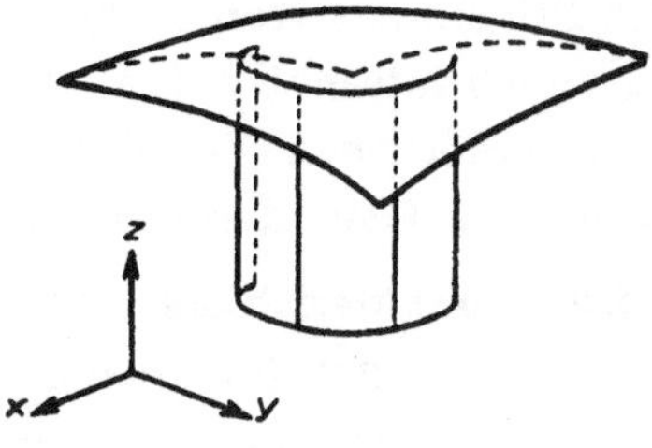

Fig. 2.

$$x = \varphi_1(t), \quad y = \varphi_2(t), \quad z = c$$

mit stetig differenzierbaren Funktionen φ_1, φ_2 darstellen läßt und deren Projektion auf die x, y-Ebene demnach durch die beiden ersten Glen gegeben ist. Dann ist

$$\psi(\varphi_1(t), \varphi_2(t)) = c.$$

Durch Differentiation nach t erhält man

$$\psi_x(\varphi_1, \varphi_2)\varphi_1' + \psi_y(\varphi_1, \varphi_2)\varphi_2' = 0.$$

Da ψ die Gl (I) erfüllt, ist außerdem

$$\psi_x(\varphi_1, \varphi_2) f(\varphi_1, \varphi_2) + \psi_y(\varphi_1, \varphi_2) g(\varphi_1, \varphi_2) = 0.$$

Ist überall $|\psi_x| + |\psi_y| > 0$, so folgt aus diesen beiden Glen

$$\varphi_1' g(\varphi_1, \varphi_2) - \varphi_2' f(\varphi_1, \varphi_2) = 0,$$

und hieraus, wenn die Variable t in geeigneter Weise transformiert wird[2]),

$$\varphi_1' = f(\varphi_1, \varphi_2) \quad \text{und} \quad \varphi_2' = g(\varphi_1, \varphi_2).$$

Die Projektionen der Höhenlinien auf die x, y-Ebene sind also durch diese beiden, von ψ unabhängigen DGlen gegeben und sind somit für alle IFlächen dieselben.

---

[1]) Lineare Komposition oder Kombination von Funktionen $\psi_1, \ldots, \psi_m$ ist ein mit beliebigen Konstanten A gebildeter Ausdruck $A_1\psi_1 + \cdots + A_m\psi_m$.

[2]) Dabei ist vorauszusetzen die Fußnote [1]) von S. 4 und daß φ'_1, φ'_2 nirgends *beide* Null sind. Ist etwa $\varphi'_1 \neq 0$, so setzt man $t = \chi(\tau)$ und bestimmt diese Funktion aus der DGl

$$\chi'(\tau)\,\varphi_1'(\chi) = f(\varphi_1(\chi), \varphi_2(\chi)).$$

Man kann nun versuchen, auf folgendem Wege zu einer eigentlichen IFläche zu gelangen: Man bestimmt die IKurven (charakteristische Grundkurven) des Systems

$$x'(t) = f(x, y), \quad y'(t) = g(x, y)$$

und erhebt diese Kurven, welche die Projektionen der Höhenlinien sein müssen, auf geeignete Höhen, so daß die Kurven sich zu einer stetig differenzierbaren Fläche $z = \psi(x, y)$ zusammenschließen. Dieses ist ein wichtiges Prinzip zur Konstruktion der IFlächen, und man gelangt auf diesem Wege auch tatsächlich (vgl. 2·3, 2·4, 2·5) zu IFlächen der Gl (1) und — mit den erforderlichen Verallgemeinerungen — auch zu den Lösungen der allgemeinen Glen dieses Paragraphen.

2·3. Charakteristiken und Integralflächen. Bei Verfolgung des Gedankens von 2·2 (c) gelangt man zu folgenden Begriffen und Sätzen: Bei den Voraussetzungen von 2·1 über f, g geht durch jeden Punkt ξ, η von 𝔊 mindestens eine „Kurve"

(2) $$x = \varphi_1(t), \quad y = \varphi_2(t),$$

die den DGlen

(3) $$x'(t) = f(x, y), \quad y'(t) = g(x, y)$$

genügt (dabei sind auch „Kurven" mit konstantem $\varphi_1(t), \varphi_2(t)$ zugelassen, d. h. solche, die nur aus einem Punkt bestehen). Jede solche Kurve oder auch die aus ihr für eine beliebige Konstante c entstehende Raumkurve

(4) $$x = \varphi_1(t), \quad y = \varphi_2(t), \quad z = c$$

wird eine Charakteristik (caractéristique) der DGl (1) genannt[1]; die DGlen (3) heißen die zu (1) gehörigen charakteristischen oder LAGRANGEschen Glen.

(a) Jedes Integral $z = \psi(x, y)$ ist konstant längs jeder charakteristischen Grundkurve (2), d. h. es ist $\psi(\varphi_1(t), \varphi_2(t)) = \text{const.}$[2] Die Konstante kann mit der gewählten charakteristischen Grundkurve wechseln.

Hieraus folgt

(b) Jede Charakteristik (4), die mindestens einen Punkt mit einer IFläche von (1) gemeinsam hat, gehört sogar in ihrem ganzen Verlauf der IFläche an. Jede IFläche läßt sich also aus Charakteristiken aufbauen.

---

[1]) Die Kurven (2) heißen zum Unterschied von (4) auch charakteristische Grundkurven. Vgl. COURANT-HILBERT, Methoden math. Physik II, S. 52.

[2]) Denn, da φ_1, φ_2 die DGlen (3) erfüllen, ist

$$\frac{d}{dt}\psi(\varphi_1(t), \varphi_2(t)) = \psi_x \varphi_1' + \psi_y \varphi_2' = \psi_x(\varphi_1, \varphi_2) f(\varphi_1, \varphi_2) + \psi_y(\varphi_1, \varphi_2) g(\varphi_1, \varphi_2) = 0,$$

letzteres, weil ψ die DGl (1) erfüllt. Hieraus folgt die Behauptung.

Hieraus wiederum folgt

(c) Haben zwei IFlächen von (1) einen Punkt gemeinsam, so haben sie sogar die ganze durch diesen Punkt gehende Charakteristik gemeinsam.

Für das Auffinden von Lösungen der DGl (1) ist das folgende Gegenstück zu (a) wichtig.

(d) Eine Funktion $\psi(x, y)$ ist sicher ein Integral von (1), wenn sie

(α) in $\mathfrak{G}$ stetige partielle Ableitungen erster Ordnung hat und

(β) längs jeder charakteristischen Grundkurve (2) konstant ist[1]).

Aus (a) und (d) folgt

(e) Integrale von (1) sind genau die stetig differenzierbaren Funktionen $z = \psi(x, y)$, die in ihrem Definitionsbereich längs jeder charakteristischen Grundkurve konstant sind.

2·4. Gewinnung einer Übersicht über die Integralflächen durch das Studium der Charakteristiken. In einer Reihe von Fällen führt der Satz 2·3 (e) leicht zu einem vollständigen Überblick über die IFlächen, indem man die Charakteristiken studiert.

(a) $$a p + b q = 0.$$

Aus den charakteristischen Glen $x' = a$, $y' = b$ folgt $x = a t + A$, $y = b t + B$ für beliebige Konstante A, B. Die charakteristischen Grundkurven und die Charakteristiken bilden also eine Schar von parallelen Geraden. Die IFlächen sind daher die Zylinderflächen, deren Erzeugende zu diesen Geraden parallel sind (Fig. 3).

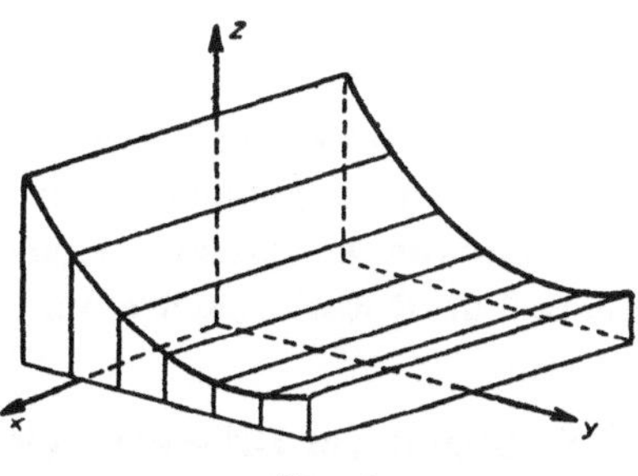

Fig. 3.

(b) $$x p + y q = 0.$$

Aus den charakteristischen Glen $x' = x$, $y' = y$ folgt für beliebige Konstante A, B

$$x = A e^t, \quad y = B e^t,$$

d. h. die charakteristischen Grundkurven sind die Strahlen, die in der x, y-Ebene liegen und vom Nullpunkt ausgehen. Die IFlächen sind die-

[1]) Denn ist x_0, y_0 ein beliebiger Punkt von $\mathfrak{G}$, so gibt es durch ihn eine charakteristische Grundkurve, und diese möge den Punkt x_0, y_0 für $t = t_0$ passieren. Da $\psi(\varphi_1(t), \varphi_2(t))$ konstant ist, folgt durch Differentiation nach t bei Berücksichtigung von (3) $\quad 0 = \psi_x \varphi_1' + \psi_y \varphi_2' = \psi_x (\varphi_1, \varphi_2) f(\varphi_1, \varphi_2) + \psi_y(\varphi_1, \varphi_2)\, g(\varphi_1, \varphi_2)$,
also für $t = t_0$

$$0 = \psi_x(x_0, y_0) f(x_0, y_0) + \psi_y(x_0, y_0)\, g(x_0, y_0).$$

Das ist aber die Behauptung.

jenigen stetig differenzierbaren Flächen, die sich aus diesen Strahlen aufbauen lassen, indem man sie in Richtung der z-Achse parallel verschiebt (Fig. 4). Die einzigen IFlächen, die in einem den Punkt $x = 0$, $y = 0$ enthaltenden Gebiet existieren, sind daher die Ebenen $z = \text{const}$; in jedem Gebiet der x, y-Ebene, das den Nullpunkt nicht enthält, gibt es aber noch andere IFlächen (Konoide).

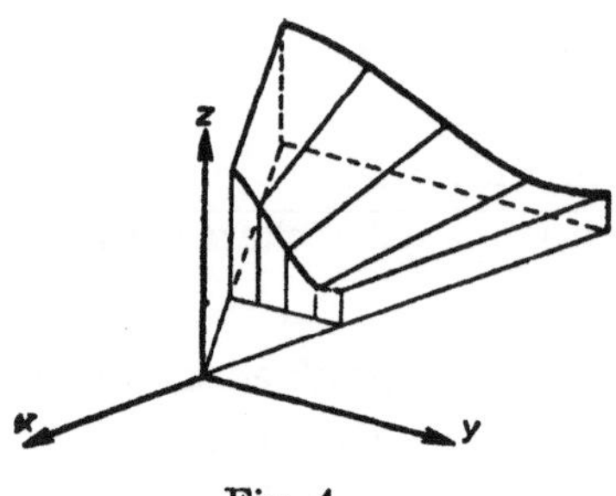

Fig. 4.

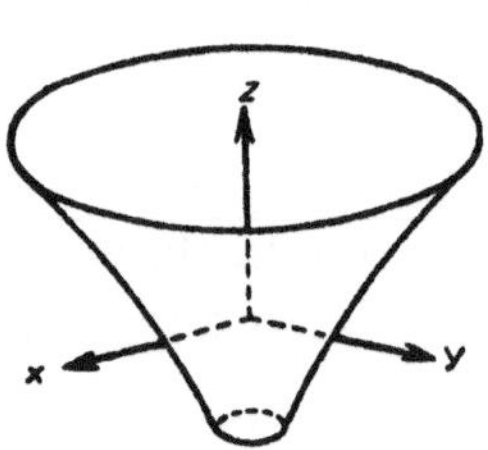

Fig. 5.

(c) $$y\,p - x\,q = 0.$$

Aus den charakteristischen Glen $x' = y$, $y' = -x$ folgt $x\,x' + y\,y' = 0$, d. h. für jede charakteristische Grundkurve ist $x^2 + y^2 = \text{const}$. Diese Kurven sind also die Kreise mit dem Nullpunkt als Mittelpunkt. Die IFlächen sind diejenigen stetig differenzierbaren Flächen, die sich aus diesen Kurven aufbauen lassen, d. h. die Rotationsflächen, welche die z-Achse zur Rotationsachse und keine vertikale Tangentialebene haben (Fig. 5).

2·5. Lösung der Differentialgleichung durch Kombination der charakteristischen Gleichungen. Das Verfahren wird an zwei Beispielen dargelegt.

(a) $$a\,y\,p + b\,x\,q = 0.$$

Die charakteristischen Glen sind

$$x' = a\,y, \quad y' = b\,x.$$

Für jede Lösung $x = x(t)$, $y = y(t)$ folgt aus diesen Glen

$$b\,x\,x' - a\,y\,y' = 0, \quad \text{d. h.} \quad \frac{d}{dt}(b\,x^2 - a\,y^2) = 0,$$

d. h. die Funktion $b x^2 - a y^2$ ist längs jeder charakteristischen Grundkurve konstant. Da sie außerdem stetige partielle Ableitungen hat, ist sie nach 2·3 (d) ein Integral.

(b) $$a\,x\,p + b\,y\,q = 0.$$

Die charakteristischen Glen sind

$$x' = a\,x, \quad y' = b\,y.$$

Aus ihnen folgt für $x \neq 0$, $y \neq 0$, d. h. für jeden der vier Quadranten der x, y-Ebene

$$b\frac{x'}{x} - a\frac{y'}{y} = 0, \quad \text{d. h.} \quad \frac{d}{dt}\log\left(|x|^b\,|y|^{-a}\right) = 0.$$

Die Funktion $\psi(x, y) = \log\left(|x|^b\,|y|^{-a}\right)$ ist also längs jeder charakteristischen Grundkurve konstant. Da die Funktion außerdem stetige partielle Ableitungen hat, ist sie nach 2·3 (d) ein Integral. Auf Grund von 2·2 (b) kann man aus diesem Integral ein einfacheres gewinnen, indem man $\Omega(u) = e^u$ wählt; man erhält dann das Integral $\psi(x, y) = |x|^b\,|y|^{-a}$.

(c) Wie die Beispiele zeigen, besteht das Lösungsverfahren darin, daß man durch geschickte Kombination der charakteristischen Glen eine DGl gewinnt, für deren linke Seite man eine von t unabhängige Stammfunktion angeben kann. Dieses Verfahren ist in einer Reihe von Fällen brauchbar. Aber es enthält noch keinen allgemeinen Existenzbeweis. Ferner ist noch offen, wie man aus einem Integral die Gesamtheit der Integrale erhalten kann; zu dieser Frage s. 2·8.

(d) Wird nicht bloß irgendeine IFläche, sondern eine solche gesucht, die durch eine gegebene Raumkurve geht, so kann man die Bemerkung 2·2 (b) heranziehen.

Wird etwa bei dem Beispiel (a) eine IFläche gesucht, die durch die Parabel $z = 4x^2$, $y = x$ geht, so hat man eine stetig differenzierbare Funktion $\Omega(u)$ so ausfindig zu machen, daß

$$z = \Omega(b\,x^2 - a\,y^2) \quad \text{für} \quad z = 4x^2,\ y = x,$$

d. h. daß

$$4x^2 = \Omega((b-a)\,x^2) \quad \text{oder} \quad \Omega(u) = \frac{4u}{b-a}$$

ist. Das gesuchte Integral ist somit

$$z = \frac{4}{b-a}(b\,x^2 - a\,y^2).$$

Wird bei dem Beispiel (b) eine IFläche gesucht, die durch dieselbe Parabel geht, so ist $\Omega(u)$ so zu wählen, daß (bei $x > 0$, $y > 0$)

$$z = \Omega(x^b\,y^{-a})$$

die gegebene Parabel enthält, d. h. es soll

$$4x^2 = \Omega(u) \quad \text{mit} \quad u = x^{b-a}$$

sein. Daraus folgt

$$\Omega(u) = 4u^{\frac{2}{b-a}},$$

und hiermit erhält man das gesuchte Integral

$$z = 4x^{\frac{2b}{b-a}}\,y^{\frac{2a}{a-b}} \quad \text{für} \quad a \neq b.$$

2·6. Der Sonderfall $p + f(x, y)\, q = 0$. Ist in (1) $f \neq 0$ in dem ganzen betrachteten Gebiet $\mathfrak{G}$, so nimmt die DGl, wenn man sie durch f dividiert und wieder f statt g/f schreibt, die spezielle Gestalt

$$p + f(x, y)\, q = 0 \tag{5}$$

an. Die erste der charakteristischen Glen (3) lautet in diesem Fall $x'(t) = 1$, so daß man $x = t$ wählen kann. Aus dem System (3) der charakteristischen Glen wird dann die eine Gl

$$y'(x) = f(x, y). \tag{6}$$

Über die Funktion $f(x, y)$ wird weiterhin in dieser Nummer vorausgesetzt, daß sie in dem Gebiet $\mathfrak{G}(x, y)$ eine stetige partielle Ableitung f_y hat.

(a) Grundlegender Existenzsatz: Ist $\varphi(x, \xi, \eta)$ die charakteristische Funktion (vgl. I A 5·4) der DGl (6), d. h. ist $y = \varphi(x, \xi, \eta)$ die durch den Punkt ξ, η gehende IKurve von (6), so ist nach I A 5·4 für alle Punkte ξ, η, für die $\varphi(x_0, \xi, \eta)$ bei festem x_0 existiert,

$$\frac{\partial \varphi}{\partial \xi} + f(\xi, \eta) \frac{\partial \varphi}{\partial \eta} = 0,$$

d. h. die Funktion $\psi(x, y) = \varphi(x_0, x, y)$ ist bei festem x_0 ein Integral von (5) in dem Existenzbereich der Funktion $\varphi(x_0, x, y)$, und dabei ist $\psi_y > 0$.

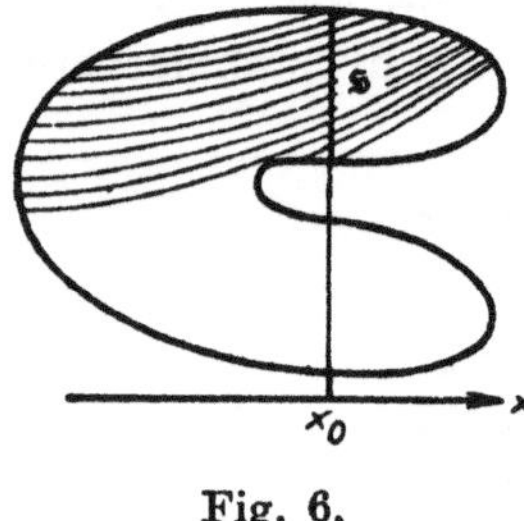

Fig. 6.

Ist $\mathfrak{s}$ ein in $\mathfrak{G}$ liegendes Stück der Geraden $x = x_0$, so ist der Existenzbereich $\mathfrak{g}(\mathfrak{s})$ der Funktion $\varphi(x_0, x, y)$ das Teilgebiet von $\mathfrak{G}$, das von den durch $\mathfrak{s}$ gehenden Charakteristiken, d. h. von den durch $\mathfrak{s}$ gehenden IKurven der DGl (6) gebildet wird (Fig. 6); $\mathfrak{g}(\mathfrak{s})$ soll ein charakteristisches Feld der DGl (5) oder (6) heißen.

(b) Integralfläche durch eine Normalkurve als Anfangskurve (Cauchys Problem). Es sei die Normalkurve[1])

$$x = x_0, \quad y = \eta, \quad z = \omega(\eta) \qquad (\alpha < \eta < \beta) \tag{7}$$

mit der Projektion $\mathfrak{s}$ auf die x, y-Ebene gegeben. CAUCHYS Problem oder die Anfangswertaufgabe für die DGl (5) besagt: es soll eine IFläche angegeben werden, welche die Kurve (7) enthält.

Ist $A < \varphi < B$ in dem charakteristischen Feld $\mathfrak{g}(\mathfrak{s})$ und ist $\omega(u)$ für $A < u < B$ stetig differenzierbar, so gibt es solche IFlächen und für

---

[1]) Unter Normalkurven werden hier Raumkurven verstanden, die parallel zur y, z-Ebene sind.

das charakteristische Feld als Definitionsbereich genau eine[1]), nämlich $\psi(x, y) = \omega(\varphi(x_0, x, y))$.

Analytisch ergibt sich das mit 2·2 (b) daraus, daß $\varphi(x_0, x, y)$ in $\mathfrak{g}(\mathfrak{s})$ ein Integral und $\varphi(x_0, x_0, y) = y$, also $\psi(x_0, y) = \omega(y)$ ist.

Geometrisch gelangt man zu der IFläche auch so: Man legt durch die Anfangskurve (7) die Charakteristiken

$$y = \varphi(x, x_0, \eta), \quad z = \omega(\eta)$$

und eliminiert η. Da aus der ersten dieser beiden Glen für die Punkte x, y der durch x_0, η gehenden Charakteristik $\eta = \varphi(x_0, x, y)$ folgt, erhält man gerade $z = \omega(\varphi(x_0, x, y))$.

Beispiel: Für

$$p + 2\,x\,q = 0$$

lautet die charakteristische Gl (6) $y' = 2\,x$, es ist also $\varphi(x, \xi, \eta) = x^2 - \xi^2 + \eta$ und daher die gesuchte IFläche

$$z = \omega(x_0^2 - x^2 + y)\,.$$

Auch wenn $\psi(x, y)$ *irgendein* Integral mit $\psi_y > 0$ für ein charakteristisches Feld $\mathfrak{g}(\mathfrak{s})$ ist, erhält man in diesem die Gesamtheit der Integrale durch $\chi(x, y) = \omega(\psi(x, y))$, wenn $\omega(u)$ alle stetig differenzierbaren Funktionen durchläuft, die für den Wertevorrat von ψ definiert sind.

Ist $\mathfrak{G}$ ein Parallelstreifen

$$a < x < b\,^{2)}, \quad -\infty < y < +\infty$$

und ist f oder f_y in $\mathfrak{G}$ beschränkt, so fällt $\mathfrak{g}(\mathfrak{s})$ mit $\mathfrak{G}$ zusammen, falls $\mathfrak{s}$ irgendeine Parallele zur y-Achse ist. Man kann dann also die Werte des Integrals auf einer beliebigen Geraden $x = x_0$ mit $a < x_0 < b$ vorschreiben. Das Integral ist dadurch eindeutig bestimmt und existiert im ganzen Gebiet $\mathfrak{G}$[3]).

(c) Integralfläche durch eine beliebige Anfangskurve. Die Anfangskurve (7) kann durch eine beliebige Anfangskurve

$$x = u(s), \quad y = v(s), \quad z = w(s)$$

mit stetig differenzierbaren Funktionen u, v, w ersetzt werden, wenn

(8) $$|u'| + |v'| > 0, \quad v' \neq f(u, v)\,u'\ ^{4)}$$

---

[1]) Sind $\mathfrak{G}$ und $\mathfrak{g}(\mathfrak{s})$ Gebiete wie in Fig. 6, so läßt sich die IFläche evtl. auch über $\mathfrak{g}(\mathfrak{s})$ hinaus fortsetzen, ist aber in dem erweiterten Bereich durch (7) nicht mehr eindeutig festgelegt.

[2]) Dabei ist $a = -\infty$, $b = +\infty$ zugelassen. Der Parallelstreifen kann also auch die ganze x, y-Ebene oder eine Halbebene sein.

[3]) Für beschränktes f bei Kamke, DGlen, S. 314 und Nachtrag zu Nr. 161.

[4]) Diese Bedingung besagt, daß die Anfangskurve „quer" zu den Charakteristiken verläuft in dem Sinne, daß ihre Projektion $x = u$, $y = v$ auf die x, y-Ebene keine charakteristische Grundkurve berührt.

ist. Das in (b) geschilderte geometrische Verfahren liefert für das Integral in einer hinreichend kleinen und passend geformten Umgebung der Kurve $x = u(s)$, $y = v(s)$ die Parameterdarstellung

$$y = \varphi(x, u(s), v(s)), \quad z = w(s).$$

Beispiel: Für die DGl des Beispiels von (b) sei die Anfangskurve

$$x = s, \quad y = 2s, \quad z = \omega(s)$$

gegeben. Die erste der UnGlen (8) ist für alle s, die zweite für $s \neq 1$ erfüllt. Da $\varphi(x, \xi, \eta) = x^2 - \xi^2 + \eta$ ist, lautet die Parameterdarstellung des Integrals

$$y = x^2 - s^2 + 2s, \quad z = \omega(s).$$

Aus der ersten Gl ergibt sich

$$s = 1 \pm \sqrt{x^2 - y + 1},$$

wobei das obere oder untere Vorzeichen gilt, je nachdem $s \gtrless 1$, d. h. $x \gtrless 1$ ist. Entsprechend wird

$$z = \omega\left(1 \pm \sqrt{x^2 - y + 1}\right) \quad \text{für} \quad y < x^2 + 1.$$

(d) Über die Existenz eigentlicher Integrale in beliebigen Gebieten. Für das *ganze* Gebiet $\mathfrak{G}$ braucht die DGl (5) kein eigentliches Integral zu haben, selbst wenn $f(x, y)$ dort stetige Ableitungen beliebig hoher Ordnung nach x und y hat und wenn $\mathfrak{G}$ ein einfach zusammenhängendes Gebiet ist[1]). Dagegen gilt noch folgendes:

(d_1) Ist $\mathfrak{G}$ einfach zusammenhängend und beschränkt und haben $f(x, y)$ und $f_y(x, y)$ bei Annäherung an den Rand von $\mathfrak{G}$ dort wohlbestimmte stetige Grenzwerte, so hat die DGl (5) in dem ganzen Gebiet $\mathfrak{G}$ ein Integral $\psi(x, y)$ mit $\psi_y > 0$ [2]).

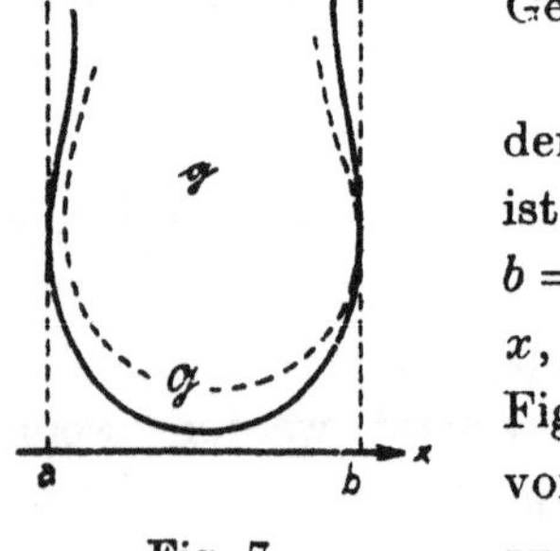

Fig. 7.

(d_2) Ist $f(x, y)$ in dem Gebiet $\mathfrak{G}$ (in Fig. 7 von der ausgezogenen Kurve begrenzt) beschränkt und ist a die untere, b die obere Grenze ($a = -\infty$, $b = +\infty$ zugelassen) der Abszissen x der Punkte x, y von $\mathfrak{G}$, so gibt es zu jedem Teilgebiet $\mathfrak{g}$ (in Fig. 7 von der gestrichelten Kurve begrenzt) von $\mathfrak{G}$, dessen im *Innern* des Streifens $a < x < b$, $-\infty < y < +\infty$ gelegene Randpunkte zu $\mathfrak{G}$ gehören, ein Integral $\psi(x, y)$ von (5) mit $\psi_y > 0$ [3]).

Man kann solche Lösungen konstruieren, indem man $\mathfrak{g}$ aus charakteristischen Feldern zusammensetzt und in diesen eigentliche Integrale konstruiert, die sich zu

[1]) T. Ważewski, Mathematica 8 (1933) 103—116.

[2]) L. D. Rodabaugh, Duke Math. Journal 6 (1940) 362—374; dort findet man auch Aussagen für mehrfach zusammenhängende Gebiete.

[3]) E. Kamke, Jahresbericht DMV 44 (1934) 156—161. Vgl. auch 3·6 (c) und E. Kamke, Math. Annalen 99 (1928) 602—615.

einem für das ganze $\mathfrak{g}$ gültigen Integral zusammenschließen[1]), oder indem man den Definitionsbereich von f so auf die ganze x, y-Ebene erweitert, daß der Fall (b) vorliegt[2]).

(e) Über die Fortsetzbarkeit der Integralflächen. Bei den gewöhnlichen DGlen $y' = f(x, y)$ mit stetiger rechter Seite läßt sich jede IKurve, die in einem beliebig kleinen Intervall gegeben ist, nach beiden Seiten bis an den Rand des Stetigkeitsgebiets von f fortsetzen. Die entsprechende Frage bei partiellen DGlen lautet: wenn man ein Integral von (5) für ein Teilgebiet $\mathfrak{g}$ von $\mathfrak{G}$ hat, läßt sich dann dieses Integral auf ein größeres Teilgebiet von $\mathfrak{G}$ ausdehnen? Die Frage ist im allgemeinen zu verneinen. Ist z. B. die DGl

$$p + x q = 0$$

gegeben, so sind die charakteristischen Grundkurven (vgl. Fig. 8) die Parabeln $2y = x^2 + C$. Betrachtet man die DGl zunächst nur in der Halbebene $y > 0$, so kann man eine Lösung konstruieren, die auf den stark ausgezogenen Stücken jeder Parabel links und rechts der Parabel $2y = x^2$ verschiedene Werte annimmt. Das so im Gebiet $y > 0$ erhaltene Integral läßt sich nicht zu einem Integral für die ganze x, y-Ebene ergänzen, da dieses auf *jeder* der ganzen Parabeln konstant sein müßte.

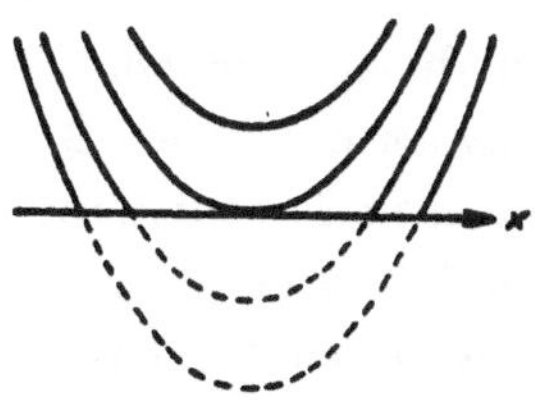

Fig. 8.

Will man eine Lösung von (5) in einem gegebenen Gebiet haben, so nützt es daher (außer im Bereich analytischer Funktionen) wenig, erst eine Lösung für ein kleines Teilgebiet zu konstruieren.

2·7. Einschaltung über Abhängigkeit von Funktionen und Jacobische Funktionaldeterminante. Bei den gewöhnlichen linearen DGlen tritt der Begriff der linearen Abhängigkeit von Funktionen auf (vgl. I A 9·1). Bei den partiellen DGlen braucht man einen allgemeineren Abhängigkeitsbegriff und ein Kriterium für die Abhängigkeit von Funktionen in diesem allgemeineren Sinne.

Hängen z. B. die stetig differenzierbaren Funktionen $u(x, y)$, $v(x, y)$ in der Weise voneinander ab, daß (vgl. 2·2 (b)) für eine stetig differenzierbare Funktion $\Omega(u)$

$$v(x, y) = \Omega(u(x, y))$$

oder allgemeiner[3])

$$F(u(x, y), v(x, y)) = 0 \tag{9}$$

[1]) Vgl. E. Kamke, Math. Annalen 99 (1928) 602—615.

[2]) Vgl. 3·6 (c).

[3]) Für $F(u, v) = v - \Omega(u)$ geht (9) in die vorangehende Gl über.

ist, wo $F(u, v)$ stetige partielle Ableitungen erster Ordnung hat und

$$|F_u| + |F_v| > 0 \tag{10}$$

ist, so folgt durch partielle Differentiation von (9)

$$F_u u_x + F_v v_x = 0, \quad F_u u_y + F_v v_y = 0,$$

also wegen (10)

$$\begin{vmatrix} u_x & u_y \\ v_x & v_y \end{vmatrix} = 0. \tag{11}$$

Umgekehrt folgt aus (11) auch, daß die Funktionen $u(x, y)$, $v(x, y)$ voneinander abhängig sind, wenn die Abhängigkeit der Funktionen in geeigneter Weise definiert wird. Mit Rücksicht auf die spätere Verwendung werden die Formulierungen sogleich für Funktionen von beliebig vielen Veränderlichen aufgestellt.

Definition 1: Die Funktionen

$$u_1(x_1, \ldots, x_q), \ldots, u_p(x_1, \ldots, x_q), \tag{12}$$

von denen nur vorausgesetzt wird, daß sie in einem *beschränkten abgeschlossenen* Gebiet $\mathfrak{B}(x_1, \ldots, x_q)$ des $x_1, \ldots, x_q$-Raumes definiert sind, heißen in $\mathfrak{B}$ voneinander abhängig (functionally dependent), wenn es eine Funktion $F(u_1, \ldots, u_p)$ mit folgenden drei Eigenschaften gibt:

(α) F ist im ganzen $u_1, \ldots, u_p$-Raum definiert und hat dort stetige partielle Ableitungen erster Ordnung;

(β) in keinem Teilgebiet des $u_1, \ldots, u_p$-Raumes ist $F(u_1, \ldots, u_p) \equiv 0$;

(γ) in $\mathfrak{B}$ ist

$$\Phi(x_1, \ldots, x_q) = F(u_1(x_1, \ldots, x_q), \ldots, u_p(x_1, \ldots, x_q)) \equiv 0.$$

Definition 2: Die Funktionen (12) heißen in einem *offenen* Gebiet $\mathfrak{G}(x_1, \ldots, x_q)$, in dem sie definiert sind, voneinander abhängig, wenn sie in jedem beschränkten abgeschlossenen Teilgebiet von $\mathfrak{G}$ nach der Definition 1 abhängig sind[1]).

Definition 3: Die Jacobische Determinante $J(x_1, \ldots, x_n)$ oder Funktionaldeterminante $\dfrac{\partial(u_1, \ldots, u_n)}{\partial(x_1, \ldots, x_n)}$ von n Funktionen

$$u_1(x_1, \ldots, x_n), \ldots, u_n(x_1, \ldots, x_n), \tag{13}$$

die in einem Gebiet $\mathfrak{G}(x_1, \ldots, x_n)$ stetige partielle Ableitungen erster Ordnung haben, ist die Determinante

$$J(x_1, \ldots, x_n) = \frac{\partial(u_1, \ldots, u_n)}{\partial(x_1, \ldots, x_n)} = \begin{vmatrix} \dfrac{\partial u_1}{\partial x_1}, \ldots, \dfrac{\partial u_1}{\partial x_n} \\ \cdots\cdots\cdots \\ \dfrac{\partial u_n}{\partial x_1}, \ldots, \dfrac{\partial u_n}{\partial x_n} \end{vmatrix}.$$

[1]) Über die Notwendigkeit der Teilung der Definition für abgeschlossene und offene Gebiete s. Anm. (b).

Mit diesen Begriffen lautet das JACOBIsche Kriterium für die Abhängigkeit von Funktionen:

(a) Haben die Funktionen (13) in dem (offenen) Gebiet $\mathfrak{G}(x_1, \ldots, x_n)$ stetige partielle Ableitungen erster Ordnung, so sind die Funktionen in $\mathfrak{G}$ genau dann voneinander abhängig, wenn ihre Funktionaldeterminante $J(x_1, \ldots, x_n) \equiv 0$ ist[1]).

Anmerkungen: (a) Ob die Funktionen (13) voneinander abhängig sind, läßt sich mit Hilfe des obigen Kriteriums verhältnismäßig leicht feststellen. Dagegen ist es im allgemeinen nicht so leicht, die Art der Abhängigkeit (etwa durch explizite Angabe einer Funktion F) wirklich anzugeben.

(b) Daß auf die komplizierte Definition der Abhängigkeit und insbesondere die Zergliederung in die Definitionen 1 und 2 im allgemeinen nicht verzichtet werden kann, wenn der Satz (a) bestehen soll, zeigt für $n = 2$ das Beispiel

$$(*) \qquad u(x, y) = \sin x, \quad v(x, y) = \sin x^2.$$

Die Funktionaldeterminante ist offenbar $\equiv 0$. Soll (γ) erfüllt sein, d. h.

$$\Phi(x, y) = F(u(x, y), v(x, y)) \equiv 0$$

für eine stetige Funktion $F(u, v)$ in der ganzen x, y-Ebene gelten, so muß $F(u, v) \equiv 0$ in dem Quadrat $|u| \leq 1$, $|v| \leq 1$ sein, da die durch (*) gegebenen Punkte in diesem Quadrat überall dicht liegen, d. h. die Bedingung (β) ist nicht erfüllbar.

Hat man p Funktionen (12) von q Veränderlichen, so gilt folgendes[2]):

(b) Für $p > q$ sind die in $\mathfrak{G}(x_1, \ldots, x_q)$ mit stetigen partiellen Ableitungen erster Ordnung versehenen Funktionen (12) voneinander abhängig.

(c) Für $p \leq q$ sind die Funktionen in $\mathfrak{G}$ voneinander unabhängig, wenn die Funktionalmatrix[3])

$$\frac{\partial(u_1, \ldots, u_p)}{\partial(x_1, \ldots, x_q)} = \begin{pmatrix} \frac{\partial u_1}{\partial x_1}, & \ldots, & \frac{\partial u_1}{\partial x_q} \\ \cdots & & \cdots \\ \frac{\partial u_p}{\partial x_1}, & \ldots, & \frac{\partial u_p}{\partial x_q} \end{pmatrix}$$

---

1) Obwohl dieses Kriterium lange bekannt ist, ist es doch erst von K. KNOPP und R. SCHMIDT [Math. Zeitschrift 25 (1926) 373—381] genau formuliert und wirklich bewiesen worden (reproduziert bei E. KAMKE, DGlen, S. 302—309). Vgl. auch HAUPT-AUMANN, D- und IRechnung II, S. 159ff. A. OSTROWSKI, Jahresbericht DMV 36 (1927) 129—134.

2) Die folgenden Tatsachen werden erst in 3 gebraucht.

3) Für $p = q = n$ hat die linke Seite nach der folgenden Zeile und der Definition 3 auf S. 14 zwar eine doppelte Bedeutung — sie bedeutet nämlich einmal eine Matrix und das andere Mal eine Determinante —, aber es wird im folgenden immer klar sein, was gemeint ist.

in $\mathfrak{G}$ den Rang p hat, d. h. wenn es in $\mathfrak{G}$ mindestens einen Punkt gibt, in dem mindestens eine p-reihige Unterdeterminante der obigen Matrix von Null verschieden ist.

(d) Haben die Funktionen

$$u_1(x_1, \ldots, x_{n+1}), \ldots, u_n(x_1, \ldots, x_{n+1})$$

in $\mathfrak{G}(x_1, \ldots, x_{n+1})$ stetige partielle Ableitungen erster *und zweiter* Ordnung, so sind die Funktionen in $\mathfrak{G}$ voneinander abhängig, wenn die Matrix

$$\frac{\partial(u_1, \ldots, u_n)}{\partial(x_1, \ldots, x_{n+1})}$$

in jedem Punkt von $\mathfrak{G}$ höchstens den Rang $n-1$ hat, d. h. wenn jede n-reihige Determinante im ganzen Gebiet Null ist[1]).

2·8. Die allgemeine Differentialgleichung: Hauptintegral, Existenzsätze, Integral durch eine gegebene Anfangskurve. Die Funktionen $f(x, y)$, $g(x, y)$ mögen wie bisher schon im Gebiet $\mathfrak{G}(x, y)$ stetig und außerdem in keinem Teilgebiet von $\mathfrak{G}$ beide identisch Null sein. Dann gilt

(a) Je zwei in $\mathfrak{G}$ existierende Integrale der DGl (1) sind in $\mathfrak{G}$ voneinander abhängig.

Wird ein Integral von (1) ein Hauptintegral (IBasis) genannt, wenn es in keinem Teilgebiet konstant ist, so gilt weiter:

(b) Ist $\psi(x, y)$ für das Gebiet $\mathfrak{G}(x, y)$ ein Hauptintegral der DGl (1), so besteht die Gesamtheit der Integrale in $\mathfrak{G}$ gerade aus den Funktionen $\chi(x, y)$, die in $\mathfrak{G}$ stetige partielle Ableitungen erster Ordnung haben und von ψ abhängig sind. Ist $\mathfrak{G}$ charakteristisches Feld und $\psi_y \neq 0$, so gilt die einfachere Tatsache des vorletzten Absatzes von 2·6 (b).

(c) Sind die Funktionen f, g in dem einfach zusammenhängenden Gebiet $\mathfrak{G}$ k-mal stetig differenzierbar ($k \geq 1$) und ist dort ständig $|f| + |g| > 0$, so hat die DGl (1) in jedem beschränkten Teilgebiet $\mathfrak{g}$ von $\mathfrak{G}$, das mit $\mathfrak{G}$ keinen Randpunkt gemeinsam hat, ein Hauptintegral $\psi(x, y)$, das ebenfalls k-mal stetig differenzierbar ist und für das sogar überall $|\psi_x| + |\psi_y| > 0$ ist[2]).

Dieses Hauptintegral kann man erhalten, indem man nach (d) Integrale in charakteristischen Feldern konstruiert und aus diesen Teillösungen ein Integral für das Gebiet $\mathfrak{g}$ zusammenbaut.

---

[1]) E. Kamke, Math. Zeitschrift 39 (1935) 672—676. Zur Abhängigkeit der Funktionen (12) für beliebige $p < q$ siehe G. Doetsch. Math. Annalen 99 (1928) 590 bis 601. Haupt-Aumann, D- und IRechnung II, S. 163ff. A. B. Brown, Transactions Americ. Math. Soc. 38 (1935) 379—394. A. Sard, Bulletin Americ. Math. Soc. 48 (1942) 883—890. M. Kneser, Math. Zeitschrift 54 (1951) 34—51; 55 (1951/52) 400.

[2]) E. Kamke, Math. Zeitschrift 42 (1937) 287—294. Für einen nur wenig allgemeineren Satz s. ebenda 41 (1936) 56—66.

(d) Ist eine IFläche gesucht (CAUCHYs Problem), die eine gegebene stetig differenzierbare Anfangskurve

(14) $$x = u(s), \quad y = v(s), \quad z = w(s)$$

enthält, so ist nach 2·3 (b) nur dann auf eine eindeutige Lösung zu rechnen, wenn die Grundkurve

(15) $$x = u(s), \quad y = v(s)$$

keine Charakteristik ist, sondern „quer" zu ihnen läuft in dem Sinne, daß

$$u'(s)\, g(u, v) - v'(s)\, f(u, v) \neq 0$$

ist. Ist diese Voraussetzung erfüllt, so lege man durch die Punkte der Grundkurve (15) die charakteristischen Grundkurven[1])

$$x = \varphi_1(t, u(s), v(s)), \quad y = \varphi_2(t, u(s), v(s)),$$

d. h. diejenigen Lösungskurven der charakteristischen Glen (3), die für $t = 0$ durch den Punkt $x = u(s)$, $y = v(s)$ gehen; diese Kurven erzeugen ein durch (15) bestimmtes charakteristisches Feld. Dann liefern die drei Glen

(16) $$x = \varphi_1(t, u(s), v(s)), \quad y = \varphi_2(t, u(s), v(s)), \quad z = w(s)$$

eine Parameterdarstellung der gesuchten IFläche in dem genannten charakteristischen Feld, das die Grundkurve (15) enthält und in dem die beiden ersten Glen (16) stetig differenzierbare Funktionen $t = t(x, y)$, $s = s(x, y)$ bestimmen.

Beispiel: Es sei die DGl

$$y\,p + x\,q = 0$$

und die Anfangskurve

$$x = s, \quad y = \alpha s, \quad z = \omega(s) \qquad (\alpha \neq \pm 1)$$

gegeben. Aus den charakteristischen Glen

$$x'(t) = y, \quad y'(t) = x$$

ergibt sich, daß die für $t = s$ durch den Punkt $x = \xi$, $y = \eta$ gehende charakteristische Grundkurve

$$x = \frac{\xi + \eta}{2} e^{t-s} + \frac{\xi - \eta}{2} e^{s-t}, \quad y = \frac{\xi + \eta}{2} e^{t-s} - \frac{\xi - \eta}{2} e^{s-t}$$

ist. Daher lauten die beiden ersten Glen (16)

$$x = \frac{1 + \alpha}{2} s\, e^{t-s} + \frac{1 - \alpha}{2} s\, e^{s-t}, \quad y = \frac{1 + \alpha}{2} s\, e^{t-s} - \frac{1 - \alpha}{2} s\, e^{s-t}.$$

Hieraus folgt $\quad x + y = (1 + \alpha)\, s\, e^{t-s}, \quad x - y = (1 - \alpha)\, s\, e^{s-t},$

also $$x^2 - y^2 = (1 - \alpha^2)\, s^2.$$

[1]) Die obigen Kurven gehen für $t = 0$ durch $x = u(s)$, $y = v(s)$. Da die rechten Seiten der charakteristischen Glen t selbst nicht enthalten, sind die charakteristischen Funktionen gerade von der obigen Gestalt. Vgl. I A 7·1. Weiter wird hier vorausgesetzt, daß f und g stetig differenzierbar sind.

Aus der dritten Gl (16) erhält man daher für $(y^2 - x^2)(\alpha^2 - 1) > 0$ die gesuchte IFläche

$$z = \omega\left(\pm\sqrt{\frac{y^2 - x^2}{\alpha^2 - 1}}\right),$$

wobei das obere oder untere Vorzeichen gilt, je nachdem $s \gtrless 0$ ist.

(e) DGl mit einer singulären Stelle[1]). In einer Umgebung $\mathfrak{U}$ des Nullpunkts seien f, g stetig differenzierbar, und es sei $f(0,0) = g(0,0) = 0$ aber sonst $|f| + |g| > 0$, so daß der Nullpunkt eine isolierte singuläre Stelle für die DGl (1) und eine stationäre Stelle (vgl. I A 7·1) für die charakteristischen Glen (3) ist. Sind die Charakteristiken in einer passend gewählten Umgebung $\mathfrak{U}$ sämtlich geschlossene Kurven, so hat die DGl in $\mathfrak{U}$ ein Hauptintegral $\psi(x, y)$, für das $|\psi_x| + |\psi_y| > 0$ außerhalb des Nullpunkts gilt[2]).

2·9. Weitere Bemerkungen. Für Existenzbeweise, die Potenzreihen oder allgemeinere Reihenentwicklungen heranziehen, s. 5·7 und 10·5. Ein Iterationsverfahren, wie es bei gewöhnlichen DGlen mit großem Erfolg benutzt wird (vgl. I A 2·2), hat hier nicht zum Ziel geführt. Für die Abschätzung einer Funktion, die einer DUnGl genügt, s. 4·4. Für die Einschließung der Lösung durch die Lösungen benachbarter DGlen s. 12·11.

2·10. Übersicht über die Lösungsmethoden. Es stehen folgende Lösungsmethoden zur Verfügung:

(a) Charakterisierung der Gesamtheit der IFlächen durch das Studium der Charakteristiken nach 2·4.

(b) Gewinnung einzelner Integrale und insbesondere eines Hauptintegrals durch Kombination der charakteristischen Glen nach 2·5. Aus dem gefundenen Hauptintegral kann man nach 2·8 (b) die Gesamtheit der Integrale erhalten.

(c) Ist eine IFläche zu bestimmen, die durch eine gegebene Anfangskurve geht, so kann man, wenn man bereits ein Hauptintegral kennt oder ein solches leicht finden kann, nach dem Muster von 2·5 (d) vorgehen. Oder man kann auch 2·6 und 2·8 benutzen, da die Beweise der Existenzsätze zugleich ein Verfahren zur Konstruktion der Lösung enthalten (vgl. die Beispiele in 2·6 (b) und 2·8 (d)).

(d) Weiter stehen die in 2·9 erwähnten Entwicklungsmethoden zur Verfügung.

---

[1]) Eine Stelle heißt für die DGl (1) singulär, wenn an ihr $f = g = 0$ ist, und regulär, wenn an ihr $|f| + |g| > 0$ ist. Vgl. auch 8·6.

[2]) H. H. ALDEN, Americ. Journ. Math. 56 (1934) 593—612. Einfacher bei E. DIGEL, Math. Zeitschrift 42 (1937) 231—237.

(e) Führt keine dieser Methoden zum Ziel, weil die analytischen Entwicklungen zu kompliziert werden, so kann man die charakteristischen Glen (3) oder (6) nach einem der in I A § 8 beschriebenen Näherungsverfahren lösen. Erhebt man die IKurven auf die durch die Anfangskurve vorgeschriebenen Höhen, so erhält man eine Näherungslösung der gegebenen partiellen DGl.

3. Die allgemeine lineare homogene Differentialgleichung $\sum f_\nu(x_1, \ldots, x_n) \frac{\partial z}{\partial x_\nu} = 0$.[1]

3·1. Bezeichnungen und Vorbemerkungen. Die allgemeine lineare homogene DGl lautet (vgl. 1·1)

(1) $$\sum_{\nu=1}^{n} f_\nu(x_1, \ldots, x_n) \frac{\partial z}{\partial x_\nu} = 0$$

oder bei Verwendung der Abkürzungen $\mathfrak{x}$ für $x_1, \ldots, x_n$ und $p_\nu = \frac{\partial z}{\partial x_\nu}$

(1a) $$\sum_{\nu=1}^{n} f_\nu(\mathfrak{x})\, p_\nu = 0.$$

Die DGl wird immer nur in einem solchen Gebiet $\mathfrak{G}(\mathfrak{x})$ des $x_1, \ldots, x_n$-Raumes betrachtet, in dem die Koeffizienten $f_\nu(\mathfrak{x})$ stetig sind.

Jede DGl (1) hat offenbar die triviale oder uneigentliche Lösung $z = \text{const}$. Die von dieser verschiedenen Lösungen werden eigentliche oder nicht-triviale Lösungen genannt.

Sind $\psi_1(\mathfrak{x}), \ldots, \psi_m(\mathfrak{x})$ in $\mathfrak{G}$ Integrale von (1) und ist $\Omega(u_1, \ldots, u_m)$ eine Funktion, die für den Wertebereich der ψ_ν definiert ist und stetige partielle Ableitungen erster Ordnung hat, so ist, wie leicht zu bestätigen ist, auch

$$\chi(\mathfrak{x}) = \Omega(\psi_1(\mathfrak{x}), \ldots, \psi_m(\mathfrak{x}))$$

ein Integral von (1).

3·2. Charakteristiken und Integralflächen.

(a) Unter den zu der partiellen DGl (1) gehörigen LAGRANGEschen oder charakteristischen Glen versteht man das System der gewöhnlichen DGlen

(2) $$x'_\nu(t) = f_\nu(\mathfrak{x}) \qquad (\nu = 1, \ldots, n).$$

Jedes Integral

(3) $$x_1 = \varphi_1(t), \ldots, x_n = \varphi_n(t)$$

[1] Die Darstellung lehnt sich an KAMKE, DGlen, S. 321—330 an. Man vgl. auch die entsprechenden Abschnitte von 2, in denen vieles ausführlicher dargestellt ist.

dieses Systems, oder auch

(4) $$x_1 = \varphi_1(t), \ldots, x_n = \varphi_n(t), \quad z = c$$

heißt eine **Charakteristik** der DGl (1)[1]). Zwischen den Integralen der DGl (1) und den Charakteristiken besteht folgender wichtiger Zusammenhang:

(b) Eine in $\mathfrak{G}$ mit stetigen partiellen Ableitungen erster Ordnung versehene Funktion $\psi(\mathfrak{x})$ ist genau dann in $\mathfrak{G}$ ein Integral der DGl (1), wenn ψ längs jeder charakteristischen Grundkurve (3) konstant ist, d. h. wenn $\psi(\varphi_1(t), \ldots, \varphi_n(t)) = \text{const}$ für jede Kurve (3) ist.

Hieraus folgt:

(c) Haben zwei IFlächen $\psi_1(\mathfrak{x})$ und $\psi_2(\mathfrak{x})$ von (1) mindestens einen Punkt $\mathfrak{x}_0$, $z = c$ gemeinsam, so haben sie auch die ganze durch diesen Punkt gehende Charakteristik gemeinsam.

3·3. Lösung der Differentialgleichung durch Kombination der charakteristischen Gleichungen. Mit Hilfe des Satzes 3·2 (b) lassen sich in einer Reihe von Fällen Lösungen einer konkret gegebenen DGl finden. Das Verfahren wird an zwei Beispielen dargelegt.

(a) $$x \frac{\partial w}{\partial x} + y \frac{\partial w}{\partial y} + (x^2 + y^2) \frac{\partial w}{\partial z} = 0;$$

die gesuchte Funktion ist hier $w = w(x, y, z)$. Die charakteristischen Glen sind

$$x'(t) = x, \quad y'(t) = y, \quad z'(t) = x^2 + y^2.$$

Aus den beiden ersten Glen folgt

$$y\,x' - x\,y' = 0, \quad \text{also} \quad \frac{x}{y} = \text{const}$$

längs jeder charakteristischen Grundkurve. Daher ist $\psi_1 = x/y$ in jeder der Halbebenen $y > 0$ und $y < 0$ ein Integral. Aus den drei charakteristischen Glen folgt weiter

$$2\,x\,x' + 2\,y\,y' - 2\,z' = 0, \quad \text{also} \quad x^2 + y^2 - 2\,z = \text{const}$$

längs jeder charakteristischen Grundkurve. Daher ist auch $\psi_2 = x^2 + y^2 - 2z$ ein Integral, und zwar bilden ψ_1, ψ_2 eine IBasis (vgl. hierzu 3·4).

(b) $$x\,z \frac{\partial w}{\partial x} - y\,z \frac{\partial w}{\partial y} + (y^2 - x) \frac{\partial w}{\partial z} = 0.$$

Die charakteristischen Glen sind

$$x'(t) = x\,z, \quad y'(t) = -\,y\,z, \quad z'(t) = y^2 - x.$$

Aus den beiden ersten folgt

$$y\,x' + x\,y' = 0, \quad \text{also} \quad x\,y = \text{const}$$

---

[1]) Die IKurven (3) heißen zum Unterschied von (4) auch **charakteristische Grundkurven**.

längs jeder chararakteristischen Grundkurve, und aus den drei Glen folgt

$$x' + y\,y' + z\,z' = 0, \quad \text{also} \quad 2\,x + y^2 + z^2 = \text{const.}$$

Daher sind $\psi_1 = x\,y$ und $\psi_2 = 2\,x + y^2 + z^2$ Integrale der partiellen DGl, und zwar bilden diese wiederum eine IBasis.

Wie die Beispiele zeigen, besteht das Verfahren darin, daß man durch geschickte Kombination der charakteristischen Glen DGlen gewinnt, für die man eine von t unabhängige Stammfunktion angeben kann.

3·4. Gewinnung aller Integrale aus einer Integralbasis.

(a) Ein System von $n - 1$ Integralen

$$\psi_1(\mathfrak{x}), \ldots, \psi_{n-1}(\mathfrak{x}) \tag{5}$$

der DGl (1) für das Gebiet $\mathfrak{G}$ heißt dort eine Integralbasis (IBasis, Hauptsystem oder Fundamentalsystem von Integralen), wenn die Funktionalmatrix (zur Bezeichnung s. 2·7 (c))

$$\frac{\partial(\psi_1, \ldots, \psi_{n-1})}{\partial(x_1, \ldots, x_n)}$$

in jedem Teilgebiet von $\mathfrak{G}$ den Rang $n - 1$ hat, d. h. wenn dort mindestens eine $(n - 1)$-reihige Determinante an mindestens einer Stelle $\neq 0$ ist.

Nach 2·7 (c) sind die Funktionen dann in jedem Teilgebiet des Gebiets $\mathfrak{G}$ voneinander unabhängig. Umgekehrt folgt aus 2·7 (d), daß $n - 1$ Integrale, die in jedem Teilgebiet des Gebiets $\mathfrak{G}$ voneinander unabhängig sind, in $\mathfrak{G}$ eine IBasis bilden, falls sie auch noch stetige partielle Ableitungen zweiter Ordnung haben.

Ist (5) in $\mathfrak{G}$ eine IBasis der DGl (1), so besteht die Gesamtheit der Integrale von (1) in $\mathfrak{G}$ gerade aus der Gesamtheit der Funktionen, die in $\mathfrak{G}$ stetige partielle Ableitungen erster Ordnung haben und von den Funktionen (5) abhängig sind.

Für die Darstellung aller Integrale durch eine IBasis in einem charakteristischen Feld s. 3·6 (b).

Ist $\psi_1, \ldots, \psi_{n-1}$ eine IBasis, für die $\frac{\partial(\psi_1, \ldots, \psi_{n-1})}{\partial(x_1, \ldots, x_n)}$ sogar an *jeder* Stelle von $\mathfrak{G}$ den Rang $n - 1$ hat, und haben die ψ_ν stetige partielle Ableitungen zweiter Ordnung, so ist

$$\psi = \sum_{\nu=1}^{n-1} a_\nu \psi_\nu + a_n$$

ein vollständiges Integral im Sinne von 12·1.

(b) Wird ein Integral gesucht, das für $x_1 = \xi$ gleich einer gegebenen Funktion $\omega(x_2, \ldots, x_n)$ ist, und kennt man eine IBasis (5) der DGl (1), so kann man versuchen, eine stetig differenzierbare Funktion $\Omega(u_1, \ldots, u_{n-1})$ so ausfindig zu machen, daß

$$\Omega(\psi_1, \ldots, \psi_{n-1}) = \omega(x_2, \ldots, x_n) \quad \text{für} \quad x_1 = \xi$$

ist. Dann ist

$$\psi(\mathfrak{x}) = \Omega(\psi_1(\mathfrak{x}), \ldots, \psi_{n-1}(\mathfrak{x}))$$

nach den letzten Zeilen von 3·1 ein Integral der verlangten Art.

Dieses Verfahren kann auch benutzt werden, um noch allgemeinere „Anfangsbedingungen" zu erfüllen. Ist etwa bei dem Beispiel von 3·3 (b) ein Integral $w(x, y, z)$ gesucht, das die Werte

$$w(x, y, z) = y^2 - z^2, \quad \text{für} \quad x = y$$

annimmt, so sucht man $\Omega(u, v)$ so zu bestimmen, daß

$$\Omega(\psi_1, \psi_2) = y^2 - z^2 \quad \text{für} \quad x = y,$$

d. h.

(*) $$\Omega(u, v) = y^2 - z^2 \quad \text{für} \quad u = y^2, \; v = 2y + y^2 + z^2$$

ist. Löst man die beiden letzten Glen von (*) nach y, z auf und trägt man das Ergebnis in die erste Gl (*) ein, so erhält man

$$\Omega(u,v) = 2\left(u \pm \sqrt{u}\right) - v.$$

Das gesuchte Integral ist somit

$$w(x, y, z) = \Omega(\psi_1, \psi_2) = 2\left(xy \pm \sqrt{xy}\right) - 2x - y^2 - z^2 \text{ für } xy > 0;$$

das obere oder untere Vorzeichen gilt, je nachdem $y \gtrless 0$ ist.

3·5. Reduktion der Differentialgleichung, wenn einzelne Lösungen bekannt sind. Hat man bereits Integrale der DGl (1) gefunden, so kann man die DGl auf eine solche mit einer kleineren Anzahl von unabhängigen Veränderlichen zurückführen:

(a) Für das Gebiet $\mathfrak{G}$ seien $k < n - 1$ Integrale

(6) $$\psi_1(\mathfrak{x}), \ldots, \psi_k(\mathfrak{x})$$

der DGl (1) bekannt, und es sei die Funktionaldeterminante

$$\frac{\partial(\psi_1, \ldots, \psi_k)}{\partial(x_1, \ldots, x_k)} \neq 0.$$

Ferner werde das Gebiet $\mathfrak{G}$ durch

(7) $$\bar{x}_1 = \psi_1(x_1, \ldots, x_n), \ldots, \bar{x}_k = \psi_k(x_1, \ldots, x_n),$$
$$\bar{x}_{k+1} = x_{k+1}, \ldots, \bar{x}_n = x_n$$

eineindeutig auf ein Gebiet $\bar{\mathfrak{G}}(\bar{x}_1, \ldots, \bar{x}_n)$ abgebildet[1]); die von den x_ν abhängenden Funktionen $f_{k+1}, \ldots, f_n$ mögen dabei in die von den $\bar{x}_\nu$ abhängenden Funktionen $\bar{f}_{k+1}, \ldots, \bar{f}_n$ übergehen.

Die mit diesen Funktionen gebildete DGl

(8) $$\sum_{\nu=k+1}^{n} \bar{f}_\nu(\bar{x}_1, \ldots, \bar{x}_n) \frac{\partial \bar{z}}{\partial \bar{x}_\nu} = 0$$

[1]) Das folgt für das ganze Gebiet $\mathfrak{G}$ bekanntlich noch nicht aus dem Nichtverschwinden der vorangehenden Funktionaldeterminante.

kann dann als eine DGl für Funktionen $\bar{z}$ angesehen werden, die von den unabhängigen Veränderlichen $\bar{x}_{k+1}, \ldots, \bar{x}_n$ und den Parametern $\bar{x}_1, \ldots, \bar{x}_k$ abhängen. Sind nun in $\mathfrak{G}$ die Funktionen

(9) $$\bar{\psi}_{k+1}(\bar{x}_1, \ldots, \bar{x}_n), \ldots, \bar{\psi}_{n-1}(\bar{x}_1, \ldots, \bar{x}_n)$$

Integrale von (8), die in bezug auf ihre sämtlichen n Argumente stetige partielle Ableitungen erster Ordnung haben und für die auch noch

$$\frac{\partial(\bar{\psi}_{k+1}, \ldots, \bar{\psi}_{n-1})}{\partial(\bar{x}_{k+1}, \ldots, \bar{x}_{n-1})} \neq 0 \quad \text{in } \bar{\mathfrak{G}}$$

gilt, so bilden die Funktionen $\psi_{k+1}, \ldots, \psi_{n-1}$, die durch (7) aus den Funktionen (9) hervorgehen, mit den Funktionen (6) in $\mathfrak{G}$ eine IBasis der DGl (1), und zwar ist dann sogar in allen Punkten von $\mathfrak{G}$

$$\frac{\partial(\psi_1, \ldots, \psi_{n-1})}{\partial(x_1, \ldots, x_{n-1})} \neq 0.$$

Für weitere Reduktionsmöglichkeiten mittels eines Multiplikators (zu diesem s. 3·8) vgl. SERRET-SCHEFFERS, Differential- und Integralrechnung, Bd. 3, S. 563ff.

(b) Beispiel: $$\frac{\partial w}{\partial x} + x z \frac{\partial w}{\partial y} - x y \frac{\partial w}{\partial z} = 0.$$

Da die erste der charakteristischen Glen $x'(t) = 1$ lautet, kann $t = x$ gewählt werden. Die charakteristischen Glen lauten dann

$$y'(x) = x z, \quad z'(x) = -x y.$$

Aus diesen Glen folgt

$$y y' + z z' = 0, \quad \text{also} \quad y^2 + z^2 = \text{const}$$

längs jeder charakteristischen Grundkurve. Nach 3·2 (b) ist daher ein Integral $\psi_1 = y^2 + z^2$.

Setzt man nun

$$\bar{x} = x, \quad \bar{y} = y^2 + z^2, \quad \bar{z} = z,$$

so wird hierdurch der Halbraum $y > 0$ auf den parabolischen Zylinder $\bar{y} > \bar{z}^2$ eineindeutig abgebildet, und es ist dort $\frac{\partial \psi_1}{\partial y} \neq 0$. Daher ist das Reduktionsverfahren (a) anwendbar. Die Gl (8) lautet hier

(*) $$\frac{\partial \bar{w}}{\partial \bar{x}} - \bar{x} \sqrt{\bar{y} - \bar{z}^2} \frac{\partial \bar{w}}{\partial \bar{z}} = 0$$

und hat die charakteristische Gl

$$\frac{d\bar{z}}{d\bar{x}} = -\bar{x} \sqrt{\bar{y} - \bar{z}^2},$$

in der $\bar{y}$ als Parameter anzusehen ist. Sie ist also eine DGl mit getrennten Variablen; aus ihr folgt, daß[1])

$$\operatorname{Arc\,sin} \frac{\bar{z}}{\sqrt{\bar{y}}} + \frac{1}{2} \bar{x}^2$$

---

[1]) Arc sin u bedeutet den Hauptwert, d. h. der absolute Betrag ist $< \frac{\pi}{2}$.

längs jeder charakteristischen Grundkurve konstant, also ein Integral von (*) ist. Da nach 3·1 jede stetig differenzierbare Funktion eines Integrals wieder ein Integral ist, ist auch der Sinus dieser Funktion ein Integral, d. h.

$$\frac{\bar{z}}{\sqrt{\bar{y}}}\cos\frac{\bar{x}^2}{2}+\sqrt{1-\frac{\bar{z}^2}{\bar{y}}}\sin\frac{\bar{x}^2}{2}.$$

Die Rücktransformation in die Variablen x, y, z ergibt somit für die ursprüngliche DGl das Integral

$$\psi=\frac{1}{\sqrt{y^2+z^2}}\left(y\sin\frac{x^2}{2}+z\cos\frac{x^2}{2}\right).$$

Da nach 3·1 auch eine beliebige stetig differenzierbare Funktion der beiden Integrale ψ, ψ_1 wieder ein Integral ist, ist insbesondere auch

$$\psi_2=\psi\sqrt{\psi_1}=y\sin\frac{x^2}{2}+z\cos\frac{x^2}{2}$$

ein Integral.

Die beiden Funktionen ψ_1, ψ_2 sind also Integrale der gegebenen DGl, und zwar, wie man nachträglich leicht bestätigt, in dem ganzen x, y, z-Raum, und sie bilden dort eine IBasis.

(c) Eine andere Form des Reduktionsverfahrens. Für die praktische Rechnung ist folgende Umgestaltung des Verfahrens im allgemeinen bequemer. Aus den charakteristischen Glen war gefunden, daß

$$y^2+z^2=C_1^2$$

für jede charakteristische Grundkurve ist, d. h. es ist

$$y=\sqrt{C_1^2-z^2}.$$

Damit wird aus der zweiten der charakteristischen Glen die DGl mit getrennten Variablen

$$z'=-x\sqrt{C_1^2-z^2},$$

also

$$\operatorname{Arc}\sin\frac{z}{C_1}+\frac{x^2}{2}=C_2$$

für jede charakteristische Grundkurve, d. h.

$$\psi^*(x, y, z)=\operatorname{Arc}\sin\frac{z}{\sqrt{y^2+z^2}}+\frac{x^2}{2}$$

konstant längs jeder charakteristischen Grundkurve. Daher ist ψ^* ein Integral der gegebenen DGl, also auch

$$\psi=\sin\psi^*=\frac{1}{\sqrt{y^2+z^2}}\left(y\sin\frac{x^2}{2}+z\cos\frac{x^2}{2}\right).$$

Damit hat man wieder die schon in (b) gefundene Funktion ψ.

3·6. Der Sonderfall $p+\sum f_\nu(x, y)\, q_\nu=0$. Ist einer der Koeffizienten von (1) in dem ganzen betrachteten Gebiet $\neq 0$, so erhält die DGl nach

Division durch diesen Koeffizienten und unwesentlicher Änderung der Bezeichnung die Gestalt

$$p + \sum_{\nu=1}^{n} f_\nu(x, \mathfrak{y})\, q_\nu = 0; \tag{10}$$

dabei ist $z = z(x, \mathfrak{y})$ die gesuchte Funktion, $p = \frac{\partial z}{\partial x}$, $q_\nu = \frac{\partial z}{\partial y_\nu}$, und es steht $\mathfrak{y}$ für $y_1, \ldots, y_n$. Die zugehörigen charakteristischen Glen lauten jetzt, da $t = x$ gewählt werden kann,

$$y'_\nu(x) = f_\nu(x, \mathfrak{y}) \qquad (\nu = 1, \ldots, n). \tag{11}$$

Über die Koeffizienten $f_\nu(x, \mathfrak{y})$ wird in dieser Nummer vorausgesetzt, daß sie in einem Gebiet $\mathfrak{G}(x, \mathfrak{y})$ stetige partielle Ableitungen nach den $y_\varkappa$ haben.

(a) Grundlegender Existenzsatz. Unter den genannten Voraussetzungen haben die charakteristischen Funktionen (vgl. I A 5·4) $\varphi_\nu(x, \xi, \eta_1, \ldots, \eta_n)$ des Systems (11) in ihrem Existenzbereich stetige partielle Ableitungen erster Ordnung nach allen $n + 2$ Argumenten, und es ist nach E. Lindelöf

$$\frac{\partial \varphi_k}{\partial \xi} + \sum_{\nu=1}^{n} f_\nu(\xi, \eta_1, \ldots, \eta_n) \frac{\partial \varphi_k}{\partial \eta_\nu} = 0$$

und

$$\frac{\partial(\varphi_1, \ldots, \varphi_n)}{\partial(\eta_1, \ldots, \eta_n)} > 0.$$

Bei festem x_0 bilden also die charakteristischen Funktionen

$$\psi_k(x, y_1, \ldots, y_n) = \varphi_k(x_0, x, y_1, \ldots, y_n) \quad (k = 1, \ldots, n) \tag{12}$$

eine IBasis der DGl (10) in jedem Gebiet, in dem diese Funktionen existieren[1]).

Ist $\mathfrak{e}$ ein offenes und zusammenhängendes Stück der Ebene $x = x_0$, das ganz in $\mathfrak{G}$ liegt, so ist ein Existenzbereich $\mathfrak{g}(\mathfrak{e})$ der Funktionen (12) das Teilgebiet von $\mathfrak{G}$, das von den durch $\mathfrak{e}$ gehenden Charakteristiken gebildet wird; $\mathfrak{g}(\mathfrak{e})$ soll ein charakteristisches Feld der DGl (10) heißen.

(b) Integral mit vorgeschriebenen Anfangswerten (Cauchys Problem). Cauchys Problem besagt: Es soll ein Integral $z = \psi(x, \mathfrak{y})$ angegeben werden, das auf der „Normalebene“ $x = x_0$ vorgeschriebene Werte $\omega(\mathfrak{y})$ annimmt, d. h. es soll $\psi(x_0, \mathfrak{y}) = \omega(\mathfrak{y})$ sein[2]).

---

[1]) Für einen allgemeineren Existenzsatz, bei dem die Koeffizienten noch von Parametern abhängen, s. 4·3.

[2]) Für den Fall, daß die Anfangswerte nicht auf einer Normalebene, sondern in einem allgemeineren Bereich gegeben sind, s. 3·7.

Erfüllen die charakteristischen Funktionen (12) in $\mathfrak{g}(\mathfrak{e})$ UnGlen $A_\nu < \varphi_\nu < B_\nu$ und ist $\omega(\mathfrak{y})$ für $A_\nu < y_\nu < B_\nu$ $(\nu = 1, \ldots, n)$ stetig differenzierbar, so gibt es solche Integrale und für den Bereich $\mathfrak{g}(\mathfrak{e})$ genau eines, nämlich

$$\varphi(x, \mathfrak{y}) = \omega(\varphi_1(x_0, x, \mathfrak{y}), \ldots, \varphi_n(x_0, x, \mathfrak{y})). \tag{13}$$

Analytisch ergibt sich das daraus, daß die rechte Seite nach x und den y_ν stetig differenzierbar und $\varphi_\nu(x_0, x_0, \mathfrak{y}) = y_\nu$ ist, also die rechte Seite für $x = x_0$ den Wert $\omega(\mathfrak{y})$ annimmt.

Geometrisch gelangt man zu der IFläche auch so: Man legt durch jeden Punkt

$$x_0, \eta_1, \ldots, \eta_n, \zeta = \omega(\eta_1, \ldots, \eta_n)$$

die Charakteristiken

$$y_\nu = \varphi_\nu(x, x_0, \eta_1, \ldots, \eta_n) \qquad (\nu = 1, \ldots, n),$$
$$z = \omega(\eta_1, \ldots, \eta_n)$$

und eliminiert die η_ν. Da aus den ersten n Glen für jeden Punkt $x, y_1, \ldots, y_n$ der durch sie bestimmten charakteristischen Grundkurve

$$\eta_\nu = \varphi_\nu(x_0, x, y_1, \ldots, y_n)$$

folgt, erhält man gerade (13).

Ist $\mathfrak{G}$ ein Parallelstreifen

$$a < x < b\,^{1)}, \quad -\infty < y_1, \ldots, y_n < +\infty$$

und sind alle f_ν oder alle $\dfrac{\partial f_\nu}{\partial y_\varkappa}$ in $\mathfrak{G}$ beschränkt, so fällt $\mathfrak{g}(\mathfrak{e})$ mit $\mathfrak{G}$ zusammen, falls $\mathfrak{e}$ irgendeine Ebene $x = x_0$ mit $a < x_0 < b$ ist. Man kann dann die Werte des Integrals auf einer beliebigen Ebene $x = x_0$ mit $a < x_0 < b$ vorschreiben. Das Integral ist dadurch eindeutig bestimmt und existiert in dem ganzen Parallelstreifen $\mathfrak{G}$[2]).

(c) Über die Existenz eigentlicher Integrale in beliebigen Gebieten. Schon in 2·6 (d) ist darauf hingewiesen, daß für die DGl (10) in dem *ganzen* Gebiet $\mathfrak{G}$ kein eigentliches Integral zu existieren braucht. Dagegen gilt wieder der folgende Existenzsatz[3]):

In dem Gebiet $\mathfrak{G}(x, \mathfrak{y})$ seien die Funktionen $f_\nu(x, \mathfrak{y})$ $(\nu = 1, \ldots, n)$ beschränkt und nebst den partiellen Ableitungen nach den $y_\varkappa$ stetig. Es sei a die untere, b die obere Grenze ($a = -\infty$, $b = +\infty$ zugelassen) der

---

[1]) Dabei darf $a = -\infty$, $b = +\infty$ sein.

[2]) Für beschränkte f_ν bei KAMKE, DGlen, S. 326. Der Beweis läßt sich auch auf den Fall beschränkter Ableitungen ausdehnen.

[3]) E. KAMKE, Jahresbericht DMV 44 (1934) 156—161.

Abszissen x der in $\mathfrak{G}$ gelegenen Punkte $x, \mathfrak{y}$. Dann gibt es in jedem Teilgebiet $\mathfrak{g}$ von $\mathfrak{G}$, dessen im Innern des Streifens

$$a < x < b, \quad -\infty < y_1, \ldots, y_n < +\infty$$

gelegene Randpunkte zu $\mathfrak{G}$ gehören, d. h. nicht zugleich Randpunkte von $\mathfrak{G}$ sind, eine IBasis $\psi_\nu(x, \mathfrak{y})$ $(\nu = 1, \ldots, n)$, für die in dem ganzen Gebiet $\mathfrak{G}$ die Funktionaldeterminante

$$\frac{\partial(\psi_1, \ldots, \psi_n)}{\partial(y_1, \ldots, y_n)} > 0 \tag{14}$$

ist.

Das ergibt sich mit dem

Hilfssatz 1[1]): Es sei $\overline{\mathfrak{G}}(x_1, \ldots, x_n)$ eine offene Punktmenge im $x_1, \ldots, x_n$-Raum und $\mathfrak{g}(x_1, \ldots, x_n)$ eine abgeschlossene Teilmenge von $\overline{\mathfrak{G}}$. Dann gibt es eine im ganzen $x_1, \ldots, x_n$-Raum mit stetigen Ableitungen jeder Ordnung versehene Funktion $\vartheta(x_1, \ldots, x_n)$, welche die UnGlen $0 \leq \vartheta \leq 1$ erfüllt, in $\mathfrak{g}$ den Wert 1 und in den nicht zu $\overline{\mathfrak{G}}$ gehörigen Punkten den Wert 0 hat.

Hieraus folgt der

Hilfssatz 2: Es sei $\mathfrak{G}(x, \mathfrak{y})$ eine offene Punktmenge im $x, y_1, \ldots, y_n$-Raum. Die Funktion $f(x, \mathfrak{y})$ sei in $\mathfrak{G}$ dem absoluten Betrage nach $\leq A$ und mit stetigen partiellen Ableitungen r-ter Ordnung $(r \geq 1)$ nach den y_ν versehen. Endlich sei $\mathfrak{g}(x, \mathfrak{y})$ eine offene Teilmenge von $\mathfrak{G}$, die mit $\mathfrak{G}$ keinen im Endlichen gelegenen Randpunkt gemeinsam hat. Dann gibt es eine Funktion $F(x, \mathfrak{y})$, die im ganzen $x, y_1, \ldots, y_n$-Raum definiert, dem absoluten Betrage nach $\leq A$ und mit stetigen partiellen Ableitungen r-ter Ordnung nach den y_ν versehen ist und die in $\mathfrak{g}$ mit f übereinstimmt[2]).

Das ergibt sich, wenn $\overline{\mathfrak{g}}$ die abgeschlossene Hülle von $\mathfrak{g}$ und $\overline{\mathfrak{G}}$ eine offene Menge ist, die $\overline{\mathfrak{g}}$ enthält und selbst in $\mathfrak{G}$ enthalten ist, indem man

$$F = \begin{cases} \vartheta f & \text{für die Punkte von } \mathfrak{G} \\ 0 & \text{für die nicht zu } \mathfrak{G} \text{ gehörigen Punkte} \end{cases}$$

setzt.

Indem man nun von den f_ν des obigen Existenzsatzes zu den entsprechenden Funktionen F_ν des Hilfssatzes 2 übergeht, wird aus (10) im Falle $a = -\infty$, $b = +\infty$ eine DGl mit F_ν statt f_ν, auf die der Existenzsatz des letzten Absatzes von (b) anwendbar ist. Es gibt für diese DGl also eine IBasis mit der Eigenschaft (14) im ganzen $x, y_1, \ldots, y_n$-Raum. Damit hat man dann insbesondere auch für die DGl (10) in $\mathfrak{g}$ eine IBasis mit dieser Eigenschaft. — Ist nicht $a = -\infty$, $b = +\infty$, so führt eine leichte Erweiterung des Hilfssatzes 2 ebenfalls zum Ziel.

3·7. Die allgemeine Differentialgleichung: Existenz der Integrale; Integrale mit gegebenen Anfangswerten.

(a) Für die allgemeine DGl (1) gibt es hier keinen Existenzsatz, der dem Satz 2·8 (c) entspricht, wie das Beispiel E 3·45

$$[(x^2 + y^2 - 1)\, x + y] \frac{\partial w}{\partial x} + [(x^2 + y^2 - 1)\, y - x] \frac{\partial w}{\partial y} + 2z \frac{\partial w}{\partial z} = 0$$

---

[1]) Bielecki, Annales Soc. Polon. Math. 10 (1933) 34ff.

[2]) Vgl. hierzu auch Kamke, DGlen, S. 326f.

zeigt. In dem einfach zusammenhängenden Gebiet $\mathfrak{G}$, das aus dem x, y, z-Raum durch Herausnahme der Punkte $z \leq 0$ der z-Achse entsteht, sind die Koeffizienten beliebig oft stetig differenzierbar und nirgends alle drei gleich Null. Aber jedes Gebiet, das die Charakteristik $x^2 + y^2 = 1$, $z = 0$ enthält, hat ein Teilgebiet, in dem jedes Integral der DGl konstant ist.

(b) CAUCHYs Problem (Anfangswertaufgabe) besagt hier: Für ein Grundgebiet $\mathfrak{h}(\mathfrak{x})$, das in einer Parameterdarstellung

$$x_\nu = u_\nu(t_1, \ldots, t_{n-1}) \qquad (\nu = 1, \ldots, n)$$

gegeben ist, ist ein Integral von (1) gesucht, das in $\mathfrak{h}$ die vorgeschriebenen Werte

$$z = u(t_1, \ldots, t_{n-1}) \tag{15}$$

annimmt. Die Aufgabe ist unter folgenden Voraussetzungen lösbar[1]):

Die $f_\nu(\mathfrak{x})$ seien in dem Gebiet $\mathfrak{G}(\mathfrak{x})$, die u_ν und u in einem Gebiet $\mathfrak{T}(t_1, \ldots, t_{n-1})$ stetig differenzierbar. Die Punkte von $\mathfrak{h}$ mögen zu $\mathfrak{G}$ gehören, und in $\mathfrak{T}$ sei die Determinante

$$\begin{vmatrix} f_1(u_1, \ldots, u_n), & \ldots, & f_n(u_1, \ldots, u_n) \\ \dfrac{\partial u_1}{\partial t_1} & , \ldots, & \dfrac{\partial u_n}{\partial t_1} \\ \cdots & \cdots & \cdots \\ \dfrac{\partial u_1}{\partial t_{n-1}} & , \ldots, & \dfrac{\partial u_n}{\partial t_{n-1}} \end{vmatrix} \neq 0 \text{ }^{1}). \tag{16}$$

Durch die Punkte von $\mathfrak{h}$ lege man die charakteristischen Grundkurven[2])

$$x_\nu = \varphi_\nu(t, u_1, \ldots, u_n) \qquad (\nu = 1, \ldots, n); \tag{17}$$

diese bestimmen ein charakteristisches Teilgebiet $\mathfrak{g}(\mathfrak{T})$ von $\mathfrak{G}$. Dann liefern die Glen (17) und (15) eine Parameterdarstellung des gesuchten Integrals in jedem Teil von $\mathfrak{g}(\mathfrak{T})$, der das Grundgebiet $\mathfrak{h}$ enthält und in dem die Auflösung der Glen (17) nach $t, t_1, \ldots, t_{n-1}$ stetig differenzierbare Funktionen von $x_1, \ldots, x_n$ liefert; wegen (16) trifft dieses sicher in einer hinreichend kleinen und passend geformten Umgebung von $\mathfrak{h}$ zu.

---

[1]) Vgl. COURANT-HILBERT, Methoden math. Physik II, S. 57ff.; dort S. 60—63 auch Untersuchungen über den Fall, daß die Determinante $= 0$ ist.

[2]) Vgl. I A 5·4 und 7·1. Da die rechten Seiten der charakteristischen Glen (2) die Veränderliche t selbst nicht enthalten, gilt für die IKurve, die für $t = \tau$ durch den Punkt $\xi_1, \ldots, \xi_n$ geht,

$$\varphi_\nu(t, \tau, \xi_1, \ldots, \xi_n) = \varphi_\nu(t - \tau, 0, \xi_1, \ldots, \xi_n).$$

In den φ_ν des obigen Textes ist 0 fortgelassen und $\tau = 0$ gewählt.

3·8. Jacobischer Multiplikator[1]).

Die Theorie des Jacobischen Multiplikators wird zwar gewöhnlich für die DGl (1) auseinandergesetzt, implizite wird aber vorausgesetzt, daß einer der Koeffizienten ständig $\neq 0$ ist. Daher wird hier von vornherein die DGl in der Form (10) gewählt.

Eine Funktion $M = M(x, \mathfrak{y})$, die in einem Gebiet $\mathfrak{G}(x, \mathfrak{y})$ stetig und $\neq 0$ ist, heißt ein Multiplikator der DGl (10), wenn es ein stetig differenzierbares Funktionensystem $\psi_1(x, \mathfrak{y}), \ldots, \psi_n(x, \mathfrak{y})$ gibt, so daß für jede stetig differenzierbare Funktion $z(x, \mathfrak{y})$

$$M\left\{\frac{\partial z}{\partial x} + \sum_{\nu=1}^{n} f_\nu(x, \mathfrak{y}) \frac{\partial z}{\partial y_\nu}\right\} = \frac{\partial(z, \psi_1, \ldots, \psi_n)}{\partial(x, y_1, \ldots, y_n)} \tag{18}$$

ist. Da $M \neq 0$ ist, ist dann

$$M = \frac{\partial(\psi_1, \ldots, \psi_n)}{\partial(y_1, \ldots, y_n)}, \tag{19}$$

und die Funktionen ψ_ν bilden eine IBasis der DGl (10). Umgekehrt ist (19), wie man leicht sieht, für jede IBasis $\psi_1, \ldots, \psi_n$ mit $\frac{\partial(\psi_1, \ldots, \psi_n)}{\partial(y_1, \ldots, y_n)} \neq 0$ ein Multiplikator der DGl (10), d. h. es gilt (18).

Unabhängig von der Kenntnis einer IBasis kann man einen Multiplikator auf Grund folgender Tatsachen gewinnen:

Sind die Koeffizienten $f_\nu(x, \mathfrak{y})$ in dem Gebiet $\mathfrak{G}(x, \mathfrak{y})$ mit stetigen partiellen Ableitungen nach den y_μ versehen, so ist

$$\frac{\partial M}{\partial x} + \sum_{\nu=1}^{n} \frac{\partial(M f_\nu)}{\partial y_\nu} = 0 \tag{20}$$

eine notwendige Bedingung dafür, daß eine in $\mathfrak{G}$ stetig differenzierbare Funktion $M(x, \mathfrak{y})$ dort ein Multiplikator von (10) ist.

Von Umkehrungen dieser Tatsache seien die beiden folgenden genannt:

Sind die f_ν wieder in $\mathfrak{G}$ nach den y_μ stetig differenzierbar und ist in einem charakteristischen Feld $\mathfrak{g}(\mathfrak{e})$ der DGl (10)

$$\sum_{\nu=1}^{n} \frac{\partial f_\nu}{\partial y_\nu} = 0,$$

so hat die DGl (10) in $\mathfrak{g}$ den Multiplikator 1.

Sind die f_ν in dem ganzen $x, \mathfrak{y}$-Raum beschränkt, stetig und nach den y_μ zweimal stetig differenzierbar, so ist jede überall stetig differenzierbare

[1]) Vgl. etwa Serret-Scheffers, Differential- und Integralrechnung III, S. 554ff., sowie Bemerkungen von E. Kamke, Journal für Math. 161 (1929) 195—197. Da dem Multiplikator für die wirkliche Lösung der DGl keine große Bedeutung zukommt, beschränke ich mich hier auf einige wenige Angaben.

Funktion $M(x, \mathfrak{y})$, die der DGl (20) genügt und $\neq 0$ ist, ein Multiplikator von (10).

Die Kenntnis eines Multiplikators kann zur Auffindung des letzten, an einer IBasis noch fehlenden Integrals ausgenutzt werden (JACOBIS sog. „Prinzip des letzten Multiplikators"). Es seien[1]) für die DGl (10) $n-1$ Integrale $\psi_1(x, \mathfrak{y}), \ldots, \psi_{n-1}(x, \mathfrak{y})$ mit $\frac{\partial(\psi_1, \ldots, \psi_{n-1})}{\partial(y_1, \ldots, y_{n-1})} \neq 0$ und ein Multiplikator $M(x, \mathfrak{y})$ bekannt. Führt man neue Veränderliche

$$\bar{z}(\bar{x}, \bar{\mathfrak{y}}) = z(x, \mathfrak{y}), \quad \bar{x} = x, \quad \bar{y}_1 = \psi_1(x, \mathfrak{y}), \ldots, \bar{y}_{n-1} = \psi_{n-1}(x, \mathfrak{y}), \quad \bar{y}_n = y_n$$

ein (vgl. dazu 3·5 (a)), so nimmt die DGl (10) die spezielle Gestalt

$$\frac{\partial \bar{z}}{\partial \bar{x}} + g(\bar{x}, \bar{\mathfrak{y}}) \frac{\partial \bar{z}}{\partial \bar{y}_n} = 0$$

an, und die zugehörige charakteristische DGl

$$\bar{y}_n'(\bar{x}) = g(\bar{x}, \bar{\mathfrak{y}}),$$

in der $\bar{y}_1, \ldots, \bar{y}_{n-1}$ als Parameter anzusehen sind, hat den EULERschen Multiplikator (vgl. I A 4·13) $M : \frac{\partial(\psi_1, \ldots, \psi_{n-1})}{\partial(y_1, \ldots, y_{n-1})}$, kann also, nachdem hierin die neuen Variablen $\bar{y}_\nu$ eingeführt sind, durch bloße Quadraturen gelöst werden.

3·9. Weitere Bemerkungen. Zu diesen s. 2·9.

3·10. Übersicht über die Lösungsmethoden. Es stehen folgende Lösungsmethoden zur Verfügung:

(a) Charakterisierung der Gesamtheit der IFlächen durch das Studium der Charakteristiken nach 2·4.

(b) Gewinnung einzelner Integrale oder einer IBasis durch Kombination der charakteristischen Glen nach 3·3. Hat man ein oder mehrere voneinander unabhängige Integrale gefunden, so kann die DGl nach 3·5 auf eine solche mit weniger unabhängigen Veränderlichen reduziert werden; evtl. kann für die Gewinnung einer IBasis auch noch 3·8 benutzt werden. Aus einer IBasis kann man nach 3·4 die Gesamtheit aller Integrale erhalten.

(c) Ist ein Integral mit gegebenen Anfangswerten zu bestimmen, so kann man, wenn bereits eine IBasis bekannt ist oder leicht gefunden werden kann, nach dem Muster von 3·4 (b) vorgehen. Oder man kann auch 3·6 und 3·7 benutzen, da die Beweise der Existenzsätze zugleich ein Verfahren zur Konstruktion der Lösung enthalten (vgl. auch die Beispiele in 2·6 (b), (c) und 2·8 (d)).

---

[1]) Auf die Angabe der genauen Voraussetzungen sei verzichtet; die gewöhnlich angegebenen sind unvollständig.

(d) Weiter stehen die in 2·9 erwähnten Entwicklungsmethoden zur Verfügung.

(e) Führt keine dieser Methoden zum Ziel, weil die analytischen Entwicklungen zu kompliziert werden, so kann man die charakteristischen Glen (2) oder (11) nach einem der in I A § 8 beschriebenen Näherungsverfahren lösen. Konstruiert man diejenigen Lösungen, die den gegebenen Anfangsbedingungen entsprechen, so erhält man näherungsweise das gesuchte Integral.

4. Die allgemeine lineare Differentialgleichung $\sum f_\nu(x_1, \ldots, x_n) \frac{\partial z}{\partial x_\nu} + f_0(x_1, \ldots, x_n) z = f(x_1, \ldots, x_n)$.

4·1. Vorbemerkungen. Die allgemeine lineare DGl für eine Funktion $z = z(x_1, \ldots, x_n)$ ist (vgl. 1·1) von der Gestalt

$$(1) \qquad \sum_{\nu=1}^{n} f_\nu(x_1, \ldots, x_n) \frac{\partial z}{\partial x_\nu} + f_0(x_1, \ldots, x_n) z = f(x_1, \ldots, x_n)$$

oder bei Verwendung der Abkürzungen $p_\nu = \frac{\partial z}{\partial x_\nu}$ und $\mathfrak{x}$ für $x_1, \ldots, x_n$:

$$(1\text{a}) \qquad \sum_{\nu=1}^{n} f_\nu(\mathfrak{x})\, p_\nu + f_0(\mathfrak{x})\, z = f(\mathfrak{x}).$$

Die DGl möge verkürzt[1]) oder im weiteren Sinne homogen heißen, wenn $f(\mathfrak{x}) \equiv 0$ ist. Sie ist homogen schlechthin im Sinne von 3·1, wenn außerdem auch noch $f_0 \equiv 0$ ist.

Offenbar gilt folgendes: Sind $\psi_1(\mathfrak{x})$, $\psi_2(\mathfrak{x})$ irgend zwei Lösungen von (1), so ist $z = \psi_1 - \psi_2$ eine Lösung der zugehörigen verkürzten DGl. Ist ψ_0 irgendeine Lösung von (1), so durchläuft $z = \psi_0 + \psi$ alle Lösungen von (1), wenn ψ alle Lösungen der zugehörigen verkürzten DGl durchläuft.

4·2. Reduktion auf die homogene Differentialgleichung.

(a) Reduktion auf eine $(n+1)$-gliedrige homogene Differentialgleichung.

Da die DGl (1) ein Sonderfall der quasilinearen DGl 5 (1) ist, läßt sie sich nach 5·4 auf eine $(n+1)$-gliedrige homogene lineare DGl

$$\sum_{\nu=1}^{n} f_\nu(\mathfrak{x}) \frac{\partial w}{\partial x_\nu} + [f(\mathfrak{x}) - f_0(\mathfrak{x})\, z] \frac{\partial w}{\partial z} = 0$$

zurückführen. Die charakteristischen Glen

$$\begin{cases} x_\nu'(t) = f_\nu & (\nu = 1, \ldots, n), \\ z'(t) = f - z f_0 \end{cases}$$

[1]) In der Literatur, in der die DGl (1) kaum besonders behandelt ist, wird unter der verkürzten DGl die homogene DGl im engeren Sinne verstanden.

dieser DGl werden auch die charakteristischen Glen von (1) genannt. Die ersten n dieser Glen können für sich gelöst werden, die Lösungen der letzten Gl findet man dann durch eine bloße Quadratur.

(b) Reduktion auf eine n-gliedrige homogene Differentialgleichung. Diese n-gliedrige DGl ist

$$\sum_{\nu=1}^{n} f_\nu(\mathfrak{x})\, p_\nu = 0. \tag{2}$$

Es kommt darauf an, für die DGl (2) in ihrem Definitionsbereich $\mathfrak{G}(\mathfrak{x})$ eine IBasis $\varphi_1(\mathfrak{x}), \ldots, \varphi_{n-1}(\mathfrak{x})$ mit folgenden Eigenschaften zu gewinnen: In $\mathfrak{G}(\mathfrak{x})$ ist

$$\frac{\partial(\varphi_1, \ldots, \varphi_{n-1})}{\partial(x_1, \ldots, x_{n-1})} \neq 0,$$

und durch die Transformation

$$y_1 = \varphi_1(\mathfrak{x}), \ldots, y_{n-1} = \varphi_{n-1}(\mathfrak{x}),\; y_n = x_n \tag{3}$$

wird das Gebiet $\mathfrak{G}(\mathfrak{x})$ eineindeutig auf ein Gebiet $\mathfrak{H}(\mathfrak{y})$ abgebildet. Dann sind die Integrale von (1) genau die nach allen y_ν stetig differenzierbaren Funktionen $z(\mathfrak{x}) = \zeta(\mathfrak{y})$, die der DGl

$$g_n(\mathfrak{y})\, \zeta_{y_n} + g_0(\mathfrak{y})\, \zeta = g(\mathfrak{y}) \tag{4}$$

genügen; dabei sind g_n, g_0, g die Funktionen, die aus f_n, f_0, f durch die Substitution (3) entstehen. Die DGl (4) ist eine gewöhnliche (also durch eine Quadratur lösbare) DGl mit der unabhängigen Veränderlichen y_n und den Parametern $y_1, \ldots, y_{n-1}$.

Das ergibt sich daraus, daß für die Größen (3)

$$\sum_{\nu=1}^{n} f_\nu(\mathfrak{x})\, p_\nu + f_0(\mathfrak{x})\, z = \sum_{k=1}^{n-1} \zeta_{y_k} \sum_{\nu=1}^{n} f_\nu \frac{\partial \varphi_k}{\partial x_\nu} + f_n\, \zeta_{y_n} + f_0\, \zeta$$

ist und die innere Summe auf der rechten Seite nach der Definition der φ_k den Wert 0 hat.

Beide Methoden (a) und (b) laufen übrigens auf dasselbe hinaus. Für Beispiele s. E 2·14, 2·20.

4·3. Ein Existenz- und Eindeutigkeitssatz. Ein solcher läßt sich in einem großen, angebbaren Gebiet nur beweisen, wenn einer der Koeffizienten f_ν ständig $\neq 0$ ist[1]). Dann kann man die DGl durch ihn dividieren, einer der neuen Koeffizienten wird also 1. In der so spezialisierten DGl sollen die Koeffizienten aber nun noch von Parametern abhängen dürfen, da man das bisweilen braucht (vgl. 6·4), d. h. es wird die DGl

$$\frac{\partial z}{\partial x} + \sum_{\nu=1}^{n} f_\nu(x, \mathfrak{y}, \lambda) \frac{\partial z}{\partial y_\nu} + f_0(x, \mathfrak{y}, \lambda)\, z = f(x, \mathfrak{y}, \lambda) \tag{5}$$

behandelt; dabei steht $\mathfrak{y}$ für $y_1, \ldots, y_n$ und λ für $\lambda_1, \ldots, \lambda_m$.

[1]) Vgl. jedoch 5·6 (b) für $n = 2$.

Voraussetzung: In dem Bereich

$$a \leq x \leq b\,^{1)}, \quad -\infty < y_1, \ldots, y_n < +\infty, \quad \Lambda_\mu \leq \lambda_\mu \leq \Lambda_\mu^*\,^{2)}$$

seien die f_ν für $\nu \geq 1$ bei festem λ beschränkt[2]) und alle f_ν und f stetig, die partiellen Ableitungen $\frac{\partial f_\nu}{\partial y_\varkappa}, \frac{\partial f_\nu}{\partial \lambda_\varkappa}$ $(\nu = 0, 1, \ldots, n)$ und $\frac{\partial f}{\partial y_\varkappa}, \frac{\partial f}{\partial \lambda_\varkappa}$ seien vorhanden, stetig und für ein $k \geq 1$ noch $(k-1)$-mal nach allen $m + n + 1$ Argumenten stetig differenzierbar. — Die Funktion $\omega(\mathfrak{y}, \lambda)$ sei im Bereich

$$-\infty < y_1, \ldots, y_n < +\infty, \quad \Lambda_\mu \leq \lambda_\mu \leq \Lambda_\mu^*\,^{3)}$$

nach allen $m + n$-Argumenten k-mal stetig differenzierbar.

Behauptung: Für beliebige ξ, λ aus den Intervallen

$$a \leq \xi \leq b\,^{3)}, \quad \Lambda_\mu \leq \lambda_\mu \leq \Lambda_\mu^*\,^{3)}$$

hat die DGl (5) in dem Bereich

$$a \leq x \leq b\,^{3)}, \quad -\infty < y_1, \ldots, y_n < +\infty$$

genau ein Integral

$$z = \psi(x, \mathfrak{y}; \xi, \lambda)$$

mit dem Anfangswert

$$\psi(\xi, \mathfrak{y}; \xi, \lambda) = \omega(\mathfrak{y}, \lambda).$$

Dieses Integral hat stetige partielle Ableitungen k-ter Ordnung nach allen $m + n + 2$-Argumenten.

Sind

$$y_\nu = \varphi_\nu(x, \xi, \eta_1, \ldots, \eta_n, \lambda) \qquad (\nu = 1, \ldots, n)$$

die charakteristischen Funktionen[4]) des Systems

$$y_\nu'(x) = f_\nu(x, \mathfrak{y}, \lambda) \qquad (\nu = 1, \ldots, n), \tag{6}$$

so ist das Integral durch die Parameterdarstellung

$$y_\nu = \varphi_\nu(x, \xi, \eta_1, \ldots, \eta_n, \lambda) \qquad (\nu = 1, \ldots, n)$$

$$z = e^{-F_0}\left\{\omega(\eta_1, \ldots, \eta_n, \lambda) + \int_\xi^x f(x, \varphi_1, \ldots, \varphi_n, \lambda)\, e^{F_0}\, dx\right\}$$

---

[1]) In diesen UnGlen dürfen auch ein oder beide Gleichheitszeichen gestrichen werden; die entsprechenden Intervallgrenzen dürfen dann $-\infty$ oder $+\infty$ sein.

[2]) Diese Voraussetzung kann auch durch folgende ersetzt werden: Bei festem λ sind die partiellen Ableitungen $\frac{\partial f_\nu}{\partial y_k}$ $(\nu \geq 1)$ beschränkt.

[3]) Vgl. Fußnote 1.

[4]) D. h. die IKurven von (6), die durch den Punkt $\xi, \eta_1, \ldots, \eta_n$ gehen; vgl. I A 5·4.

mit $F_0 = F_0(x, \xi, \eta_1, \ldots, \eta_n, \lambda) = \int_\xi^x f_0(x, \varphi_1, \ldots, \varphi_n, \lambda)\, dx$

gegeben[1]).

4·4. Haars Ungleichung[2]). In dem Pyramidenbereich

$$\mathfrak{g}: \xi \leq x < c, \quad \alpha_\nu + A(x - \xi) \leq y_\nu \leq \beta_\nu - A(x - \xi) \quad (\nu = 1, \ldots, n)$$

mit $\beta_\nu - \alpha_\nu > 2A(c - \xi)$ sei $z(x, \mathfrak{y})$ eine stetig differenzierbare Funktion[3]), die den UnGlen

$$\left|\frac{\partial z}{\partial x}\right| \leq A \sum_{\nu=1}^{n} \left|\frac{\partial z}{\partial y_\nu}\right| + B|z| + C \qquad (A,\ B > 0,\ C \geq 0)$$

$$-\omega(\mathfrak{y}) \leq z(\xi, \mathfrak{y}) \leq \omega(\mathfrak{y})$$

genügt, wobei $\omega(\mathfrak{y})$ für $\alpha_\nu \leq y_\nu \leq \beta_\nu$ $(\nu = 1, \ldots, n)$ stetig differenzierbar ist und die UnGlen

$$\omega \geq 0, \quad \omega_{y_\nu} \geq 0 \qquad (\nu = 1, \ldots, n)$$

erfüllt. Dann gilt in $\mathfrak{g}$

$$|z(x, \mathfrak{y})| \leq \frac{C}{B}\left(e^{B(x-\xi)} - 1\right) + e^{B(x-\xi)}\, \omega(\bar{\mathfrak{y}})$$

mit $\bar{y}_\nu = y_\nu + A(x - \xi)$.

4·5. Zusätze für den Fall $n = 2$.

(a) In dem achsenparallelen Rechteck $ABCD$ (Fig. 9) seien $f(x, y)$, $g(x, y)$, $h(x, y)$ stetig differenzierbar und $f \geq 0$ $(f \leq 0)$, ferner sei $\mathfrak{C}$ eine die Punkte B, D (A, C) verbindende stetig differenzierbare Kurve mit negativer (positiver) Ableitung, und auf $\mathfrak{C}$ sei eine stetig differenzierbare Funktion $\omega(x)$ gegeben. Dann hat die DGl

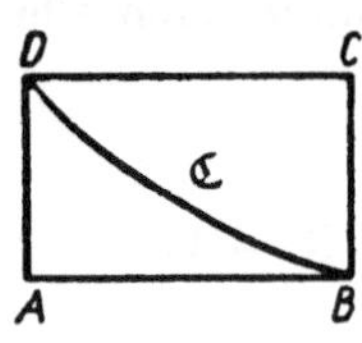

Fig. 9.

$$p + f(x, y)\, q = g(x, y)\, z + h(x, y)$$

in dem Rechteck genau eine Lösung, die auf $\mathfrak{C}$ die Werte ω annimmt[4]). Das ist fast selbstverständlich, da die durch $\mathfrak{C}$ gehenden charakteristischen Grundkurven ansteigen (abfallen).

(b) In dem Trapez (Fig. 10) $0 \leq x \leq a$, $|y| + Ax \leq b$ seien $f(x, y)$, $g(x, y)$, f_y, g_y vorhanden und stetig, ferner sei

$$|f| \leq A, \quad |f_y| \leq B, \quad |g| \leq \frac{C x^k}{k!}, \quad |g_y| \leq \frac{D x^l}{l!} \qquad (k, l \geq 0).$$

---

1) E. Kamke, Math. Zeitschrift 49 (1943) 275ff.

2) A. Haar, Acta Szeged 4 (1928) 103ff. und Atti Congresso Intern. Bologna 1928, III, S. 5—10 (dort ist ω eine positive Konstante). Der Satz von Haar ist als Sonderfall in 12·11 enthalten. Vgl. auch Nagumo, Journal of Math. 15 (1938) 51—56; J. Szarski, Annales Soc. Polon. 21 (1948) 7—25.

3) Es steht wieder $\mathfrak{y}$ für $y_1, \ldots, y_n$.

4) A. Colucci, Atti Torino 64 (1928—29) 219—234.

Dann hat die DGl

$$p = f(x, y)\, q + g(x, y)$$

in dem Trapez genau ein Integral, das für $x = 0$ den Wert 0 hat, und für dieses ist

$$|z| \leq \frac{C\, x^{k+1}}{(k+1)!}, \quad |z_y| \leq \frac{D\, e^{aB}\, x^{l+1}}{(l+1)!}\ ^{1)}.$$

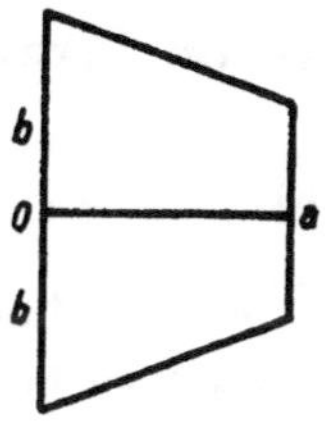

Fig. 10.

(c) Asymptotische Integration von

$$f(x, y)\, p + g(x, y)\, q = [\varrho\, h(x, y) + k(x, y, \varrho)]\, z.$$

Dabei sollen f, g in einer Umgebung von $x = a$, $y = b$ regulär analytisch sein, außerdem sei k gleichmäßig in eine asymptotische Reihe

$$k \sim \sum_{\nu=0}^{\infty} \gamma_\nu(x, y)\, \varrho^{-\nu}$$

entwickelbar mit Koeffizienten γ_ν, die in der obigen Umgebung ebenfalls regulär analytisch sind.

Wird

$$z = u(x, y, \varrho)\, e^{\varphi(x, y)\varrho}$$

gesetzt, so wird aus der obigen DGl

$$u\,\varrho(f\varphi_x + g\varphi_y - h) + f\,u_x + g\,u_y - k\,u = 0.$$

Wird für φ eine Lösung der linearen DGl

$$f\varphi_x + g\,\varphi_y = h$$

gewählt, so bleibt noch die DGl

$$f\,u_x + g\,u_y = k\,u$$

zu lösen. Für die Lösungen dieser DGl kann man nun, indem man die charakteristischen Glen aufstellt, eine asymptotische Lösungsentwicklung erhalten[2]).

5. Die quasilineare Differentialgleichung $\sum f_\nu(x_1, \ldots, x_n, z)\frac{\partial z}{\partial x_\nu} = g(x_1, \ldots, x_n, z)$ [3]).

5·1. Die Differentialgleichung und ihre Veranschaulichung. Die quasilineare DGl[4]) für eine Funktion $z = z(x_1, \ldots, x_n)$ hat die Gestalt

$$\text{(I)} \qquad \sum_{\nu=1}^{n} f_\nu(x_1, \ldots, x_n, z)\frac{\partial z}{\partial x_\nu} = g(x_1, \ldots, x_n, z)$$

[1]) O. Perron, Math. Zeitschrift 27 (1928) 554ff.

[2]) W. Sternberg, Sitzungsberichte Heidelberg 1920, 11. Abh.

[3]) Die nachfolgende Darstellung lehnt sich an Kamke, DGlen, S. 330—341 an.

[4]) Ich schließe mich der Bezeichnung von Courant-Hilbert, Methoden math. Physik II, S. 57 an. Früher wurden diese DGlen linear genannt; planar bei Frank-v. Mises, D- u. IGlen I, 2. Aufl. S. 628, 634.

oder bei Verwendung der Abkürzungen $p_\nu = \frac{\partial z}{\partial x_\nu}$ und $\mathfrak{x}$ für $x_1, \ldots, x_n$

(1a) $$\sum_{\nu=1}^{n} f_\nu(\mathfrak{x}, z)\, p_\nu = g(\mathfrak{x}, z).$$

Sie ist also linear in den Ableitungen der gesuchten Funktion, während diese selber in nicht-linearer Form auftreten darf.

Im folgenden wird die DGl immer nur in einem solchen Gebiet $\mathfrak{G}_{n+1}(\mathfrak{x}, z)$ des $(n+1)$-dimensionalen $\mathfrak{x}, z$-Raumes betrachtet, in dem die Koeffizienten f_ν und g stetig sind.

Eine echte Veranschaulichung der DGl ist nur für $n = 2$ möglich. Schreibt man dann die DGl in der Gestalt

$$f(x, y, z)\frac{\partial z}{\partial x} + g(x, y, z)\frac{\partial z}{\partial y} = h(x, y, z), \quad |f| + |g| > 0,$$

so werden durch die DGl jedem Punkt x_0, y_0, z_0 die Flächenelemente x_0, y_0, z_0, p, q zugeordnet, deren Richtungskoeffizienten p, q die Gl

$$f(x_0, y_0, z_0)\, p + g(x_0, y_0, z_0)\, q = h(x_0, y_0, z_0)$$

erfüllen. Das sind die sämtlichen Ebenen (ohne die zur x, y-Ebene senkrechte Ebene), die durch die Gerade

$$x - x_0 = f(x_0, y_0, z_0)\, t, \quad y - y_0 = g(x_0, y_0, z_0)\, t, \quad z - z_0 = h(x_0, y_0, z_0)\, t$$

(t ist Parameter) gehen. Durch die DGl wird also jedem Punkt x_0, y_0, z_0 wie in 2·1 ein Ebenenbüschel zugeordnet, aber die gemeinsame Gerade der Ebenen ist (anders als in 2·1) jetzt im allgemeinen nicht parallel zur x, y-Ebene.

5·2. Charakteristiken und Integralflächen.

(a) Unter den zu der DGl (1) gehörigen charakteristischen oder LAGRANGEschen Glen versteht man das System der $n + 1$ gewöhnlichen DGlen

(2) $$\begin{cases} x_\nu'(t) = f_\nu(\mathfrak{x}, z) & (\nu = 1, \ldots, n), \\ z'(t) = g(\mathfrak{x}, z) \end{cases}$$

(man beachte, daß es bei der letzten Gl g und nicht etwa $-g$ heißt). Jede Lösung

(3) $$x_1 = \varphi_1(t), \ldots, x_n = \varphi_n(t), \quad z = \varphi(t)$$

dieses Systems heißt eine Charakteristik der partiellen DGl (1); die durch die ersten n Glen (3) bestimmte Kurve im $\mathfrak{x}$-Raum heißt auch charakteristische Grundkurve.

Zwischen den Integralen und den Charakteristiken von (1) besteht, entsprechend 3·2, folgende Beziehung:

(b) Die Funktion $\chi(\mathfrak{x})$ sei in dem Gebiet $\mathfrak{G}_n(\mathfrak{x})$ mit stetigen partiellen Ableitungen versehen, und die Punkte $\mathfrak{x}$, $\mathfrak{z} = \chi(\mathfrak{x})$ mögen zu $\mathfrak{G}_{n+1}$ gehören. Unter diesen Voraussetzungen ist die Funktion $z = \chi(\mathfrak{x})$ im Gebiet $\mathfrak{G}_n$ genau dann ein Integral der DGl (1), wenn durch jeden Punkt $\xi_1, \ldots, \xi_n, \zeta$ der Fläche $z = \chi$ mindestens ein Charakteristikenstück geht, das ganz der Fläche angehört, d. h. wenn

$$\varphi(t) = \chi(\varphi_1(t), \ldots, \varphi_n(t))$$

für ein durch $\xi_1, \ldots, \xi_n, \zeta$ gehendes Charakteristikenstück (3) gilt.

5·3. Beispiele für die Lösung der Differentialgleichung durch geometrische Charakterisierung der Integralflächen. Nach 5·2 (b) sind die Integrale von (1) die stetig differenzierbaren Flächen $z = \chi(\mathfrak{x})$, die sich aus Charakteristiken aufbauen lassen. Haben bei einer speziellen DGl die Charakteristiken eine gut übersehbare Gestalt, so kann man die DGl auf Grund jener Tatsache bereits als gelöst ansehen. Einige Beispiele mögen das erläutern.

(a) $$a \frac{\partial z}{\partial x} + b \frac{\partial z}{\partial y} = c \quad \text{mit} \quad |a| + |b| > 0.$$

Die charakteristischen Glen sind

$$x'(t) = a, \quad y'(t) = b, \quad z'(t) = c.$$

Die Charakteristiken sind daher

$$x = \xi + a t, \quad y = \eta + b t, \quad z = \zeta + c t,$$

wobei ξ, η, ζ beliebig gewählt werden können. Die Charakteristiken bilden also eine Schar von parallelen Geraden, die wegen $|a| + |b| > 0$ nicht senkrecht zur x, y-Ebene sind, und die IFlächen sind die stetig differenzierbaren Zylinderflächen $z = \chi(x, y)$, deren Erzeugende parallel zu jenen Geraden sind.

(b) $$(x - a) \frac{\partial z}{\partial x} + (y - b) \frac{\partial z}{\partial y} = z - c.$$

Die charakteristischen Glen sind

$$x'(t) = x - a, \quad y'(t) = y - b, \quad z'(t) = z - c,$$

und die Charakteristiken

$$x - a = C_1 e^t, \quad y - b = C_2 e^t, \quad z - c = C_3 e^t,$$

d. h. die Charakteristiken sind die sämtlichen Strahlen, die von dem Punkt a, b, c ausgehen. Die IFlächen sind daher die stetig differenzierbaren Kegel (Konoide) $z = \chi(x, y)$ mit der Spitze im Punkt a, b, c.

(c) $$(b z - c y) \frac{\partial z}{\partial x} + (c x - a z) \frac{\partial z}{\partial y} = a y - b x \quad \text{mit} \quad |a| + |b| + |c| > 0.$$

Die charakteristischen Glen sind

$$x'(t) = b z - c y, \quad y'(t) = c x - a z, \quad z'(t) = a y - b x.$$

Aus ihnen folgt für jede Charakteristik

$$a x' + b y' + c z' = 0, \quad x x' + y y' + z z' = 0,$$

also ist

$$a x + b y + c z = \text{const} \quad \text{und} \quad x^2 + y^2 + z^2 = \text{const}$$

längs jeder Charakteristik[1]), d. h. jede Charakteristik gehört einer Ebene $a x + b y + c z = C_1$ und zugleich einer Kugel $x^2 + y^2 + z^2 = C_2^2$ an, ist also ein in jener Ebene liegender Kreis (der auch in einen Punkt entartet sein kann). Die IFlächen sind also die stetig differenzierbaren Flächen $z = \chi(x, y)$, die aus diesen Kreisen aufgebaut werden können, d. h. sie sind die stetig differenzierbaren Rotationsflächen (oder Teile von solchen), deren Rotationsachse durch den Nullpunkt geht und senkrecht zur Ebene $a x + b y + c z = 0$ ist.

(d) $$(b z - c y + A) \frac{\partial z}{\partial x} + (c x - a z + B) \frac{\partial z}{\partial y} = a y - b x + C.$$

Die IFlächen sind gewisse Schraubenflächen. Das läßt sich nach dem Muster von (c) zeigen. Die Rechnung wird jedoch einfacher, wenn man mit Vektoren rechnet. Wird

$$\mathfrak{a} = (a, b, c), \quad \mathfrak{A} = (A, B, C), \quad \mathfrak{x} = (x, y, z)$$

gesetzt, so lauten die charakteristischen Glen

(*) $$\mathfrak{x}'(t) = \mathfrak{A} + \mathfrak{a} \times \mathfrak{x}.$$

Damit nicht der Sonderfall (a) oder (c) vorliegt, wird $\mathfrak{a} \neq 0$ und $\mathfrak{A} \neq 0$ vorausgesetzt.

Es soll bewiesen werden, daß jede Charakteristik $\mathfrak{x} = \mathfrak{x}(t)$ eine Schraubenlinie ist, deren Achse durch den Endpunkt Ω des Vektors $\frac{\mathfrak{a} \times \mathfrak{A}}{\mathfrak{a}^2}$ geht und parallel zum Vektor $\mathfrak{a}$ ist (Fig. 11). Für einen beliebigen Punkt $P = P(\mathfrak{x})$ der Charakteristik ist der Vektor

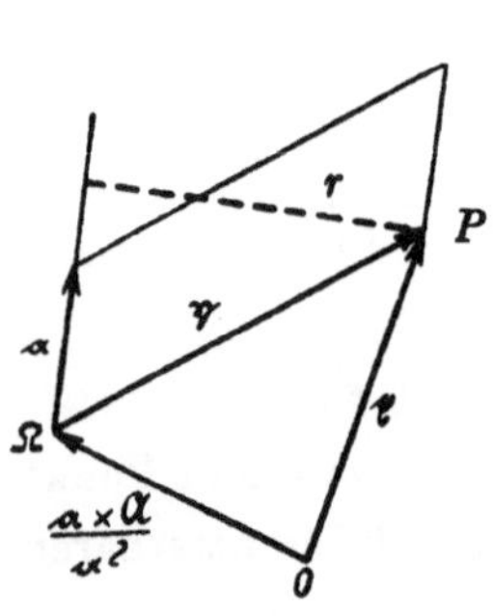

Fig. 11.

$$\mathfrak{y} = \overrightarrow{\Omega P} = \mathfrak{x} - \frac{\mathfrak{a} \times \mathfrak{A}}{\mathfrak{a}^2},$$

und das Quadrat des Abstands $r = r(t)$, den der Punkt P von der oben eingeführten Achse hat, ist, von einem konstanten Faktor abgesehen,

---

[1]) Hieraus folgt mit 5·4 oder auch mit 5·2 (b), daß $z = \sqrt{C^2 - x^2 - y^2}$ und, falls $c \neq 0$ ist, auch $z = \frac{C - a x - b y}{c}$ ein Integral der DGl ist.

$$\begin{aligned} r^2 = (\mathfrak{a} \times \mathfrak{y})^2 &= \left(\mathfrak{a} \times \mathfrak{x} - \mathfrak{a} \times \frac{\mathfrak{a} \times \mathfrak{A}}{\mathfrak{a}^2}\right)^2 \\ &= (\mathfrak{a} \times \mathfrak{x})^2 - 2(\mathfrak{a} \times \mathfrak{x})\left(\mathfrak{a} \times \frac{\mathfrak{a} \times \mathfrak{A}}{\mathfrak{a}^2}\right) + \left(\mathfrak{a} \times \frac{\mathfrak{a} \times \mathfrak{A}}{\mathfrak{a}^2}\right)^2 \\ &= (\mathfrak{a} \times \mathfrak{x})^2 - 2(\mathfrak{a} \times \mathfrak{x})\frac{1}{\mathfrak{a}^2}[\mathfrak{a}(\mathfrak{a}\,\mathfrak{A}) - \mathfrak{A}\,\mathfrak{a}^2] + \text{const} \\ &= (\mathfrak{a} \times \mathfrak{x})^2 + 2(\mathfrak{a} \times \mathfrak{x})\,\mathfrak{A} + \text{const} \\ &= (\mathfrak{A} + \mathfrak{a} \times \mathfrak{x})^2 + \text{const}. \end{aligned}$$

Da nach (*)

$$\frac{d}{dt}(\mathfrak{A} + \mathfrak{a} \times \mathfrak{x})^2 = 2(\mathfrak{A} + \mathfrak{a} \times \mathfrak{x})(\mathfrak{a} \times \mathfrak{x}') = 2\,\mathfrak{x}'(\mathfrak{a} \times \mathfrak{x}') = 0$$

ist, ergibt sich in der Tat, daß r^2 konstant ist. Alle Punkte der Charakteristik haben also von der Achse einen festen Abstand. Weiter ist

$$\mathfrak{x}'^2 = (\mathfrak{A} + \mathfrak{a} \times \mathfrak{x})^2 = \text{const}$$

und

$$\mathfrak{a}\,\mathfrak{x}' = \mathfrak{a}(\mathfrak{A} + \mathfrak{a} \times \mathfrak{x}) = \mathfrak{a}\,\mathfrak{A} = \text{const},$$

also bilden die Tangenten in einem Kurvenpunkt mit der Parallelen zu $\mathfrak{a}$ stets gleiche Winkel, d. h. die Charakteristiken sind die Schraubenlinien mit der festen Achse, die parallel zu $\mathfrak{a}$ durch den Punkt Ω geht, und die IFlächen der partiellen DGl daher die Schraubenflächen, die sich aus diesen Schraubenlinien aufbauen lassen.

5·4. Lösung der Differentialgleichung durch Reduktion auf eine lineare homogene Differentialgleichung. Durch das Reduktionsverfahren 12·3 (a) entsteht aus der DGl (1) die lineare homogene DGl[1])

(4) $$\sum_{\nu=1}^{n} f_\nu(\mathfrak{x}, z)\frac{\partial w}{\partial x_\nu} + g(\mathfrak{x}, z)\frac{\partial w}{\partial z} = 0$$

für $w = w(\mathfrak{x}, z)$ als gesuchte Funktion. Löst man für ein Integral w dieser DGl die Gl $w = 0$ nach z auf, so erhält man unter den nötigen Voraussetzungen eine Lösung von (1). Genauer gilt folgendes:

Es sei $w = \psi(\mathfrak{x}, z)$ in $\mathfrak{G}_{n+1}(\mathfrak{x}, z)$ ein Integral der homogenen DGl (4). Ferner sei $\chi(\mathfrak{x})$ in $\mathfrak{G}_n(\mathfrak{x})$ eine Funktion mit folgenden Eigenschaften:

α) χ ist in $\mathfrak{G}_n$ stetig differenzierbar;

β) die Punkte $\mathfrak{x}, z = \chi(\mathfrak{x})$ gehören dem Gebiet $\mathfrak{G}_{n+1}$ an;

γ) in keinem Teilgebiet von $\mathfrak{G}_n$ ist $\psi_z(\mathfrak{x}, \chi(\mathfrak{x})) \equiv 0$;

δ) $\psi(\mathfrak{x}, \chi(\mathfrak{x}))$ ist konstant in $\mathfrak{G}_n$.

Dann ist $\chi(\mathfrak{x})$ in $\mathfrak{G}_n$ ein Integral der quasilinearen DGl (1).

---

1) Das Plus-Zeichen in der folgenden Gl ist richtig.

Die charakteristischen Glen der linearen DGl (4) sind nach 3·2 gerade die charakteristischen Glen (2) der quasilinearen DGl (1).

Zu der Frage, ob man nach diesem Verfahren durch Variation der Integrale ψ von (4) sämtliche Integrale von (1) erhalten kann, s. KAMKE, DGlen, S. 333f. und Nachtrag zu Nr. 172.

Beispiel: $$(y+z)^2\frac{\partial z}{\partial x}-x(y+2z)\frac{\partial z}{\partial y}=xz.$$

Es soll eine IFläche angegeben werden, die durch die Raumkurve $z=x^2$, $y=0$ geht.

Man versucht zunächst, Integrale der zugehörigen linearen homogenen DGl
$$(y+z)^2\frac{\partial w}{\partial x}-x(y+2z)\frac{\partial w}{\partial y}+xz\frac{\partial w}{\partial z}=0$$
zu erhalten. Die charakteristischen Glen dieser DGl sind
$$x'(t)=(y+z)^2,\quad y'(t)=-x(y+2z),\quad z'(t)=xz.$$
Aus ihnen folgt
$$(y+z)z'+(y'+z')z=0,\quad xx'+yy'-zz'=0.$$
Nach 3·3 hat die homogene DGl daher die Integrale
$$\psi_1(x,y,z)=(y+z)z,\quad \psi_2(x,y,z)=x^2+y^2-z^2,$$
und zwar bilden diese Funktionen eine IBasis. Für eine beliebige stetig differenzierbare Funktion $\Omega(u,v)$ ist auch

(*) $$\psi(x,y,z)=\Omega(\psi_1(x,y,z),\psi_2(x,y,z))$$

ein Integral der homogenen DGl. Kann man die Gl $\psi=0$ nach z auflösen und erfüllt die Lösung $z=\chi(x,y)$ die vorher genannten Voraussetzungen, so ist χ ein Integral der gegebenen quasilinearen DGl. Dieses Integral soll hier für $y=0$ den Wert $z=x^2$ haben, d. h. es ist z aus
$$\Omega(u,v)=0$$
zu bestimmen, und diese Gl soll insbesondere erfüllt sein für
$$u=\psi_1(x,0,x^2)=x^4,\quad v=\psi_2(x,0,x^2)=x^2-x^4.$$
Aus diesen Glen folgt $(u+v)^2=u$. Für $\Omega(u,v)=(u+v)^2-u$ ist also die Anfangsbedingung erfüllt, und aus (*) wird
$$\psi=(x^2+y^2+yz)^2-(y+z)z.$$
Indem man schließlich $\psi=0$ nach z auflöst, erhält man das gesuchte Integral.

5·5. Der Sonderfall $p+\sum f_\nu(x,y,z)\,q_\nu=g(x,y,z)$.

(a) Allgemeine Sätze über die Existenz von Integralen mit gegebenen Anfangswerten (CAUCHYs Problem) für große, angebbare Gebiete sind wie bei der linearen DGl auch hier wieder nur für den Fall bekannt, daß einer der Koeffizienten f_ν von (1) in dem ganzen betrachteten Bereich $\neq 0$ ist. Dividiert man durch diesen Koeffizienten, so erhält die DGl (1) bei unwesentlicher Änderung der Bezeichnungen die Gestalt

$$\frac{\partial z}{\partial x} + \sum_{\nu=1}^{n} f_\nu(x, \mathfrak{y}, z) \frac{\partial z}{\partial y_\nu} = g(x, \mathfrak{y}, z); \tag{5}$$

dabei steht $\mathfrak{y}$ für $y_1, \ldots, y_n$, und $z = z(x, \mathfrak{y})$ ist die gesuchte Funktion. Die charakteristischen Glen (2) lauten, da $t = x$ gewählt werden kann,

$$\begin{cases} y'_\nu(x) = f_\nu(x, \mathfrak{y}, z) & (\nu = 1, \ldots, n), \\ z'(x) = g(x, \mathfrak{y}, z). \end{cases} \tag{6}$$

Legt man für eine gegebene Funktion $\omega(\eta_1, \ldots, \eta_n)$ die Charakteristiken durch die Anfangspunkte

$$\xi, \eta_1, \ldots, \eta_n, \zeta = \omega(\eta_1, \ldots, \eta_n)$$

und untersucht man, wann die Charakteristiken sich zu einer IFläche zusammenschließen, so gewinnt man z. B. den folgenden

(b) Existenzsatz: In dem Bereich

$$|x - \xi| < a, \quad \mathfrak{y}, z \text{ beliebig} \tag{7}$$

seien die Funktionen $f_1, \ldots, f_n, g$ stetig und mit beschränkten stetigen partiellen Ableitungen erster Ordnung nach den y_μ und z versehen; die absoluten Beträge aller dieser Ableitungen seien $< A$. -- Ferner sei $\omega(\mathfrak{y})$ eine Funktion, die für alle y_μ beschränkte stetige partielle Ableitungen erster Ordnung hat; die absoluten Beträge aller dieser Ableitungen seien $< C$.

Dann hat die DGl (5) für

$$\alpha = \frac{1}{(n+1)A} \log\left(1 + \frac{n+1}{n(C+1)}\right)$$

in dem Bereich

$$|x - \xi| < \operatorname{Min}(a, \alpha), \quad \mathfrak{y} \text{ beliebig}$$

genau ein Integral $z = \chi(x, \mathfrak{y})$ mit den Anfangswerten

$$\chi(\xi, \mathfrak{y}) = \omega(\mathfrak{y}).$$

Dieses Integral ist in einer Parameterdarstellung — die Parameter sind $\eta_1, \ldots, \eta_n$ — durch

$$z = \varphi(x, \xi, \eta_1, \ldots, \eta_n, \omega(\eta_1, \ldots, \eta_n)),$$
$$y_\nu = \varphi_\nu(x, \xi, \eta_1, \ldots, \eta_n, \omega(\eta_1, \ldots, \eta_n)) \quad (\nu = 1, \ldots, n)$$

gegeben; dabei sind

$$y_\nu = \varphi_\nu(x, \xi, \eta_1, \ldots, \eta_n, \zeta) \quad (\nu = 1, \ldots, n)$$
$$z = \varphi(x, \xi, \eta_1, \ldots, \eta_n, \zeta)$$

die zu dem System (6) gehörigen Charakteristiken (vgl. I A 5·4)[1]).

---

[1]) E. Kamke, DGlen, S. 335—340 und Nachträge zu diesen Seiten.

Zieht man die aus 12·2 für die DGl (5) sich ergebenden $2n+1$ charakteristischen Glen heran, so läßt sich zeigen, daß die oben eingeführte Zahl α vergrößert werden kann, und zwar kann man setzen

$$\alpha = \frac{1}{A(C+1)} \quad \text{für } n = 1\ ^{1)},$$

$$\alpha = \frac{1}{(n-1)A} \log \frac{n(C+1)}{nC+1} \quad \text{für } n \geq 2\ ^{2)}.$$

Daß überhaupt eine solche Zahl α eingeführt werden muß, obwohl die Charakteristiken, wie leicht zu sehen ist, bei den Voraussetzungen des Existenzsatzes in dem ganzen Bereich $|x-\xi| < a$ existieren, ergibt sich schon im Fall $n = 1$ daraus, daß ein zunächst schlicht über der x, y-Ebene liegendes Charakteristikenband sich mit Entfernung von $x = \xi$ verdrehen kann, so daß es dann nicht mehr schlicht über der x, y-Ebene liegt (vgl. Fig. 12).

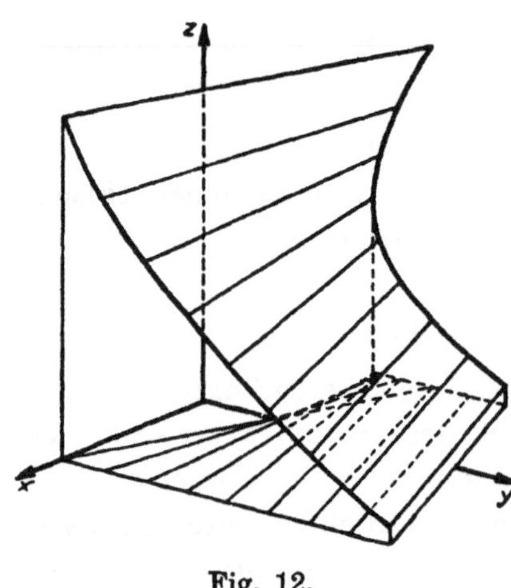

Fig. 12.

(c) Allgemeine Gebiete. Ist die DGl nicht in dem speziellen Bereich (7), sondern in einem allgemeineren Gebiet $\mathfrak{G}_{n+2}(x, \mathfrak{y}, z)$ gegeben, so kann man nach dem Muster von 3·6 (c) den Definitionsbereich der Koeffizienten auf einen Bereich (7) oder auf den ganzen $x, \mathfrak{y}, z$-Raum ausdehnen und auf diese Weise mit Hilfe von (b) einen Existenzsatz für ein Teilgebiet von $\mathfrak{G}_{n+2}$ herleiten[3]).

(d) Beispiel: $$\frac{\partial z}{\partial x} + \frac{\partial z}{\partial y} = z.$$

Es soll ein Integral $z(x, y)$ mit dem Anfangswert $z(0, y) = \omega(y)$ bei gegebenem ω gefunden werden.

Die charakteristischen Glen sind $\quad y'(x) = 1, \quad z'(x) = z.$

Die durch den Punkt ξ, η, ζ gehenden Charakteristiken sind

$$y = \varphi_1(x, \xi, \eta, \zeta) = x - \xi + \eta,$$

$$z = \varphi(x, \xi, \eta, \zeta) = \zeta e^{x-\xi}.$$

---

1) J. Perausówna, Annales Soc. Polon. Math. 12 (1934) 1—5.

2) T. Wazewski, Annales Soc. Polon. Math. 12 (1934) 6—15. E. Kamke, Publications de l'Institut Math. de l'Acad. Serbe 4 (1952) 61—68 [mit vielen unberichtigten Druckfehlern].

3) Vgl. auch O. Perron, Math. Zeitschrift 27 (1928) 557ff. ($n = 1$, trapezförmiges Gebiet, Methode: Iterationsverfahren).

Daher ist

$$y = x + \eta, \quad z = e^x \omega(\eta)$$

eine Parameterdarstellung für das gesuchte Integral. Hier kann man den Parameter η noch leicht entfernen und findet

$$z = e^x \omega(y - x)$$

als gesuchtes Integral, und zwar auch dann, wenn ω nicht alle Voraussetzungen des Existenzsatzes erfüllt.

5·6. Die allgemeine Differentialgleichung, insbesondere auch für $n = 2$.

(a) Die Anfangswertaufgabe (Cauchys Problem) für die DGl (1) lautet hier wörtlich wie in 3·7 (b): Für ein Grundgebiet $\mathfrak{h}(\mathfrak{x})$, das in einer Parameterdarstellung

$$\mathfrak{h}: \qquad x_\nu = u_\nu(t_1, \ldots, t_{n-1}) \qquad (\nu = 1, \ldots, n)$$

gegeben ist, soll ein Integral angegeben werden, das in $\mathfrak{h}$ vorgeschriebene Werte

$$(8) \qquad z = u(t_1, \ldots, t_{n-1})$$

annimmt. Die Aufgabe ist unter folgenden Voraussetzungen lösbar[1]):

Die $f_\nu(\mathfrak{x}, z)$ und $g(\mathfrak{x}, z)$ seien in dem Gebiet $\mathfrak{G}(\mathfrak{x}, z)$, die u_ν und u in einem Gebiet $\mathfrak{T}(t_1, \ldots, t_{n-1})$ stetig differenzierbar. Die Punktmenge $\mathfrak{H}(\mathfrak{x}, z)$, die aus den Punkten $\mathfrak{h}$ und (8) besteht, möge zu $\mathfrak{G}$ gehören. Schließlich sei die Determinante

$$(9) \qquad \begin{vmatrix} f_1(u_1, \ldots, u_n, u), & \ldots, & f_n(u_1, \ldots, u_n, u) \\ \frac{\partial u_1}{\partial t_1} & , \ldots, & \frac{\partial u_n}{\partial t_1} \\ \cdots & \cdots & \cdots \\ \frac{\partial u_1}{\partial t_{n-1}} & , \ldots, & \frac{\partial u_n}{\partial t_{n-1}} \end{vmatrix} \neq 0$$

in dem Gebiet $\mathfrak{T}$.

Durch die Punkte von $\mathfrak{H}$ lege man die Charakteristiken[2])

$$(10) \qquad \begin{aligned} x_\nu &= \varphi_\nu(t, u_1, \ldots, u_n, u) \qquad (\nu = 1, \ldots, n) \\ z &= \varphi\,(t, u_1, \ldots, u_n, u). \end{aligned}$$

Die ersten n dieser Glen bestimmen ein charakteristisches Grundgebiet $\mathfrak{g}(\mathfrak{T})$.

Dann liefern die Glen (10) eine Parameterdarstellung des gesuchten Integrals in jedem Teil von $\mathfrak{g}(\mathfrak{T})$, der das Grundgebiet $\mathfrak{h}$ enthält und in dem die Glen (10) Punkte von $\mathfrak{G}$ liefern und die Auflösung der ersten

---

[1]) Vgl. Courant-Hilbert, Methoden math. Physik II, S. 57ff.; S. 60—63 auch Untersuchungen über den Fall, daß die Determinante (9) Null ist.

[2]) Die Bezeichnungen sind entsprechend 3·7 gewählt.

n Glen nach $t, t_1, \ldots, t_{n-1}$ stetig differenzierbare Funktionen von $x_1, \ldots, x_n$ liefert; wegen (9) trifft dieses sicher in einer hinreichend kleinen und passend geformten Umgebung von $\mathfrak{h}$ zu.

(b) Für den Fall $n = 2$ und die DGl

$$f(x, y)\frac{\partial z}{\partial x} + g(x, y)\frac{\partial z}{\partial y} = \frac{h(x, y)}{\lambda'(z)}$$

gilt noch folgender Satz:

Die Funktionen f, g, h seien in dem Gebiet $\mathfrak{G}(x, y)$ stetig differenzierbar, und es sei $|f| + |g| > 0$; ferner durchlaufe $\lambda(u)$ für $u_1 < u < u_2$ den Bereich aller reellen Zahlen und habe eine stetige Ableitung $\neq 0$. — Dann hat die DGl ein Integral in jedem einfach zusammenhängenden Teilgebiet $\mathfrak{g}$ von $\mathfrak{G}$, das keinen im Endlichen gelegenen Randpunkt mit $\mathfrak{G}$ gemeinsam hat und in dem f, g beschränkt sind[1]).

Für $\lambda(u) = u$, $\log u$, $\operatorname{tg} u$, $\operatorname{cgt} u$ lautet die rechte Seite der DGl: h, zh, $h\cos^2 z$, $-h\sin^2 z$.

5·7. Reihenentwicklungen.

(a) Bei Zulassung komplexer Veränderlicher gilt folgender Existenzsatz: In der expliziten Form (5) der DGl seien die Koeffizienten $f_\nu(x, \mathfrak{y}, z)$ und $g(x, \mathfrak{y}, z)$ reguläre Funktionen der Veränderlichen $x, y_1, \ldots, y_n, z$ in einer gewissen Umgebung der Stelle $\xi, \eta_1, \ldots, \eta_n, \zeta$, d. h. sie seien in absolut konvergente Reihen entwickelbar, die nach natürlichen Potenzen von $x - \xi$, $y_\nu - \eta_\nu$, $z - \zeta$ fortschreiten. Ebenso sei $\omega(\mathfrak{y})$ eine gegebene reguläre Funktion von $y_1, \ldots, y_n$ in einer gewissen Umgebung von $\eta_1, \ldots, \eta_n$, und es sei

$$\omega(\eta_1, \ldots, \eta_n) = \zeta.$$

Dann hat die DGl (5) genau ein Integral, das in einer hinreichend kleinen Umgebung von $\xi, \eta_1, \ldots, \eta_n$ eine reguläre Funktion von $x, y_1, \ldots, y_n$ ist und für $x = \xi$ die Werte

$$z(\xi, \mathfrak{y}) = \omega(\mathfrak{y})$$

annimmt[2]).

Die Koeffizienten der gesuchten Potenzreihe

$$z = \sum c_{\nu, \nu_1, \ldots, \nu_n}(x - \xi)^\nu (y_1 - \eta_1)^{\nu_1} \cdots (y_n - \eta_n)^{\nu_n}$$

---

[1]) E. Kamke, Math. Zeitschrift 41 (1936) 66. Vgl. auch M. Cibrario, Atti Accad. Lincei (6) 13 (1931) 26—31; dort ist die rechte Seite allgemeiner, dafür wird die Existenz des Integrals nur in einem charakteristischen Feld $\mathfrak{g}$ behauptet.

[2]) Vgl. Courant-Hilbert, Methoden math. Physik II, S. 31—44. Forsyth, Diff. Equations V, Kap. 1. Goursat, Équations du premier ordre, Kap. 1.

erhält man durch Eintragen dieser Reihe in die DGl (5) und Vergleichen entsprechender Potenzen unter Berücksichtigung der Anfangsbedingungen.

(b) Für die Benutzung allgemeinerer Reihenentwicklungen s. 10·5.

5·8. Übersicht über die Lösungsmethoden. In einer Reihe von Fällen wird man durch die Methoden von 5·3 und 5·4 zum Ziel kommen. Gelingt es nicht, auf diesem Wege die gesuchte Lösung zu erhalten, so kann man, wenn die Anfangswerte des Integrals gegeben sind, die charakteristischen Glen nach einem der in I A § 8 beschriebenen Verfahren lösen und erhält dann nach 5·5 oder 5·6 die gesuchte Lösung in einer Parameterdarstellung.

6. Systeme linearer Differentialgleichungen.[1]

6·1. Der Sonderfall $p_\nu = f_\nu(x_1, \ldots, x_n)$, $(\nu = 1, \ldots, n)$. Das einfachste System linearer DGlen ist von der Gestalt

$$\frac{\partial z}{\partial x_\nu} = f_\nu(\mathfrak{x}) \qquad (\nu = 1, \ldots, n),$$

wo wieder $\mathfrak{x}$ für $x_1, \ldots, x_n$ steht und $z = z(\mathfrak{x})$ die gesuchte Funktion ist. Sind die f_ν in dem Gebiet $\mathfrak{G}(\mathfrak{x})$ stetig differenzierbar, so ist jede Lösung des Systems sogar zweimal stetig differenzierbar. Da dann

$$\frac{\partial^2 z}{\partial x_\mu \, \partial x_\nu} = \frac{\partial^2 z}{\partial x_\nu \, \partial x_\mu}$$

ist, muß

$$\frac{\partial f_\nu}{\partial x_\mu} = \frac{\partial f_\mu}{\partial x_\nu} \qquad \text{(Integrabilitätsbedingung)}$$

gelten. Ist diese Bedingung erfüllt, so ist das System in jedem einfach zusammenhängenden Gebiet $\mathfrak{G}$ auch wirklich lösbar, und man kann den Anfangswert ζ von z noch für einen beliebigen Punkt $\xi_1, \ldots, \xi_n$ von $\mathfrak{G}$ beliebig vorschreiben. Die Lösung des Systems ist dann

$$z = \zeta + \int\limits_{\xi_1, \ldots, \xi_n}^{x_1, \ldots, x_n} (f_1 \, dx_1 + \cdots + f_n \, dx_n).$$

Dabei ist das Integral über eine stetige rektifizierbare Kurve zu erstrecken, die in $\mathfrak{G}$ den Punkt $\xi_1, \ldots, \xi_n$ mit $x_1, \ldots, x_n$ verbindet; sein Wert hängt nur vom Anfangs- und Endpunkt, nicht von dem speziellen Verlauf der Kurve ab.

Bei einem konkret gegebenen System wird man etwas anders vorgehen: man wird erst alle Funktionen bestimmen, welche die erste Gl des Systems

[1]) Zu diesem Abschnitt vgl. FORSYTH, Diff. Equations V, Kap. 3. GOURSAT, Équations du premier ordre, Kap. 2.

erfüllen; dann die Teilmenge dieser Funktionen, die auch noch die zweite Gl erfüllen usw.

Beispiel: $\frac{\partial z}{\partial x_1} = x_2$, $\frac{\partial z}{\partial x_2} = x_1$. Die Integrabilitätsbedingung ist erfüllt. Aus der ersten Gl findet man $z = x_1 x_2 + \varphi(x_2)$, und aus der zweiten Gl weiter $\varphi'(x_2) = 0$, also schließlich $z = x_1 x_2 + C$.

6·2. Das allgemeine lineare System. Die Klammerbildung.

(a) Das allgemeine lineare System ist von der Gestalt[1])

(1) $$\sum_{k=1}^{n} f^{\mu,k}(\mathfrak{x}) \frac{\partial z}{\partial x_k} + f^{\mu,0}(\mathfrak{x})\, z = g^{\mu}(\mathfrak{x}) \qquad (\mu = 1, \ldots, m),$$

wobei wieder $\mathfrak{x}$ für $x_1, \ldots, x_n$ geschrieben ist und $z = z(\mathfrak{x})$ die gesuchte Funktion ist. Wird unter F^{μ} der Operator

$$F^{\mu} = \sum_{k=1}^{n} f^{\mu,k} \frac{\partial}{\partial x_k} + f^{\mu,0}$$

verstanden[2]), so kann für (1) auch kurz

(1a) $$F^{\mu} z = g^{\mu} \qquad (\mu = 1, \ldots, m)$$

geschrieben werden. Statt von einem System spricht man, vor allem in der technischen Literatur, auch von gekoppelten DGlen.

Läßt sich das System (1) nach m der Ableitungen auflösen, so nimmt es, wenn jetzt die unabhängigen Veränderlichen mit $x_1, \ldots, x_r, y_1, \ldots, y_s$ bezeichnet werden (es ist $r = m$), die Gestalt

(2) $$\frac{\partial z}{\partial x_{\mu}} = \sum_{k=1}^{s} f^{\mu,k}(\mathfrak{x}, \mathfrak{y}) \frac{\partial z}{\partial y_k} + f^{\mu,0}(\mathfrak{x}, \mathfrak{y})\, z + g^{\mu}(\mathfrak{x}, \mathfrak{y}) \qquad (\mu = 1, \ldots, r)$$

an, wobei hier $\mathfrak{x}$ und $\mathfrak{y}$ für $x_1, \ldots, x_r$ und $y_1, \ldots, y_s$ geschrieben ist. Man nennt (2) die explizite oder kanonische Gestalt eines Systems linearer DGlen.

Integral eines Systems ist jedes gemeinsame Integral aller DGlen des Systems. Die Gesamtheit der Integrale ist also eine Teilmenge der Integrale jeder einzelnen Gl und kann daher (vgl. 6·7 (b)) durch Einengung der Integrale einer einzelnen Gl erhalten werden.

Über die Koeffizienten der Systeme (1) und (2) wird durchweg vorausgesetzt, daß sie in dem betrachteten Gebiet $\mathfrak{G}(\mathfrak{x})$ bzw. $\mathfrak{G}(\mathfrak{x}, \mathfrak{y})$ stetig differenzierbar sind.

---

[1]) Es ist zweckmäßig, hier zur Unterscheidung der Funktionen obere statt untere Indizes zu benutzen und mit unteren Indizes Differentiationen anzudeuten, so daß also z. B. $f^{\mu,k}_{x_\varrho} = \frac{\partial f^{\mu,k}}{\partial x_\varrho}$ ist.

[2]) Offenbar ist $F^{\mu}(u\,v) = v\,F^{\mu} u + u\,F^{\mu} v - f^{\mu,0}\, u\, v$.

Für jedes Integral z des Systems (1) ist

$$(3)\qquad F^\nu(F^\mu z - g^\mu) - F^\mu(F^\nu z - g^\nu) = 0,$$

da die Klammern Null sind. Für beliebige, zweimal stetig differenzierbare Funktionen z heben sich bei Ausführung der bei den Operatoren F auftretenden Differentiationen die zweiten Ableitungen von z fort. Die Glen (3) lauten dann, ausführlich geschrieben:

$$(4)\qquad \sum_{\varrho=1}^{n}\Big\{\sum_{k=1}^{n}(f^{\mu\varrho}_{x_k}f^{\nu k} - f^{\nu\varrho}_{x_k}f^{\mu k})\frac{\partial z}{\partial x_\varrho} + (f^{\mu 0}_{x_\varrho}f^{\nu\varrho} - f^{\nu 0}_{x_\varrho}f^{\mu\varrho})\,z\Big\}$$

$$= \sum_{k=1}^{n}(g^\mu_{x_k}f^{\nu k} - g^\nu_{x_k}f^{\mu k}) + g^\mu f^{\nu 0} - g^\nu f^{\mu 0},$$

haben also wieder die Gestalt der Glen (1). Von der Gl (4) sagt man, sie sei durch Klammerbildung $[\mu,\nu]$ aus der μ-ten und ν-ten Gl des Systems (1) entstanden. Es besteht also die grundlegende Tatsache[1]):

(b) Jedes Integral des Systems (1) muß auch die durch Klammerbildung entstehenden Glen (4) für $1 \leq \mu,\ \nu \leq m$ erfüllen[2])[3]). Man bildet diese Glen am einfachsten auf Grund von (3), indem man die zweiten Ableitungen von z unberücksichtigt läßt[4]).

Für das System (2) lauten die Glen (4)

$$(5)\qquad \sum_{\varrho=1}^{s}\Big\{\sum_{k=1}^{s}(f^{\mu\varrho}_{y_k}f^{\nu k} - f^{\nu\varrho}_{y_k}f^{\mu k}) - f^{\mu\varrho}_{x_\nu} + f^{\nu\varrho}_{x_\mu}\Big\}\frac{\partial z}{\partial y_\varrho}$$

$$+\Big\{\sum_{k=1}^{s}(f^{\mu 0}_{y_k}f^{\nu k} - f^{\nu 0}_{y_k}f^{\mu k}) - f^{\mu 0}_{x_\nu} + f^{\nu 0}_{x_\mu}\Big\}\,z$$

$$+\sum_{k=1}^{s}(g^\mu_{y_k}f^{\nu k} - g^\nu_{y_k}f^{\mu k}) - g^\mu_{x_\nu} + g^\nu_{x_\mu} + g^\mu f^{\nu 0} - g^\nu f^{\mu 0} = 0.$$

---

[1]) Der obige Beweis gilt nur für zweimal stetig differenzierbare Funktionen z. Die Tatsache gilt aber auch für Funktionen z, die nur einmal stetig differenzierbar sind. Erster Beweis von E. Schmidt, Monatshefte f. Math. 48 (1939) 426—432. Einfacher bei O. Perron, Mathem. Annalen 117 (1941) 687—693 und A. Ostrowski, Commentarii math. Helvetici 15 (1942) 217—221. In diesen Arbeiten ist $g^\mu = f^{\mu 0} = 0$. Nach brieflicher Mitteilung von O. Perron gilt der Satz aber auch für beliebige g^μ, $f^{\mu 0}$.

[2]) Da $[\mu,\nu]$ und $[\nu,\mu]$ sich nur durch das Vorzeichen unterscheiden und $[\mu,\mu]$ die Gl. $0 = 0$ bedeutet, genügt es, die Glen (4) für $1 \leq \mu < \nu \leq m$ aufzustellen.

[3]) Die Glen (4) sind nicht ein Sonderfall der in 14·6 aufgestellten Glen (14); dagegen sind die Glen (5) ein Sonderfall der Glen (2) von 14·1.

[4]) Für Beispiele s. etwa E 5·6 und 5·11.

6·3. Involutionssysteme und vollständige Systeme.

(a) Das System (1) heißt Involutionssystem, wenn die Glen (4) für alle stetig differenzierbaren Funktionen z erfüllt sind, d. h. wenn die Koeffizienten von (1) die sog. Integrabilitätsbedingungen

$$(6)\quad \begin{cases} \sum_{k=1}^{n} (f^{\mu\varrho}_{x_k} f^{\nu k} - f^{\nu\varrho}_{x_k} f^{\mu k}) = 0 & (\mu, \nu = 1, \ldots, m;\ \varrho = 0, 1, \ldots, n), \\ \sum_{k=1}^{n} (g^{\mu}_{x_k} f^{\nu k} - g^{\nu}_{x_k} f^{\mu k}) = f^{\mu 0} g^{\nu} - f^{\nu 0} g^{\mu} & (\mu, \nu = 1, \ldots, m) \end{cases}$$

erfüllen. Insbesondere ist also das System (2) ein Involutionssystem, wenn die zu ihm gehörigen Integrabilitätsbedingungen

$$(7)\quad \begin{cases} \sum_{k=1}^{s} (f^{\mu\varrho}_{y_k} f^{\nu k} - f^{\nu\varrho}_{y_k} f^{\mu k}) = f^{\mu\varrho}_{x_\nu} - f^{\nu\varrho}_{x_\mu}, & (\mu, \nu = 1, \ldots, r;\ \varrho = 0, 1, \ldots, s) \\ \sum_{k=1}^{s} (g^{\mu}_{y_k} f^{\nu k} - g^{\nu}_{y_k} f^{\mu k}) = g^{\mu}_{x_\nu} - g^{\nu}_{x_\mu} + f^{\mu 0} g^{\nu} - f^{\nu 0} g^{\mu}, & (\mu, \nu = 1, \ldots, r) \end{cases}$$

erfüllt sind; das System (2) wird dann auch ein JACOBIsches System genannt.

Über die Erhaltung eines Involutionssystems bei Transformation der unabhängigen Veränderlichen s. 6·5.

(b) Das System (1) heißt vollständig (système complet), wenn jede der durch Klammerbildung entstehenden Glen (4) für beliebige z nur eine lineare Komposition der Glen (1) ist, d. h. wenn

$$F^{\mu}(F^{\nu} z - g^{\nu}) - F^{\nu}(F^{\mu} z - g^{\mu}) = \sum_{k=1}^{m} \lambda_k(\mathfrak{x})\,(F^{k} z - g^{k})$$

mit geeignet gewählten (von μ und ν abhängenden) Funktionen $\lambda_k(\mathfrak{x})$ für beliebige stetig differenzierbare Funktionen z ist.

(c) Um die Lösung eines gegebenen Systems (1) vorzubereiten und einen Anhaltspunkt über die Menge der Lösungen zu erhalten, bildet man aus (1) in folgender Weise ein vollständiges System:

Ist eine der Glen (1) in $\mathfrak{G}(\mathfrak{x})$ für beliebige stetig differenzierbare Funktionen z eine lineare Komposition der übrigen, z. B.

$$F^{\mu} z - g^{\mu} = \sum_{\varrho \neq \mu} \lambda_{\varrho}(\mathfrak{x})\,(F^{\varrho} z - g^{\varrho})$$

für passend gewählte Funktionen $\lambda_{\varrho}(\mathfrak{x})$, so kann die Gl fortgelassen werden. In dieser Weise sei das System (1) auf möglichst wenige Glen reduziert (reduziertes oder linear unabhängiges System).

In der Literatur findet man die Behauptung, daß jedes reduzierte System aus höchstens $n+2$ Glen besteht[1]). Zur Begründung (falls eine solche gegeben wird) wird angeführt, daß für je $n+3$ Glen die Matrix der Koeffizienten

$$(f^{\mu 0}, f^{\mu 1}, \ldots, f^{\mu n}, g^{\mu}) \qquad (\mu = 1, \ldots, n+3)$$

mehr Zeilen als Spalten umfaßt, also eine Zeile sich aus den übrigen linear komponieren läßt und somit für $m \geq n+3$ eine Zeile des Systems (1) gestrichen werden kann. Es ist richtig, daß für jedes feste $\mathfrak{x}$ eine Zeile sich aus den übrigen linear komponieren läßt; aber es ist nicht richtig, daß das für eine feste Zeile in dem ganzen Gebiet $\mathfrak{G}(\mathfrak{x})$ oder auch nur in einer hinreichend kleinen Umgebung eines beliebigen, jedoch fest gewählten Punktes $\mathfrak{x}_0$ gilt. Das letzte ist jedoch dann richtig, wenn die Matrix an der Stelle $\mathfrak{x}_0$ einen Rang hat, der der höchste in einer gewissen Umgebung von $\mathfrak{x}_0$ auftretende Rang ist.

Nach 6·2 (b) muß jede etwa vorhandene Lösung des Systems (1) auch die durch Klammerbildung entstehenden Glen (4) erfüllen. Das System (1) kann daher durch diejenigen Glen (4) ergänzt werden, die sich nicht aus den Glen (1) linear komponieren lassen. Es entsteht dann wieder ein System von der Gestalt (1), das jetzt m_1 Glen umfassen möge. Ist $m_1 > m$, so wird das eben geschilderte Ergänzungsverfahren (wobei die Koeffizienten als hinreichend oft stetig differenzierbar vorausgesetzt werden) von neuem auf das System der m_1 Glen angewendet; usf. Führt das Verfahren nach endlich vielen Schritten zu keinen neuen Glen[2]), so hat man ein vollständiges System erhalten, das man nun evtl. nach 6·5 (c) noch in ein Involutionssystem überführen kann.

Eine notwendige Bedingung für die Lösbarkeit des erhaltenen vollständigen und somit des ursprünglichen Systems ist jedenfalls, daß es, als algebraisches GlsSystem für die Größen $z, \frac{\partial z}{\partial x_1}, \ldots, \frac{\partial z}{\partial x_n}$ betrachtet, lösbar sein muß. Ergibt sich dabei, daß alle $z_{x_\nu} = 0$ sein müssen, so kann das System höchstens die Lösung $z = \text{const}$ haben.

Für Beispiele s. E 5.

---

[1]) Vgl. GOURSAT, Équations du premier ordre, S. 66. SERRET-SCHEFFERS, Differential- und Integralrechnung III, S. 566f., 569f. CARATHÉODORY, Variationsrechnung, S. 33. In Wirklichkeit wird die Behauptung für $f^{\mu 0} = g^{\mu} = 0$ ausgesprochen und lautet dann, daß das reduzierte System aus höchstens m Glen besteht, wobei über das Gebiet, für das die Behauptung gelten soll, nichts gesagt wird.

[2]) In der Literatur findet man die Behauptung, daß dieser Fall stets eintritt und daß ein reduziertes vollständiges System höchstens $n+2$ Glen umfaßt (vgl. etwa GOURSAT, a. a. O., S. 67; SERRET-SCHEFFERS, a. a. O., S. 569; CARATHÉODORY, a. a. O., S. 33). Diese Aussage beruht auf demselben Fehlschluß, der oben für die linear unabhängigen Systeme aufgezeigt ist.

6·4. Existenz- und Eindeutigkeitssatz für Jacobische Systeme. A. Mayers Lösungsverfahren. In dem Bereich

(8) $a_\varrho \leq x_\varrho \leq b_\varrho$ [1]) $(\varrho = 1, \ldots, r)$, $\mathfrak{y}$ beliebig

seien die Koeffizienten $f^{\mu k}$ des Systems (2) für $k \geq 1$ beschränkt[2]), alle $f^{\mu k}$ und g^μ stetig differenzierbar, und es seien die Integrabilitätsbedingungen (7) erfüllt. Ferner sei eine Funktion $\omega(\mathfrak{y})$ gegeben, die für beliebige $\mathfrak{y}$ stetig differenzierbar ist. — Dann hat das System (2) in dem Bereich (8) für beliebige ξ_ϱ aus den Intervallen $a_\varrho \leq \xi_\varrho \leq b_\varrho$ [1]) genau ein Integral $z = \psi(\mathfrak{x}, \mathfrak{y})$ mit dem Anfangswert $\psi(\xi_1, \ldots, \xi_r, \mathfrak{y}) = \omega(\mathfrak{y})$ [3]).

Der Beweis wird am einfachsten bei Verwendung der A. MAYERschen Transformation[4]). Bei dieser werden die unabhängigen Veränderlichen x als Funktionen von $r+1$ unabhängigen Veränderlichen $u, u_1, \ldots, u_r$ dargestellt, und zwar wird

$$x_\varrho = \xi_\varrho + u\,u_\varrho \qquad (\varrho = 1, \ldots, r) \tag{9}$$

gesetzt. Für $Z(u, u_1, \ldots, u_r, \mathfrak{y}) = z(\mathfrak{x}, \mathfrak{y})$ erhält man dann aus dem System (2)

$$Z_u = \sum_{k=1}^{s} F^k Z_{y_k} + F^0 Z + G \tag{10}$$

mit

$$F^k = \sum_{\varrho=1}^{r} u_\varrho f^{\varrho k} \quad (k = 0, 1, \ldots, s), \qquad G = \sum_{\varrho=1}^{r} u_\varrho g^\varrho,$$

und aus den Anfangsbedingungen für z folgt

$$Z(0, u_1, \ldots, u_r, \mathfrak{y}) = \omega(\mathfrak{y}). \tag{11}$$

Die Gl (10) ist eine lineare DGl für Z, bei der u, $\mathfrak{y}$ als unabhängige Veränderliche und $u_1, \ldots, u_r$ als Parameter anzusehen sind.

---

[1]) Hier kann an beliebigen Stellen das Gleichheitszeichen auch fehlen, und es darf dann an solchen Stellen $a_\varrho = -\infty$ bzw. $b_\varrho = +\infty$ sein.

[2]) Diese Voraussetzung kann auch durch die Forderung ersetzt werden, daß alle Ableitungen $f^{\mu k}_{y_\varrho}$ für $k \geq 1$ beschränkt sind.

[3]) Für einen allgemeineren Satz, bei dem die Koeffizienten von (2) und ω noch von Parametern abhängen dürfen und der schärfere Differenzierbarkeitsaussagen enthält, s. E. KAMKE, Math. Zeitschrift 49 (1943) 275ff.

[4]) A. MAYER, Mathem. Annalen 5 (1872) 459f., setzt $x_\nu - \xi_\nu = u_1 h_\nu(u_1, \ldots, u_r)$ und wählt insbes. auf S. 460

$$x_1 - \xi_1 = u_1 \quad \text{und} \quad x_\nu - \xi_\nu = u_1 u_\nu \quad \text{für } \nu > 1$$

(ein u ohne Index tritt also nicht auf). Ebenso verfahren spätere Autoren. Dabei wird übersehen, daß man auf diese Weise keine volle Umgebung des Punktes $\xi_1, \ldots, \xi_r$ erhalten kann, da für $x_1 = \xi_1$ notwendig alle $x_\nu = \xi_\nu$ sind. Die obige allgemeinere Form der MAYERschen Transformation findet man bei CARATHÉODORY, Variationsrechnung, S. 26.

Für die Lösung der Aufgabe (10), (11) stehen die Methoden von 4. zur Verfügung. Ist eine nach allen $r + s + 1$ Argumenten stetig differenzierbare Lösung Z dieser Aufgabe gefunden, so ist

$$z(\mathfrak{x}, \mathfrak{y}) = Z(1, x_1 - \xi_1, \ldots, x_r - \xi_r, \mathfrak{y})$$

die gesuchte Lösung des Systems.

Damit ist das System (2) auf eine einzige DGl zurückgeführt. Theoretisch ist dieses Verfahren sehr bequem, bei der Anwendung auf konkrete Beispiele kann das anders sein, zumal wenn das System nicht von vornherein in der expliziten Gestalt (2) gegeben ist.

Beispiel[1]: $$\frac{\partial z}{\partial x_1} = z + \frac{\partial z}{\partial y}, \quad \frac{\partial z}{\partial x_2} = z + \frac{\partial z}{\partial y}$$

für die Funktion $z = z(x_1, x_2, y)$. Das System ist ein Involutionssystem. Für $Z(u, u_1, u_2, y)$ erhält man die DGl

(*) $$Z_u = (u_1 + u_2)(Z_y + Z).$$

Die zugehörige dreigliedrige lineare homogene DGl für $W = W(u, y, Z)$ (vgl. 4·2 oder 5·4) ist

$$W_u - (u_1 + u_2) W_y + (u_1 + u_2) Z W_Z = 0.$$

Für diese Gl ist

$$Z e^y, \quad (u_1 + u_2) u + y$$

eine IBasis, Lösungen sind also z. B. für eine beliebige stetig differenzierbare Funktion Ω die Funktionen

$$W = Z e^y - \Omega[(u_1 + u_2) u + y],$$

also für (*) die Funktionen

$$Z = e^{-y} \Omega[(u_1 + u_2) u + y],$$

also für das gegebene System die Funktionen

$$z = e^{-y} \Omega(x_1 + x_2 + y),$$

falls $\xi_1 = \xi_2 = 0$ gewählt wird.

6·5. Eigenschaften vollständiger Systeme.

(a) Jedes vollständige System (1) geht durch die Transformation

$$z(x_1, \ldots, x_n) = \zeta(y_1, \ldots, y_n), \; y_\nu = \chi_\nu(x_1, \ldots, x_n) \quad (\nu = 1, \ldots, n)$$

wieder in ein vollständiges System über, wenn die χ_ν in $\mathfrak{G}(\mathfrak{x})$ zweimal stetig differenzierbar sind, $\mathfrak{G}(\mathfrak{x})$ eineindeutig in ein Gebiet des $y_1, \ldots, y_n$-Raumes übergeführt wird und

$$\frac{\partial(\chi_1, \ldots, \chi_n)}{\partial(x_1, \ldots, x_n)} \neq 0$$

---

[1]) L. Bieberbach, DGlen, 3. Aufl., S. 314, wo das Beispiel jedoch nicht richtig behandelt ist.

ist[1]). War (1) ein Involutionssystem, so ist auch das neue System ein Involutionssystem.

(b) Jedes System, das einem vollständigen System algebraisch äquivalent ist, ist selber vollständig. Genauer gesagt: Es sei (1) ein vollständiges System, und es seien $A_{\mu\nu}(\mathfrak{x})$ $(\mu, \nu = 1, \ldots, m)$ in $\mathfrak{G}(\mathfrak{x})$ stetig differenzierbar und die Det $|A_{\mu\nu}| \neq 0$. Wird

$$G^\mu = \sum_{k=1}^{m} A_{\mu k} F^k, \quad h^\mu(\mathfrak{x}) = \sum_{k=1}^{m} A_{\mu k}\, g^k(\mathfrak{x}) \qquad (\mu = 1, \ldots, m)$$

gesetzt, so ist auch

$$G^\mu z = h^\mu(\mathfrak{x}) \qquad (\mu = 1, \ldots, m)$$

ein vollständiges System[2]).

(c) Überführung eines vollständigen Systems in ein Involutionssystem: Das System (1) sei in $\mathfrak{G}(\mathfrak{x})$ ein vollständiges System mit $m \leq n$. Ist in dem ganzen Gebiet $\mathfrak{G}$ eine feste m-reihige Unterdeterminante der Koeffizientenmatrix

$$(f^{\mu\nu}) \qquad (\mu = 1, \ldots, m;\ \nu = 1, \ldots, n)$$

von Null verschieden, etwa

$$\text{Det}\,|f^{\mu\nu}| \neq 0 \qquad (\mu, \nu = 1, \ldots, m),$$

so ist das System (1) nach $\frac{\partial z}{\partial x_1}, \ldots, \frac{\partial z}{\partial x_m}$ eindeutig auflösbar und in dieser aufgelösten Form ein Involutionssystem[3]).

6·6. Homogene Systeme. Das System (1) ist ein homogenes System, wenn alle $f^{\mu 0} = 0$ und alle $g^\mu = 0$ sind, d. h. wenn das System die Gestalt

$$\sum_{\nu=1}^{n} f^{\mu\nu}(\mathfrak{x}) \frac{\partial z}{\partial x_\nu} = 0 \qquad (\mu = 1, \ldots, m) \tag{12}$$

hat; dabei wird über die $f^{\mu\nu}$ vorerst nur vorausgesetzt, daß sie sämtlich in einem Gebiet $\mathfrak{G}(\mathfrak{x})$ stetig sind.

(a) Sind $\psi^1(\mathfrak{x}), \ldots, \psi^k(\mathfrak{x})$ Integrale von (12), so ist für eine beliebige stetig differenzierbare Funktion $\Omega(u_1, \ldots, u_n)$, die für den Wertebereich der ψ^k definiert ist, auch $\Omega(\psi^1, \ldots, \psi^k)$ ein Integral von (12).

---

[1]) Forsyth, Diff. Equations V, S. 80f. Goursat, Equations du premier ordre, S. 68f., 92.

[2]) Forstyh, a. a. O., S. 79. Goursat, a. a. O., S. 69f., 92. Serret-Scheffers, Differential- und Integralrechnung III, S. 572ff. Carathéodory, Variationsrechnung, S. 34.

[3]) Forsyth, a. a. O., S. 81f. Goursat, a. a. O., S. 70. Serret-Scheffers, a. a. O., S. 573f.

(b) Ist $m < n$ und der Rang der Koeffizientenmatrix $(f^{\mu\nu})$ in keinem Teilgebiet von $\mathfrak{G}$ durchweg $< m$, so sind für je $n - m + 1$ Integrale $\psi^1(\mathfrak{x}), \ldots, \psi^{n-m+1}(\mathfrak{x})$ des Systems (12) alle $(n - m + 1)$-reihigen Determinanten der Matrix[1])

$$\frac{\partial(\psi^1, \ldots, \psi^{n-m+1})}{\partial(x_1, \ldots, x_n)}$$

in $\mathfrak{G}$ identisch Null.

Daß die Integrale dann auch in dem Sinne von 2·7 voneinander abhängig sind, ist bisher nur unter weitergehenden Voraussetzungen über die Differenzierbarkeit der $\psi^\varkappa$ sichergestellt; vgl. dazu 2·7 (d) Fußn. 1, aber auch 6·6 (f).

(c) Ist $m < n$ und hat die Matrix $(f^{\mu\nu})$ in keinem Teilgebiet von $\mathfrak{G}$ durchweg einen Rang $< m$, so heißen $n - m$ Integrale $\psi^1(\mathfrak{x}), \ldots, \psi^{n-m}(\mathfrak{x})$ des Systems (12) eine Integralbasis (Fundamentalsystem von Integralen) von (12), wenn die Funktionalmatrix

$$\frac{\partial(\psi^1, \ldots, \psi^{n-m})}{\partial(x_1, \ldots, x_n)}$$

in keinem Teilgebiet von $\mathfrak{G}$ durchweg einen Rang $< n - m$ hat.

(d) Hat das System (12) in $\mathfrak{G}$ die IBasis $\psi^1, \ldots, \psi^{n-m}$, so besteht die Gesamtheit der Integrale von (12) gerade aus den stetig differenzierbaren Funktionen $\psi(\mathfrak{x})$, für welche die Matrix

$$\frac{\partial(\psi, \psi^1, \ldots, \psi^{n-m})}{\partial(x_1, \ldots, x_n)}$$

in $\mathfrak{G}$ überall einen Rang $\leq n - m$ hat. Vgl. auch (f).

(e) Existenz einer IBasis. Für das homogene[2]) JACOBIsche System (2) gibt es unter den Voraussetzungen von 6·4 in dem Bereich (8) eine IBasis $\psi^1(\mathfrak{x}; \mathfrak{y}), \ldots, \psi^s(\mathfrak{x}, \mathfrak{y})$ mit

$$\frac{\partial(\psi^1, \ldots, \psi^s)}{\partial(y_1, \ldots, y_s)} \neq 0. \tag{13}$$

Das folgt aus dem Beweis zu 6·4, da es zu der homogenen DGl (10) nach 3·6 (a) eine IBasis gibt.

(f) Nochmals zur Gewinnung aller Integrale aus einer IBasis. Es sei wieder ein homogenes JACOBIsches System (2) unter den Voraussetzungen von 6·4 gegeben. Ist $\psi^1(\mathfrak{x}, \mathfrak{y}), \ldots, \psi^s(\mathfrak{x}, \mathfrak{y})$ eine k-mal stetig differenzierbare IBasis, für die (13) gilt und die Glen

$$\eta_\nu = \psi^\nu(\mathfrak{x}_0, \mathfrak{y}) \qquad (\nu = 1, \ldots, s) \tag{14}$$

für $\mathfrak{x}_0 = (\xi_1, \ldots, \xi_r)$ und für beliebige η_ν eindeutig nach den $y_\varkappa$ auflösbar

[1]) Zu der Bezeichnung der Matrix s. 2·7 (c).

[2]) D. h. $f^{\mu 0} = g^\mu = 0$.

sind, so ist die Gesamtheit der k-mal stetig differenzierbaren Integrale $\psi(\mathfrak{x}, \mathfrak{y})$ gerade durch

$$\psi(\mathfrak{x}, \mathfrak{y}) = \Omega(\psi^1, \ldots, \psi^s)$$

gegeben, wenn $\Omega(u_1, \ldots, u_s)$ alle k-mal stetig differenzierbaren Funktionen durchläuft, die für den Wertebereich der ψ^ν definiert sind. Die Voraussetzung über die Auflösbarkeit der Glen (14) ist insbesondere erfüllt, wenn $\psi^\nu(\mathfrak{x}_0, \mathfrak{y}) = y_\nu$ ist; die Integrale werden dann auch Hauptintegrale (intégrales principales) genannt.

6·7. Reduktion homogener Systeme. Sind Teillösungen $\psi^1(\mathfrak{x}), \ldots, \psi^h(\mathfrak{x})$ des homogenen Systems (12) bekannt, so kann man versuchen, das System durch Einführung der neuen unabhängigen Veränderlichen

$$(15) \qquad y_1 = \psi^1(\mathfrak{x}), \ldots, y_h = \psi^h(\mathfrak{x}), \quad y_{h+1} = x_{h+1}, \ldots, y_n = x_n$$

zu vereinfachen. Es ergibt sich so:

(a) Für das in $\mathfrak{G}(\mathfrak{x})$ gegebene System (12) mit stetig differenzierbaren Koeffizienten $f^{\mu\nu}$ seien h Integrale $\psi^1(\mathfrak{x}), \ldots, \psi^h(\mathfrak{x})$ bekannt, für die

$$\frac{\partial(\psi^1, \ldots, \psi^h)}{\partial(x_1, \ldots, x_h)} \neq 0$$

ist. Durch die Transformation (15) werde das Gebiet $\mathfrak{G}(\mathfrak{x})$ eineindeutig auf ein Gebiet $\mathfrak{H}(\mathfrak{y})$ abgebildet; dabei mögen die Funktionen $f^{\mu\nu}(\mathfrak{x})$ in $g^{\mu\nu}(\mathfrak{y})$ übergehen. Dann sind die Lösungen des Systems (12) gerade die stetig differenzierbaren Funktionen $z(\mathfrak{x}) = \zeta(\mathfrak{y})$, die dem System

$$(16) \qquad \sum_{\nu=h+1}^{n} g^{\mu\nu}(\mathfrak{y}) \frac{\partial\zeta}{\partial y_\nu} = 0 \qquad (\mu = 1, \ldots, m)$$

genügen, in dem $y_1, \ldots, y_h$ als Parameter zu betrachten sind[1]).

Ist das System (12) vollständig oder ein Involutionssystem, so gilt dasselbe nach 6·5 (a) auch für das System (16), falls die ψ^ν sogar zweimal stetig differenzierbar sind.

Beispiel:

$$p_1 + p_2 - 2\, p_3 = 0$$

$$x_1 p_1 + x_2 p_2 - (x_1 + x_2)\, p_3 + x_4 p_4 = 0.$$

Das System ist vollständig Ein Integral ist offenbar $\psi = x_1 + x_2 + x_3$. Für

$$z(x_1, \ldots, x_4) = \zeta(y_1, \ldots, y_4), \quad y_1 = x_1 + x_2 + x_3, \quad y_2 = x_2, \quad y_3 = x_3, \quad y_4 = x_4$$

geht das System über in

$$\zeta_{y_2} - 2\,\zeta_{y_3} = 0, \quad y_2 \zeta_{y_2} + (y_3 - y_1)\,\zeta_{y_3} + y_4 \zeta_{y_4} = 0,$$

[1]) Vgl. GOURSAT, Équations du premier ordre, S. 89, oder KAMKE, DGlen 1930, S. 324; die dort nur für eine DGl gegebene Herleitung läßt sich unmittelbar auf Systeme übertragen.

und für dieses findet man z. B. nach (b) das Integral $\frac{2y_2 + y_3 - y_1}{y_4}$. Damit bekommt man für das ursprüngliche System die IBasis

$$x_1 + x_2 + x_3, \quad \frac{x_2 - x_1}{x_4}.$$

(b) Einengungsverfahren. Für eine der DGlen (12), etwa die m-te, sei eine IBasis $\psi^1(\mathfrak{x}), \ldots, \psi^{n-1}(\mathfrak{x})$ bekannt. Dann ist für eine beliebige stetig differenzierbare Funktion $\zeta(y_1, \ldots, y_{n-1})$ auch $\zeta(\psi^1, \ldots, \psi^{n-1})$ ein Integral der m-ten DGl. Man kann versuchen, den Bereich dieser Funktionen ζ so einzuengen, daß $\zeta(\psi^1, \ldots, \psi^{n-1})$ auch den übrigen DGlen des Systems (12) genügt. Man trägt zu dem Zweck $z(\mathfrak{x}) = \zeta(y_1, \ldots, y_{n-1})$ mit $y_\nu = \psi^\nu(\mathfrak{x})$ in das System (12) ein und sieht zu, ob man damit ein DGlsSystem für $\zeta(y_1, \ldots, y_{n-1})$ erhält.

Bei etwas abgeändertem Vorgehen läßt sich darüber folgendes beweisen:

In dem Gebiet $\mathfrak{G}(\mathfrak{x})$ sei (12) ein Involutionssystem, insbes. seien also die Koeffizienten stetig differenzierbar. Für die m-te Gl sei $\psi^1(\mathfrak{x}), \ldots, \psi^{n-1}(\mathfrak{x})$ eine IBasis von zweimal stetig differenzierbaren Funktionen mit

$$\frac{\partial(\psi^1, \ldots, \psi^{n-1})}{\partial(x_1, \ldots, x_{n-1})} \neq 0.$$

Durch

(17) $$y_1 = \psi^1(\mathfrak{x}), \ldots, y_{n-1} = \psi^{n-1}(\mathfrak{x}), \; y_n = x_n$$

möge das Gebiet $\mathfrak{G}(\mathfrak{x})$ auf ein Gebiet $\mathfrak{H}(y_1, \ldots, y_n)$ abgebildet werden, bei dem mit je zwei Punkten $y_1, \ldots, y_{n-1}, y_n$ und $y_1, \ldots, y_{n-1}, y_n^*$ auch deren Verbindungsstrecke zu $\mathfrak{H}$ gehört[1]). Schließlich sei in keinem Teilgebiet von $\mathfrak{G}$ der Koeffizient $f^{mn} \equiv 0$. Dann sind die Integrale von (12) gerade die Funktionen $z(\mathfrak{x}) = \zeta(\psi^1, \ldots, \psi^{n-1})$, wo $\zeta(y_1, \ldots, y_{n-1})$ die Lösungen des Systems

(18) $$\sum_{k=1}^{n-1} g^{\mu k} \frac{\partial \zeta}{\partial y_k} = 0 \qquad (\mu = 1, \ldots, m-1)$$

durchläuft; dabei ist

$$g^{\mu k} = \sum_{\nu=1}^{n} f^{\mu\nu} \psi^k_{x_\nu} \qquad (\mu = 1, \ldots, m-1; \; k = 1, \ldots, n-1),$$

und diese Funktionen hängen nach Ausführung der Substitution (17) nur von $y_1, \ldots, y_{n-1}$ ab. Das System (18) ist wieder ein Involutionssystem[2]).

Für Beispiele s. E 5·2ff.

---

[1]) Ist dieses nicht von vornherein der Fall, so ist $\mathfrak{G}$ passend zu verkleinern.

[2]) Vgl. Serret-Scheffers, Differential- und Integralrechnung III, S. 574 bis 577. Beweisskizze auch bei Goursat, Équations du premier ordre, S. 70f.

(c) Für eine der DGlen des Systems (12) sei ein Integral bekannt. Man kann dann versuchen, nach 3·5 eine IBasis für diese DGl zu finden, und weiter das Verfahren (b) anwenden. Oder man kann nach einem Verfahren von JACOBI[1]) versuchen, aus der einen Lösung der einen DGl zu einer gemeinsamen Lösung des ganzen Systems zu gelangen, um dann das Verfahren (a) anzuwenden.

Das System (12) werde hierfür abgekürzt in der Gestalt

$$F^\mu z = 0 \qquad (\mu = 1, \ldots, m) \tag{19}$$

mit

$$F^\mu = \sum_{\nu=1}^{n} f^{\mu\nu}(\mathfrak{x}) \frac{\partial}{\partial x_\nu}$$

geschrieben; das System sei ein Involutionssystem, d. h.

$$F^\varrho F^\sigma z = F^\sigma F^\varrho z \quad \text{für } 1 \leq \varrho,\ \sigma \leq m \tag{20}$$

für alle zweimal stetig differenzierbaren Funktionen $z(\mathfrak{x})$. Ferner sei $\psi^1(\mathfrak{x})$ ein hinreichend oft stetig differenzierbares[2]) Integral der ersten der Glen (19).

Bei dem JACOBIschen Verfahren versucht man nun zu einer gemeinsamen Lösung der beiden ersten Glen (19) zu gelangen, sodann zu einer gemeinsamen Lösung der drei ersten Glen usw., bis man schließlich zu einer gemeinsamen Lösung aller Glen (19) gelangt.

Nach der Integrabilitätsbedingung (20) ist $F^1 F^2 \psi^1 = F^2 F^1 \psi^1 = 0$, da nach der Voraussetzung $F^1 \psi^1 = 0$ ist. Daher erfüllt $\psi^2 = F^2 \psi^1$ ebenfalls die erste der DGlen (19). Entsprechend ergibt sich, daß alle (schrittweise konstruierbaren) Funktionen

$$\psi^2 = F^2 \psi^1, \quad \psi^3 = F^2 \psi^2, \quad \psi^4 = F^2 \psi^3, \ldots$$

die erste der DGlen (19) erfüllen. Nach 6·6 (b) und (f) kann damit gerechnet werden, daß für ein $j \leq n - 1$ die Funktion ψ^{j+1} sich als stetig differenzierbare Funktion der $\psi^1, \ldots, \psi^j$ darstellen läßt, etwa

$$\psi^{j+1}(\mathfrak{x}) = U(\psi^1, \ldots, \psi^j); \tag{21}$$

dabei sei

$$\frac{\partial(\psi^1, \ldots, \psi^j)}{\partial(x_1, \ldots, x_j)} \neq 0.$$

Man versucht nun eine stetig differenzierbare Funktion $\Psi(y_1, \ldots, y_j)$ so zu bestimmen, daß

$$\chi(\mathfrak{x}) = \Psi(\psi^1, \ldots, \psi^j) \tag{22}$$

---

[1]) Vgl. GOURSAT, a. a. O., S. 77—81.

[2]) Von einer genauen Formulierung der Voraussetzungen, unter denen das nachfolgend beschriebene JACOBIsche Verfahren zum Ziel führt, wird abgesehen.

auch die zweite der Glen (19) erfüllt[1]), d. h. daß

$$\sum_{\nu=1}^{n} f^{2,\nu} \sum_{\varrho=1}^{j} \Psi_{y_\varrho} \psi^\varrho_{x_\nu} \doteq 0$$

ist. Diese DGl läßt sich auch in der Gestalt

$$\sum_{\varrho=1}^{j} \Psi_{y_\varrho} \cdot F^2 \psi^\varrho = 0$$

schreiben, oder nach der Definition der ψ^ϱ

$$\sum_{\varrho=1}^{j} \psi^{\varrho+1} \Psi_{y_\varrho} = 0$$

und schließlich nach (21)

$$\sum_{\varrho=1}^{j-1} \psi^{\varrho+1} \Psi_{y_\varrho} + U(\psi^1, \ldots, \psi^j) \Psi_{y_j} = 0.$$

Wird

$$\psi^1(\mathfrak{x}) = y_1, \ldots, \psi^j(\mathfrak{x}) = y_j$$

gesetzt, so lautet diese Gl

$$\sum_{\varrho=1}^{j-1} y_{\varrho+1} \Psi_{y_\varrho} + U(y_1, \ldots, y_j) \Psi_{y_j} = 0.$$

Hat man eine nicht-triviale Lösung $\Psi(y_1, \ldots, y_j)$ dieser linearen homogenen DGl[2]) gefunden, so ist (22) eine gemeinsame Lösung der beiden ersten Glen (19).

Nun versucht man aus χ eine gemeinsame Lösung der *drei* ersten Glen (19) zu erhalten. Wie am Anfang des ersten Schritts folgt aus (20), daß die Funktionen

$$\chi^1 = \chi, \quad \chi^2 = F^3 \chi^1, \quad \chi^3 = F^3 \chi^2, \ldots$$

die beiden ersten Glen (19) erfüllen. Es sei

$$\chi^{k+1} = V(\chi^1, \ldots, \chi^k)$$

eine stetig differenzierbare Funktion der k ersten χ^ϱ. Man sucht dann eine Funktion $X(y_1, \ldots, y_k)$ so zu bestimmen, daß $X(\chi^1, \ldots, \chi^k)$ auch der dritten Gl (19) genügt. Für X erhält man wieder eine lineare homogene DGl. In dieser Weise fährt man fort. Wenn das Verfahren nicht vorzeitig zum Stillstand kommt, erhält man schließlich eine nicht-triviale Lösung des ganzen Systems (19).

---

[1]) Nach 6·6 (a) genügt χ von selbst der ersten Gl (19).

[2]) Übrigens lauten ihre charakteristischen Glen

$$y_1'(t) = y_2, \ldots, y_{j-1}'(t) = y_j, \quad y_j'(t) = U(y_1, \ldots, y_j),$$

und diese sind gleichwertig der einen DGl j-ter Ordnung

$$y_1^{(j)}(t) = U(y_1, y_1', \ldots, y_1^{(j-1)}).$$

Dieses Verfahren ist umständlich, kann aber manchmal doch von Nutzen sein, da es nur die Kenntnis einer Lösung von einer der DGlen (19) oder (12) voraussetzt.

Beispiel: Es sei das Involutionssystem

$$p_3 + x_1 p_4 = 0, \quad p_2 + x_2 p_4 = 0, \quad p_1 + (3x_1^2 + x_3) p_4 = 0$$

gegeben[1]). Eine Lösung der ersten Gl ist $\psi^1 = x_1 x_3 - x_4$. Mit dieser wird

$$\psi^2 = F^2 \psi^1 = -x_2, \quad \psi^3 = F^2 \psi^2 = -1,$$

also $j = 2$, $U = -1$. Damit erhält man für $\Psi(y_1, y_2)$ die DGl

$$y_2 \Psi_{y_1} - \Psi_{y_2} = 0$$

mit der Lösung $\Psi = 2y_1 + y_2^2$. Daher ist eine gemeinsame Lösung der beiden ersten Glen

$$\chi = \chi^1 = 2(x_1 x_3 - x_4) + x_2^2.$$

Weiter wird

$$\chi^2 = F^3 \chi^1 = -6x_1^2, \quad \chi^3 = F^3 \chi^2 = -12x_1 = -\sqrt{-24\chi^2}.$$

Daher ist $k = 2$, $\chi^3 = V(\chi^1, \chi^2) = -\sqrt{-24\chi^2}$, und man erhält für X die DGl

$$y_2 X_{y_1} - \sqrt{-24 y_2} X_{y_2} = 0$$

mit der Lösung

$$X(y_1, y_2) = y_1 + \frac{1}{3\sqrt{6}}(-y_2)^{\frac{3}{2}}.$$

Damit erhält man als gemeinsame Lösung der drei gegebenen DGlen

$$X(\chi^1, \chi^2) = 2(x_1 x_3 - x_4) + x_2^2 + 2x_1^3.$$

6·8. Reduktion des allgemeinen Systems. Das System (1) habe im Gebiet $\mathfrak{G}(\mathfrak{x})$ stetig differenzierbare Koeffizienten und sei dort vollständig. Für das zugehörige homogene System (12), das dann auch vollständig ist, sei eine jetzt mit $\psi^{m+1}(\mathfrak{x}), \ldots, \psi^n(\mathfrak{x})$ bezeichnete IBasis bekannt, für die

$$\frac{\partial(\psi^{m+1}, \ldots, \psi^n)}{\partial(x_{m+1}, \ldots, x_n)} \neq 0$$

ist und das Gebiet $\mathfrak{G}(\mathfrak{x})$ durch

(23) $\quad y_1 = x_1, \ldots, y_m = x_m, \; y_{m+1} = \psi^{m+1}(\mathfrak{x}), \ldots, y_n = \psi^n(\mathfrak{x})$

eineindeutig auf ein Gebiet $\mathfrak{H}(\mathfrak{y})$ abgebildet wird. Ferner sei in $\mathfrak{G}(\mathfrak{x})$

(24) $\quad \operatorname{Det} |f^{\mu\nu}(\mathfrak{x})| \neq 0 \qquad (\mu, \nu = 1, \ldots, m).$

Dann sind die Integrale von (1) die stetig differenzierbaren Funktionen $z(\mathfrak{x}) = \zeta(\mathfrak{y})$, die dem DGlsSystem

(25) $$\sum_{\nu=1}^{m} g^{\mu\nu}(\mathfrak{y}) \frac{\partial \zeta}{\partial y_\nu} + g^{\mu 0}(\mathfrak{y}) \zeta = h^\mu(\mathfrak{y}) \qquad (\mu = 1, \ldots, m)$$

---

[1]) Zu dem Beispiel vgl. auch E 5·18.

genügen; dabei sind $g^{\mu\nu}$, h^{μ} die Funktionen, die sich durch Eintragen von (23) in $f^{\mu\nu}$, g^{μ} ergeben. Das System (25) ist, wenn die ψ^{ν} zweimal stetig differenzierbar sind, nach 6·5 (a) wieder vollständig und kann wegen (24) in der Form

$$\frac{\partial \zeta}{\partial y_\mu} = \gamma^\mu(\mathfrak{y})\,\zeta + \delta^\mu(\mathfrak{y}) \qquad (\mu = 1, \ldots, m)$$

geschrieben werden; nach 6·5 (c) ist es in dieser Form ein Involutionssystem. Sind alle $\gamma^\mu = 0$, so erhält man

$$\zeta = \int \sum_{\mu=1}^{m} \delta^\mu(\mathfrak{y})\, dy_\mu + \Omega(y_{m+1}, \ldots, y_n),$$

wo Ω eine beliebige stetig differenzierbare Funktion ist[1]).

6·9. Übersicht über die Lösungsmethoden. Ist ein System (1) gegeben, so ist zunächst festzustellen, ob es vollständig ist. Ist dieses nicht der Fall, so ergänze man es nach 6·3 (c) zu einem vollständigen System. Danach wird man zunächst das zugehörige homogene System lösen. Dafür stehen die Methoden von 6·6 oder das A. Mayersche Verfahren von 6·4 zur Verfügung. Dieses letzte ist dann besonders vorteilhaft, wenn es sich darum handelt, eine Lösung mit gegebenen Anfangswerten zu finden. Ist das gegebene System selbst nicht homogen, so kann man nach 6·8 Lösungen des homogenen Systems heranziehen.

7. Systeme quasilinearer Differentialgleichungen.

7·1. Ein Sonderfall.

(a) Für eine gesuchte Funktion $z = z(\mathfrak{x})$ sei das System

$$\text{(1)} \qquad \frac{\partial z}{\partial x_\nu} = f^\nu(\mathfrak{x}, z) \qquad (\nu = 1, \ldots, n)$$

gegeben, wobei wieder $\mathfrak{x}$ für $x_1, \ldots, x_n$ geschrieben ist[2]). Die f^ν mögen in dem betrachteten Gebiet $\mathfrak{G}(\mathfrak{x}, z)$ stetig differenzierbar sein. Dann

[1]) Vgl. Goursat, Équations du premier ordre, S. 92f.

[2]) Das System (1) wird häufig auch als sog. totale DGl

$$dz = \sum_{\nu=1}^{n} f^\nu(\mathfrak{x}, z)\, dx_\nu$$

geschrieben. Doch bedeutet das grundsätzlich nicht dasselbe. Die totale DGl ist nämlich eine abgekürzte Schreibweise für

$$\frac{dz}{dt} = \sum_{\nu=1}^{n} f^\nu(\mathfrak{x}, z) \frac{dx_\nu}{dt}.$$

und es sind Funktionen $z(t)$. $x_1(t), \ldots, x_n(t)$ zu bestimmen, die dieser DGl genügen.

ist jedes Integral von (1) sogar zweimal stetig differenzierbar, also $\frac{\partial^2 z}{\partial x_\mu \partial x_\nu} = \frac{\partial^2 z}{\partial x_\nu \partial x_\mu}$. Hieraus folgt bei Berücksichtigung der Glen (1) für jedes Integral des Systems

$$(2) \qquad f^\mu_{x_\nu} + f^\mu_z f^\nu = f^\nu_{x_\mu} + f^\nu_z f^\mu \qquad (1 \leq \mu, \nu \leq n).$$

Sind diese Glen identisch in $\mathfrak{x}$ *und* z erfüllt, so heißt (1) ein **Involutionssystem**; die Glen (2) heißen die **Integrabilitätsbedingungen** von (1).

Sind die f^ν bei festem $\xi_1, \ldots, \xi_n, \zeta$ in dem Quader

$$|x_\nu - \xi_\nu| < a \leq \infty \quad (\nu = 1, \ldots, n), \qquad |z - \zeta| < b \leq \infty$$

stetig differenzierbar und beschränkt, etwa $|f^\nu| \leq A$, und sind die Integrabilitätsbedingungen (2) erfüllt, so hat das System (1) für

$$\alpha = \operatorname{Min}\left(a, \frac{b}{n A}\right)$$

in dem Bereich

$$|x_\nu - \xi_\nu| < \alpha \qquad (\nu = 1, \ldots, n)$$

genau ein Integral $z = \psi(\mathfrak{x})$ mit dem Anfangswert

$$\psi(\xi_1, \ldots, \xi_n) = \zeta$$ [1] [2].

(b) Das Integral kann man z. B. konstruieren durch schrittweise Lösung der Glen. Man betrachtet dafür zunächst die erste Gl von (1) in der spe-

---

[1] Der Fall, daß die f^ν noch von Parametern abhängen, läßt sich entsprechend behandeln.

[2] Der Satz (b) ist wiederholt und nach verschiedenen Methoden bewiesen worden:

(a) Durch schrittweise Lösung der einzelnen Glen (oder Schluß von n auf $n+1$),

(b) mit Hilfe der A. Mayerschen Transformation,

(c) durch ein Iterationsverfahren,

(d) durch Potenzreihenansatz für regulär analytische f^ν.

Zu (a) vgl. die Skizze bei Bieberbach, DGlen, 3. Aufl., S. 299—301 sowie oben im Text (b).

Zu (b) vgl. Carathéodory, Variationsrechnung, S. 26—29. A. J. Macintyre, Proceedings Edinburgh math. Soc. (2) 4 (1935) 112—117. Ferner oben im Text (c).

Zu (c) vgl. W. Nikliborc, Studia mathematica 1 (1929) 41—49. L. Bruwier, Bulletin Liège 8 (1939) 105—116.

Zu (d) vgl. Goursat, Équations du premier ordre, S. 105—107.

Ein andersartiger Beweis (Integration längs beliebiger Kurven, was als eine Verallgemeinerung des Mayerschen Verfahrens angesehen werden kann) ist gegeben von T. Y. Thomas, Annals of Math. 35 (1934) 730—734. W. Mayer — T. Y. Thomas, Math. Zeitschrift 40 (1936) 658—661. — Für eine Milderung der Voraussetzungen, insbes. der Integrabilitätsbedingungen s. P. Gillis, Bulletin Liège 9 (1940) 197—212. Für weitere Bemerkungen s. auch W. Wirtinger, Sitzungsberichte Wien 118 (1909) 1373—1377; Monatshefte f. Math. 34 (1926) 81—88.

ziellen Form

$$\frac{\partial z}{\partial x_1} = f^1(x_1, \xi_2, \ldots, \xi_n, z)$$

mit der Anfangsbedingung

$$z(\xi_1, \xi_2, \ldots, \xi_n) = \zeta.$$

Diese DGl ist eine gewöhnliche DGl, ihre Lösung sei $z = \varphi^1(x_1)$. Der zweite Schritt besteht in der Lösung der DGl

$$\frac{\partial z}{\partial x_2} = f^2(x_1, x_2, \xi_3, \ldots, \xi_n, z)$$

mit der Anfangsbedingung

$$z(x_1, \xi_2, \xi_3, \ldots, \xi_n) = \varphi^1(x_1),$$

wobei jetzt x_1 als Parameter angesehen wird. Das ist wieder eine Aufgabe aus der Theorie der gewöhnlichen DGlen. Die Lösung sei $\varphi^2(x_1, x_2)$. Beim nächsten Schritt handelt es sich um die Lösung der Aufgabe

$$\frac{\partial z}{\partial x_3} = f^3(x_1, x_2, x_3, \xi_4, \ldots, \xi_n, z),$$

$$z(x_1, x_2, \xi_3, \ldots, \xi_n) = \varphi^2(x_1, x_2),$$

wobei x_1, x_2 als Parameter angesehen werden. Zuletzt ist die Aufgabe

$$\frac{\partial z}{\partial x_n} = f^n(x_1, \ldots, x_n, z),$$

$$z(x_1, \ldots, x_{n-1}, \xi_n) = \varphi^{n-1}(x_1, \ldots, x_{n-1})$$

zu lösen. Ihre Lösung $z = \psi(x_1, \ldots, x_n)$ ist, wie sich mit den Integrabilitätsbedingungen ergibt, das gesuchte Integral des Systems (1).

(c) Die A. MAYERsche Methode[1]). Setzt man

$$Z(u, u_1, \ldots, u_n) = z(\mathfrak{x}) \quad \text{mit} \quad x_\nu = \xi_\nu + u\, u_\nu \qquad (\nu = 1, \ldots, n),$$

so folgt aus dem System (1)

$$\frac{\partial Z}{\partial u} = \sum_{\nu=1}^{n} u_\nu f^\nu, \tag{3}$$

und aus der Anfangsbedingung

$$Z(0, u_1, \ldots, u_n) = \zeta. \tag{4}$$

Die DGl (3) kann als eine gewöhnliche DGl mit den Parametern $u_1, \ldots, u_n$ angesehen werden. Ist Z eine Lösung, die der Anfangsbedingung (4) genügt, so ist

$$z = Z(1, x_1 - \xi_1, \ldots, x_n - \xi_n)$$

das gesuchte Integral des Systems (1).

---

[1]) Vgl. 6·4.

7·2. Das allgemeine quasilineare System. Dieses hat die Gestalt

$$(5) \qquad \sum_{\nu=1}^{n} f^{\mu\nu}(\mathfrak{x}, z) \frac{\partial z}{\partial x_\nu} = g^\mu(\mathfrak{x}, z) \qquad (\mu = 1, \ldots, m)$$

und ist ein Sonderfall von 14. Es gelten also die dort angeführten Tatsachen. Das System kann durch Anwendung der Transformation 12·3 (a) auf das homogene System

$$(6) \qquad \sum_{\nu=1}^{n} f^{\mu\nu}(\mathfrak{x}, z) \frac{\partial w}{\partial x_\nu} + g(\mathfrak{x}, z) \frac{\partial w}{\partial z} = 0$$

zurückgeführt werden, und zwar erhält man die Integrale von (5) aus den Integralen $w = \psi(\mathfrak{x}, z)$ des Systems (6) durch Auflösen von $\psi = 0$ nach z. Genauer formuliert gilt folgendes:

Die Funktionen $f^{\mu\nu}(\mathfrak{x}, z)$, $g^\mu(\mathfrak{x}, z)$ seien in dem Gebiet $\mathfrak{G}_{n+1}(\mathfrak{x}, z)$ stetig, $w = \psi(\mathfrak{x}, z)$ sei in $\mathfrak{G}_{n+1}$ ein Integral des homogenen Systems (6). Ferner sei $\chi(\mathfrak{x})$ in $\mathfrak{G}_n(\mathfrak{x})$ eine stetig differenzierbare Funktion, für welche die Punkte $\mathfrak{x}, z = \chi(\mathfrak{x})$ in $\mathfrak{G}_{n+1}$ liegen, wenn $\mathfrak{x}$ zu $\mathfrak{G}_n$ gehört, und für die

$\psi(\mathfrak{x}, \chi(\mathfrak{x})) = \text{const}$,

$\psi_z(\mathfrak{x}, \chi(\mathfrak{x}))$ in keinem Teilgebiet $\equiv 0$ ist.

Dann ist $z = \chi(\mathfrak{x})$ ein Integral des Systems (5)[1].

§ 2. Die nichtlineare Differentialgleichung $F\left(x, y, z, \frac{\partial z}{\partial x}, \frac{\partial z}{\partial y}\right) = 0$.

8. Einleitende Bemerkungen.[2]

8·1. Die Differentialgleichung und ihre Veranschaulichung. Die allgemeine partielle DGl erster Ordnung für eine gesuchte Funktion $z = z(x, y)$ von zwei unabhängigen Veränderlichen x, y hat die Gestalt

$$(1) \qquad F\left(x, y, z, \frac{\partial z}{\partial x}, \frac{\partial z}{\partial y}\right) = 0$$

oder, wenn wieder die Abkürzungen $p = \frac{\partial z}{\partial x}$, $q = \frac{\partial z}{\partial y}$ benutzt werden,

$$(1\text{a}) \qquad F(x, y, z, p, q) = 0;$$

---

[1]) Vgl. Forsyth, Diff. Equations V, S. 97—99. Goursat, Équations du premier ordre, S. 94f. Vgl. ferner auch 5·4.

[2]) An Literatur sei genannt: Courant-Hilbert, Methoden math. Physik II, S. 63—81. Bieberbach, DGlen, 3. Aufl., S. 267—290. Forsyth, Diff. Equations V. Goursat, Équations du premier ordre. Horn, Partielle DGlen, S. 161 bis 191. Kamke, DGlen, S. 342—377. Serret-Scheffers, Differential- und Integralrechnung III, S. 591—646.

dabei ist $F = F(x, y, z, p, q)$ eine gegebene Funktion, die in diesem ganzen Abschnitt stetige partielle Ableitungen erster Ordnung nach allen fünf Veränderlichen in einem Gebiet $\mathfrak{G}(x, y, z, p, q)$ des x, y, z, p, q-Raumes hat[1]). Die nach einer der Ableitungen aufgelösten Glen

(2) $$p = f(x, y, z, q) \quad \text{oder} \quad q = f(x, y, z, p)$$

heißen explizite DGlen, die Gl (1) eine implizite DGl, wenn sie nicht eine dieser Formen hat. Zu der Definition der Integrale s. 1·1 und 8·8.

Durch die DGl wird jedem Punkt x_0, y_0, z_0 des x, y, z-Raumes eine Schar von Flächenelementen x_0, y_0, z_0, p, q (vgl. dazu 2·1) zugeordnet, zwischen deren Richtungskoeffizienten p, q die Gl

$$F(x_0, y_0, z_0, p, q) = 0$$

besteht. Um ein anschauliches Bild vor Augen zu haben, nimmt man an, daß die durch diese Gl dem Trägerpunkt x_0, y_0, z_0 zugeordneten Flächenelemente gerade die Tangentialebenen einer allgemeinen Kegelfläche mit der Spitze (sommet) x_0, y_0, z_0 bilden (Fig. 13). Diesen Kegel nennt man

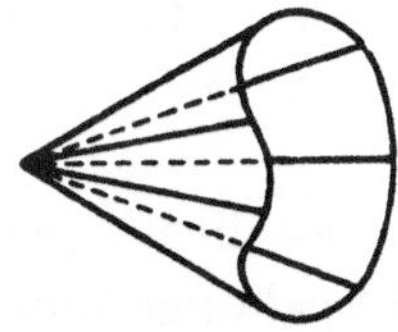

Fig. 13.

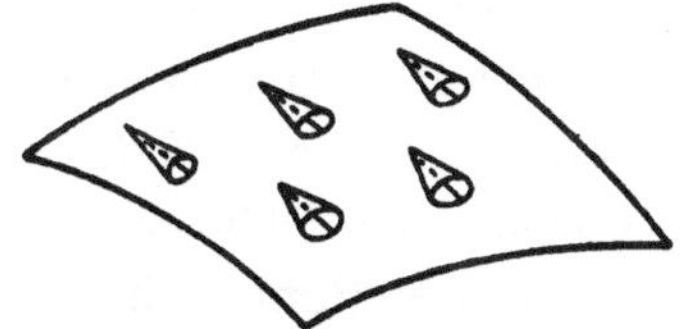

Fig. 14.

Mongeschen Kegel oder Richtungskegel oder Elementarkegel [cone (T)] der DGl. Durch die DGl (1) oder (2) wird also jedem Punkt x, y, z, falls die Gl für diesen Punkt überhaupt durch Zahlen p, q erfüllt werden kann[2]), ein Richtungskegel zugeordnet. Die DGl selbst wird durch ein Kegelfeld repräsentiert entsprechend dem Richtungsfeld bei einer gewöhnlichen DGl (Fig. 14).

Die Aufgabe, die Gl (1) oder (2) zu lösen, besagt bei dieser geometrischen Deutung: es soll eine stetig differenzierbare Fläche $z = \psi(x, y)$ gefunden werden, für die in jedem ihrer Punkte x, y, z die Ableitungen $p = \psi_x$, $q = \psi_y$ ein zu x, y, z als Trägerpunkt gehöriges Flächenelement ergeben, das die Gl (1) oder (2) erfüllt, d. h. in jedem Punkt x, y, z der Fläche

---

[1]) Vgl. S. 65, Fußn. 1.

[2]) Ist z. B. $F = p^2 + q^2 + 1$, so gibt es keine (reellen) Flächenelemente, welche die Gl (1) erfüllen. Bei der Veranschaulichung wird von solchen Fällen abgesehen. Sie sind aber, von gelegentlichen Einschränkungen abgesehen, in den folgenden Nummern dieses Abschnitts, die ja keine Existenzsätze enthalten, keineswegs ausgeschlossen. Ferner beachte man, daß auch der Fall $F \equiv 0$ bisher nicht ausgeschlossen ist.

$z = \psi(x, y)$ soll die Tangentialebene der Fläche zugleich eine Tangentialebene des Richtungskegels sein.

Ist die gegebene DGl eine quasilineare, etwa

(3) $$f(x, y, z)\, p + g(x, y, z)\, q = h(x, y, z) \qquad (|f| + |g| > 0),$$

so artet der zu x_0, y_0, z_0 gehörige Richtungskegel in die gerade Linie

$$x - x_0 = f_0\, t, \quad y - y_0 = g_0\, t, \quad z - z_0 = h_0\, t$$

aus, wobei t ein Parameter ist und f_0, g_0, h_0 die Werte von f, g, h an der Stelle x_0, y_0, z_0 bedeuten. Aus den Tangentialebenen des Richtungskegels werden die Ebenen des durch diese Gerade (Büschelgerade) gehenden Ebenenbüschels (ohne die zur x, y-Ebene senkrechte Ebene). Die Charakteristik (vgl. 5·1) von (3) durch einen Punkt x_0, y_0, z_0 hat zur Tangente die zu diesem Punkt gehörige Büschelgerade, d. h. die Büschelgeraden legen dasselbe Richtungsfeld wie die charakteristischen Glen fest.

8·2. Geometrische Festlegung der Charakteristiken. Die linearen und quasilinearen partiellen DGlen erster Ordnung lassen sich insofern auf Systeme gewöhnlicher DGlen zurückführen, als ihre IFlächen aus den Charakteristiken aufgebaut werden können (vgl. 2·3 und 5·2). Entsprechendes ist auch bei der DGl (1) möglich.

Für die quasilineare DGl (3) hat, wie eben festgestellt ist, jede Charakteristik in jedem ihrer Punkte die zu diesem Punkt gehörige Büschelgerade zur Tangente, d. h. jedem Raumpunkt x, y, z ist eine bestimmte Richtung zugeordnet, und dieses Richtungsfeld wird analytisch durch die charakteristischen Glen dargestellt. Bei der Übertragung dieser Dinge auf die DGl (1) begegnet man zunächst der Schwierigkeit, daß hier jedem Raumpunkt x, y, z ein Richtungskegel mit seinen unendlich vielen Seitenlinien zugeordnet ist. Hat man jedoch bereits eine IFläche $z = \psi(x, y)$, so läßt sich dem Punkt x_0, y_0, z_0 dieser Fläche eindeutig eine Richtung zuordnen, nämlich die Gerade, längs welcher die im Punkt x_0, y_0, z_0 an die Fläche $z = \psi(x, y)$ gelegte Tangentialebene den zu x_0, y_0, z_0 gehörigen Richtungskegel berührt. Diese Gerade legt also eine Richtung fest, die entsprechend dem linearen Fall zur Festlegung der Richtung der Charakteristiken dienen kann. Die Gerade, d. h. die Richtung der Charakteristiken liegt hier aber erst dann fest, wenn man die Richtungskoeffizienten $p = \psi_x(x_0, y_0)$, $q = \psi_y(x_0, y_0)$ oder allgemeiner überhaupt zwei dem Punkt x_0, y_0, z_0 zugeordnete Richtungskoeffizienten p_0, q_0 kennt. Diese Richtungskoeffizienten werden hier also auch noch bestimmt werden müssen; d. h. neben den drei Funktionen $x(t), y(t), z(t)$ sind noch zwei Funktionen $p(t), q(t)$ zu bestimmen. Diese fünf Funktionen

(4) $$x = x(t), \quad y = y(t), \quad z = z(t), \quad p = p(t), \quad q = q(t)$$

sind im Fall der DGl (1) das Analogon zu den Charakteristiken der linearen DGl (3)[1]. Für ihre Festlegung hat man nach dem Vorangehenden die Bedingung

(α) Für jeden Punkt $x_0 = x(t_0)$, $y_0 = y(t_0)$, $z_0 = z(t_0)$ soll die Tangente der Raumkurve $x = x(t)$, $y = y(t)$, $z = z(t)$ Mantellinie des zu x_0, y_0, z_0 gehörigen Richtungskegels sein, längs welcher das Flächenelement (4) für $t = t_0$ diesen Kegel berührt.

Da aus den Charakteristiken IFlächen aufgebaut werden sollen, wird außerdem noch gefordert:

(β) Die Flächenelemente (4) gehören einer IFläche an (sind einer IFläche „eingebettet").

Diese letzte Forderung wird bei der analytischen Formulierung der Charakteristikendefinition im allgemeinen jedoch durch die schwächere ersetzt:

(β^*) Die Flächenelemente (4) gehören einer Fläche $z = \psi(x, y)$ an, für die $F(x, y, \psi, \psi_x, \psi_y)$ konstant ist.

8·3. Definition des Streifens. Schon die Forderung, daß die Flächenelemente (4) überhaupt irgendeiner stetig differenzierbaren Fläche $z = \psi(x, y)$ angehören (in sie „eingebettet" sind), ergibt eine Bedingung für diese Funktionen, nämlich die sog. Streifenbedingung

$$z'(t) = p(t)\, x'(t) + q(t)\, y'(t), \tag{5}$$

wie sich durch Eintragen der Funktionen (4) in $z = \psi(x, y)$ und Differentiation nach t ergibt. Das führt zu der Definition:

Unter einem Streifen wird eine Menge von Flächenelementen (4) verstanden, die in einem Intervall $\alpha < t < \beta$ als stetig differenzierbare Funktionen von t gegeben sind und dort die Bedingung (5) erfüllen. Die durch die drei ersten der Funktionen (4) bestimmte Raumkurve heißt der Träger des Streifens (Fig. 15). Die Trägerkurve kann — für konstante x, y, z — auch in einen Punkt entarten.

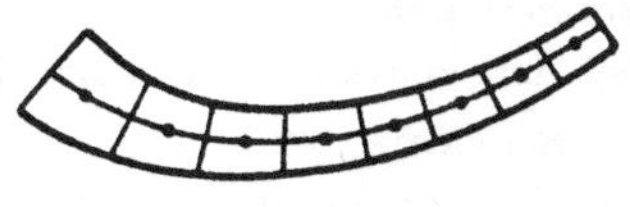

Fig. 15.

[1]) Im Anfang mag es etwas stören, daß z, p, q in mehrfacher Bedeutung vorkommen, nämlich erstens als unabhängige Veränderliche, wenn von der Funktion $F(x, y, z, p, q)$ oder dem Gebiet $\mathfrak{G}(x, y, z, p, q)$ gesprochen wird; zweitens z, p, q als Funktionen von x, y in der DGl (1), wobei noch $p = z_x$, $q = z_y$ ist; und drittens als Funktionen einer Veränderlichen t in den obigen Glen (4). Man wird jedoch bald bemerken, daß es nicht schwer ist, diese verschiedenen Bedeutungen auseinander zu halten, und daß ihre Unterscheidung durch verschiedene Bezeichnungen unnötig umständlich wäre.

8·4. Definition des charakteristischen Streifens.

(a) Die allgemeine DGl (1). Unter den nötigen Differenzierbarkeitsvoraussetzungen folgt aus 8·2 (α), wenn $|F_p| + |F_q| > 0$ ist,

$$x'(t) : y'(t) : z'(t) = F_p : F_q : (p(t)\,F_p + q(t)\,F_q),$$

wobei in F_p, F_q die Funktionen (4) einzutragen sind. Durch geeignete Transformation des Parameters t erhält man hieraus die ersten drei der nachfolgenden Glen (6). Aus (β) ergeben sich, wenn man die dort auftretende Gl $F = \text{const}$ partiell nach x und nach y differenziert, die beiden letzten der Glen (6). Ohne Rücksicht auf die bei dieser Herleitung benutzten Voraussetzungen wird nun definiert:

Die Funktion $F(x, y, z, p, q)$ habe in dem Gebiet $\mathfrak{G}(x, y, z, p, q)$ des x, y, z, p, q-Raumes stetige partielle Ableitungen erster Ordnung. Die Funktionen (4), die für $\alpha < t < \beta$ stetig differenzierbar sein und nur Punkte von $\mathfrak{G}$ liefern sollen, heißen ein charakteristischer Streifen oder auch kürzer eine Charakteristik der DGl (1), wenn sie die fünf gewöhnlichen DGlen

$$(6) \qquad \begin{cases} x'(t) = F_p, & y'(t) = F_q, \quad z'(t) = p(t)\,F_p + q(t)\,F_q \\ p'(t) = -F_x - p(t)\,F_z, & q'(t) = -F_y - q(t)\,F_z \end{cases}$$

erfüllen; dabei sind als Argumente in den Ableitungen von F die Funktionen (4) einzutragen. Die Glen (6) heißen die charakteristischen Glen der partiellen DGl (1).

Da nach den Voraussetzungen über F nur feststeht, daß die rechten Seiten des Systems (6) stetig sind, kann es durch dasselbe Anfangselement $x_0, \ldots, q_0$ mehr als einen charakteristischen Streifen geben; ist dagegen F sogar zweimal stetig differenzierbar, so gibt es nur *einen* solchen Streifen. Für weitere Vorkommnisse bei den charakteristischen Streifen s. 8·6.

Bei COURANT-HILBERT, Methoden math. Physik II, S. 64 treten noch folgende Bezeichnungen auf: Jede durch die drei ersten Glen (6) bei beliebigen Zahlen $x, \ldots, q$ gegebene Richtung im Raum heißt eine charakteristische Richtung. Eine Raumkurve, die in jedem ihrer Punkte eine charakteristische Richtung hat, heißt Fokalkurve oder MONGEsche Kurve. Jeder Streifen, der die ersten drei der Glen (6) und die Gl $F = 0$ erfüllt, heißt ein Fokalstreifen.

(b) Die explizite DGl. Ist die partielle DGl in der expliziten Gestalt

$$(7) \qquad p = f(x, y, z, q)$$

gegeben, so kann man die fünf charakteristischen Glen (6) durch drei Glen ersetzen. Die erste Gl lautet jetzt nämlich $x'(t) = 1$; daher kann $t = x$ gewählt werden. Da ferner für das eigentliche Ziel des Aufbaus der IFlächen aus charakteristischen Streifen nur solche Flächenelemente (4) in Betracht kommen, die der partiellen DGl genügen, kann man in der dritten Gl (6)

p durch f ersetzen. Man hat dann die drei Glen

(8) $$y'(x) = -f_q, \quad z'(x) = f - q f_q, \quad q'(x) = f_y + q f_z$$

zur Bestimmung der drei Funktionen $y(x)$, $z(x)$, $q(x)$. Diese drei Glen werden ebenfalls als die **charakteristischen Glen** der DGl (7) bezeichnet. Zur Bestimmung eines charakteristischen Streifens ist noch

(9) $$p(x) = f(x, y(x), z(x), q(x))$$

hinzuzunehmen.

Man beachte, daß die obige Definition sich nicht durch bloße Spezialisierung der Definition von (a) ergibt, sondern wegen der auf die Forderung 8·2 (β) hinauslaufenden Bedingung (9) eine neue Festsetzung ist.

(c) Einordnung der Charakteristiken der linearen DGl in die Definition (a). Für die lineare DGl (3) lauten die ersten drei der Glen (6)

$$x'(t) = f, \quad y'(t) = g, \quad z'(t) = pf + qg.$$

Da für den Aufbau der IFläche aus Charakteristiken nur solche Flächenelemente in Betracht kommen, die der partiellen DGl (3) genügen, kann in der letzten der obigen Glen $pf + qg$ durch h ersetzt werden. Damit hat man die in 5·2 eingeführten charakteristischen Glen der DGl (3).

8·5. Andere Herleitungen der charakteristischen Glen. Die Festlegungen der Charakteristiken durch die Forderungen (α) und (β) bzw. (β^*) von 8·2 hat den Vorzug der Anschaulichkeit, aber den Nachteil, daß dieses Verfahren sich kaum auf allgemeinere Fälle (mehrere gesuchte Funktionen von mehr als zwei unabhängigen Veränderlichen, DGlen höherer Ordnung) übertragen läßt. Daher werden hier noch drei andere Verfahren skizziert. Das dritte ist das kürzeste und am leichtesten auf allgemeinere Fälle übertragbar.

(a) Man sucht nach Streifen (4), die zugleich mehreren IFlächen, etwa $z = \psi(x, y)$ und $z = \chi(x, y)$, angehören. Diese Integrale mögen sogar zweimal stetig differenzierbar sein und außerdem sollen in keinem Teilintervall von $\alpha < t < \beta$ alle drei Differenzen

$$\psi_{xx} - \chi_{xx}, \quad \psi_{xy} - \chi_{xy}, \quad \psi_{yy} - \chi_{yy}$$

nach Eintragen von $x(t)$, $y(t)$ identisch Null sein.

Dann folgt aus (1) nach Eintragen der Integrale durch Differentiation nach x und y

(10) $$\begin{cases} F_x + F_z \psi_x + F_p \psi_{xx} + F_q \psi_{yx} = 0, \\ F_y + F_z \psi_y + F_p \psi_{xy} + F_q \psi_{yy} = 0, \end{cases}$$

sowie zwei weitere Glen mit χ statt ψ. Werden hierin jetzt die Funktionen (4) eingetragen, so stimmen nach Voraussetzung die Funktionen F_x, F_y, F_z, F_p, F_q, ψ_x, ψ_y der obigen Glen mit den entsprechenden Funktionen überein, die in den mit χ gebildeten Glen auftreten, und es ergibt sich

$$(11)\quad \begin{cases}(\psi_{xx} - \chi_{xx}) F_p + (\psi_{yx} - \chi_{yx}) F_q = 0, \\ (\psi_{xy} - \chi_{xy}) F_p + (\psi_{yy} - \chi_{yy}) F_q = 0\end{cases}$$

mit den eingetragenen Funktionen (4).

Anderseits ist

$$(12)\quad z(t) = \psi(x(t), y(t)), \quad p(t) = \psi_x(x(t), y(t)), \quad q(t) = \psi_y(x(t), y(t)).$$

und dieselben Glen gelten mit χ statt ψ. Hieraus folgt durch Differentiation die Streifenbedingung

$$(13)\quad z' = p x' + q y',$$

ferner

$$(14)\quad p' = \psi_{xx} x' + \psi_{xy} y', \quad q' = \psi_{yx} x' + \psi_{yy} y'$$

und zwei weitere Glen mit χ statt ψ. Aus diesen vier Glen folgt

$$(\psi_{xx} - \chi_{xx}) x' + (\psi_{xy} - \chi_{xy}) y' = 0,$$
$$(\psi_{yx} - \chi_{yx}) x' + (\psi_{yy} - \chi_{yy}) y' = 0.$$

Aus diesen beiden Glen und (11) folgt, da in keinem Teilintervall alle Klammern $\equiv 0$ sind und da $\psi_{xy} = \psi_{yx}$, $\chi_{xy} = \chi_{yx}$ ist,

$$y' F_p - x' F_q = 0.$$

Ist $|x'| + |y'| > 0$, so läßt sich daher durch passende Wahl der Variablen t erreichen, daß die beiden ersten Glen (6) erfüllt sind, also wegen (13) auch die dritte Gl. Dann besagen die Glen (10) nach Eintragen der Funktionen (4)

$$p'(t) = \frac{d}{dt} \psi_x(x(t), y(t)) = -F_x - p F_z,$$
$$q'(t) = \frac{d}{dt} \psi_y(x(t), y(t)) = -F_y - q F_z,$$

und das sind die beiden letzten Glen (6).

(b)[1]) Es sei $z = \psi(x, y)$ eine zweimal stetig differenzierbare IFläche der DGl (1), und (4) ein dieser IFläche angehörender Streifen. Wird $z = \psi$ in (1) eingetragen, so erhält man wie in (a) die Glen (10) und (12) bis (14). Werden nun in (10) die Streifenfunktionen (4) eingetragen und dann die Glen (14) zu den Glen (10) addiert, so erhält man

$$(15)\quad \begin{cases}p' + F_x + p F_z = \psi_{xx}(x' - F_p) + \psi_{xy}(y' - F_q), \\ q' + F_y + q F_z = \psi_{yx}(x' - F_p) + \psi_{yy}(y' - F_q).\end{cases}$$

Die Glen (13) und (15) gelten für jeden IStreifen der IFläche. Die beiden letzten Glen vereinfachen sich wesentlich, wenn der Streifen so gewählt wird, daß

$$x' = F_p, \quad y' = F_q$$

ist, und zwar erhält man dann gerade wieder die charakteristischen Glen (6).

[1]) Carathéodory, Variationsrechnung, S. 37.

(c) Es sei eine Raumkurve $x = x(t)$, $y = y(t)$, $z = z(t)$ gegeben. Man fragt, wann sie sich in eindeutiger Weise zu einem lStreifen (vgl. 8·7)

$$(4) \qquad x = x(t), \quad y = y(t), \quad z = z(t), \quad p = p(t), \quad q = q(t)$$

ergänzen läßt, d. h. zu einem Streifen, dessen Flächenelemente sämtlich die DGl (1) erfüllen. Das ist genau dann der Fall, wenn sich $p(t)$, $q(t)$ als stetig differenzierbare Funktionen so wählen lassen, daß die Streifenbedingung

$$p\,x' + q\,y' - z' = 0$$

und die Gl

$$F(x, y, z, p, q) = 0$$

erfüllt ist.

Erfüllen die beiden Zahlen $p_0 = p(t_0)$, $q_0 = q(t_0)$ die beiden obigen Glen, so gibt es nach dem Satz über implizite Funktionen sicher stetige Funktionen $p(t)$, $q(t)$, die diese beiden Glen erfüllen, wenn die in bezug auf p, q gebildete Funktionaldeterminante der linken Seiten

$$(16) \qquad \begin{vmatrix} x' & y' \\ F_p & F_q \end{vmatrix} \neq 0$$

ist. Ist dagegen diese Bedingung nicht erfüllt, ist vielmehr

$$(17) \qquad \begin{vmatrix} x' & y' \\ F_p & F_q \end{vmatrix} \equiv 0$$

für einen Streifen (4) und ist außerdem $|F_p| + |F_q| > 0$ oder $|x'| + |y'| > 0$, so ist bei geeigneter Wahl des Parameters t

$$x' = F_p, \quad y' = F_q.$$

Das Gegenteil zu der UnGl (16) führt also gerade auf die beiden ersten der charakteristischen Glen (6). Die dritte der Glen (6) ist nichts anderes als die Streifenbedingung. Die beiden letzten Glen erhält man wie in 8·4.

8·6. Reguläre und singuläre Flächenelemente und charakteristische Streifen. Ein Flächenelement x_0, y_0, z_0, p_0, q_0 heißt r e g u l ä r oder s i n g u l ä r in bezug auf die DGl (1), je nachdem

$$|F_p| + |F_q| > 0 \quad \text{oder} \quad = 0$$

an der Stelle $x_0, \ldots, q_0$ ist.

Für jeden charakteristischen Streifen, der mindestens ein reguläres Flächenelement enthält, besteht weder die Trägerkurve noch ihre Projektion auf die x, y-Ebene aus nur einem Punkt; das folgt unmittelbar aus den beiden ersten Glen (6).

Enthält ein charakteristischer Streifen ein singuläres Flächenelement, so kann er verschiedenartige Eigenschaften haben, wie die folgenden Beispiele zeigen. Das singuläre Flächenelement ist in jedem Fall $0, \ldots, 0$, und es wird der charakteristische Streifen untersucht, der durch dieses für $t = 0$ hindurchgeht.

(a) $p^2 + q^2 = x + y$.

Die charakteristischen Glen sind

$$x' = 2p, \quad y' = 2q, \quad z' = 2p^2 + 2q^2, \quad p' = 1, \quad q' = 1.$$

Aus den beiden letzten Glen folgt $p = q = t$, also aus den beiden ersten Glen $x = y = t^2$. Die Trägerkurve besteht also nicht bloß aus einem Punkt.

(b) $(p + 1)x + (q + 1)y = z$.

Die charakteristischen Glen sind

$$x' = x, \quad y' = y, \quad z' = xp + yq, \quad p' = -1, \quad q' = -1.$$

Aus den beiden ersten Glen folgt $x = y = 0$, also aus der dritten auch $z = 0$, während die beiden letzten $p = q = -t$ ergeben. Die Trägerkurve besteht hier aus nur einem Punkt, diesem sind aber noch unendlich viele Richtungskoeffizienten zugeordnet.

(c) $p^2 + q^2 - xp - yq + z = 0$ (Clairautsche DGl 11·12).

Die charakteristischen Glen sind

$$x' = 2p - x, \quad y' = 2q - y, \quad z' = 2p^2 + 2q^2 - xp - yq, \quad p' = 0, \quad q' = 0.$$

Aus den beiden letzten Glen folgt $p = q = 0$, also aus den drei ersten Glen $x = y = z = 0$. Der charakteristische Streifen besteht hier also aus einem einzigen Flächenelement.

(d) $p^2 + q^2 + x^2 + y^2 = 0$.

Die charakteristischen Glen sind

$$x' = 2p, \quad y' = 2q, \quad z' = 2p^2 + 2q^2, \quad p' = -2x, \quad q' = -2y.$$

Aus ihnen folgt

$$xx' + yy' + pp' + qq' = 0,$$

also

$$x^2 + y^2 + p^2 + q^2 = 0,$$

d. h. $x = y = p = q = 0$. Aus der dritten charakteristischen Gl folgt dann $z = c$ bei beliebigem c. Singuläre Flächenelemente sind daher

$$x = 0, \quad y = 0, \quad z = c, \quad p = 0, \quad q = 0.$$

Zugleich sind dies die einzigen Integralelemente. Es gibt also keine IFläche, wie auch aus der DGl unmittelbar zu ersehen ist.

8·7. Charakteristiken, Integralstreifen und Integralflächen. Ein Flächenelement x, y, z, p, q heißt ein Integralelement (IElement) der DGl (1), wenn $F(x, y, z, p, q) = 0$ ist, und ein Streifen (4) ein Integralstreifen (IStreifen), wenn er nur aus IElementen besteht.

(a) Die Funktion $F(x, y, z, p, q)$ ist längs jedes charakteristischen Streifens der DGl (1) konstant, d. h. es ist

$$F(x(t), y(t), z(t), p(t), q(t)) = \text{const}^{1)};$$

---

[1]) Denn es ist

$$\frac{d}{dt} F(x(t), \ldots, q(t)) = F_x x' + F_y y' + F_z z' + F_p p' + F_q q'.$$

Trägt man hierin (6) ein, so erhält man 0, d. h. $F(x(t), \ldots, q(t))$ ist konstant.

der charakteristische Streifen ist daher ein IStreifen, wenn er mindestens ein IElement enthält.

Für die explizite DGl (7) ist jeder charakteristische Streifen trivialerweise ein IStreifen, da (vgl. 8·4 (b)) die Gl (9) besteht.

(b) Ist $z = \psi(x, y)$ im Gebiet $\mathfrak{g}(x, y)$ ein Integral der DGl (1), das sogar zweimal stetig differenzierbar ist, und ist

$$(18) \qquad x_0, y_0, \psi(x_0, y_0), \psi_x(x_0, y_0), \psi_y(x_0, y_0)$$

ein beliebiges Flächenelement dieser IFläche, so gehören alle charakteristischen Streifen[1] (6), die dieses Flächenelement enthalten, der IFläche an, solange die beiden ersten Koordinaten x, y des Streifens (6) Punkte von $\mathfrak{g}$ liefern[2]. Die IFlächen der genannten Art lassen sich also aus charakteristischen Streifen aufbauen. Dasselbe gilt für die explizite DGl (7).

Hieraus folgt unmittelbar:

(c) Sind $z = \psi(x, y)$ und $z = \chi(x, y)$ im Gebiet $\mathfrak{g}(x, y)$ zwei sogar zweimal stetig differenzierbare IFlächen mit einem gemeinsamen Flächenelement (18), so gehören alle charakteristischen Streifen von (1), die das Flächenelement (18) enthalten, beiden IFlächen an, soweit $x(t), y(t)$ Punkte von $\mathfrak{g}$ liefern.

Ist das gemeinsame Flächenelement regulär, so haben daher beide IFlächen nach 8·6 eine Kurve gemeinsam, die nicht in einen Punkt entartet ist.

8·8. Partikuläre, singuläre, vollständige, allgemeine Integrale. In bezug auf die Integrale der DGl (1) ist eine Reihe von Bezeichnungen in Gebrauch, die allerdings z. T. entbehrlich sind.

(a) Ein partikuläres Integral der DGl (1) ist nichts anderes als ein Integral der DGl. Die Bezeichnung „partikuläres Integral" ist daher überflüssig.

(b) Ein Integral der DGl (1) $z = \psi(x, y)$ heißt singulär, wenn es nur singuläre Integralelemente (vgl. 8·6, 8·7) enthält, d. h. wenn die drei Glen

$$(19) \qquad F(x, y, z, p, q) = 0, \quad F_p = 0, \quad F_q = 0$$

für

$$(20) \qquad z = \psi, \quad p = \psi_x, \quad q = \psi_y$$

[1]) Ist F sogar *zweimal* stetig differenzierbar oder ist durch eine andere Bedingung die eindeutige Lösbarkeit der charakteristischen Glen (6) bei gegebenen Anfangswerten gesichert, so gibt es nur *einen* derartigen Streifen.

[2]) Zur Frage der Verringerung der Differenzierbarkeitsvoraussetzungen s. A. HAAR, Acta Szeged 4 (1928) 103—114. T. WAŻEWSKI, Annales Soc. Polon. Math. 13 (1934) 10—12; Math. Zeitschrift 43 (1938) 521—532.

bestehen. Trägt man (20) in (19) ein, so ergibt sich durch partielle Differentiation, daß für singuläre Integrale, die sogar zweimal stetig differenzierbar sind, auch noch die Glen

(21) $$F_x + p F_z = 0, \quad F_y + q F_z = 0$$

bestehen.

Ein Integral, das kein singuläres Flächenelement enthält, wird wohl auch regulär genannt. Ein Integral kann natürlich sowohl reguläre als auch singuläre Flächenelemente enthalten.

Die singulären Integrale einer gegebenen DGl (1) erhält man, indem man aus den Glen (19) oder (falls man zweimal stetig differenzierbare IFlächen sucht) aus (19) und (21) alle Integralelemente x, y, z, p, q bestimmt und untersucht, ob sich aus diesen stetig differenzierbare Flächen $z = \psi(x, y)$ zusammenbauen lassen.

Beispiel: $pq = z$.

Die singulären Flächenelemente werden aus

$$z = pq, \quad q = 0, \quad p = 0$$

erhalten; sie sind also $z = p = q = 0$ bei beliebigem x, y und schließen sich zu der singulären IFläche $z = 0$ zusammen. Für weitere Beispiele s. 11·12.

(c) Ein vollständiges Integral[1]) (intégrale complète) der DGl (1) ist eine zweiparametrige Menge von Integralen

(22) $$z = \psi(x, y;\ a, b);$$

dabei soll ψ nebst ψ_x, ψ_y in einem Gebiet des x, y, a, b-Raumes nach allen vier Argumenten stetig differenzierbar sein und die Matrix (zu der Bezeichnung s. 2·7 (c))

$$\frac{\partial(\psi\ \ \psi_x \cdot \psi_y)}{\partial(a, b)}$$

in jedem Punkt des Gebiets den Rang 2 haben[2]).

Die Bedeutung eines vollständigen Integrals, das übrigens durch die DGl keineswegs eindeutig bestimmt ist, beruht darauf, daß man aus ihm durch bloße Differentiations- und Eliminationsprozesse weitere Integrale herleiten kann (vgl. 9·5). Es entspricht etwa der IBasis bei linearen homogenen DGlen.

---

[1]) Forsyth, Diff. Equations V, S. 171. Vgl. z. B. Goursat, Équations du premier ordre, S. 134ff. Horn, Partielle DGlen, S. 182ff.

[2]) Man hat auch noch gefordert, daß durch $x, y, \psi, \psi_x, \psi_y$ zugleich *alle* IElemente der DGl (1) geliefert werden. Doch ist diese Forderung wohl nirgends konsequent durchgeführt. Durch sie würde die praktische Verwendbarkeit des vollständigen Integrals unnötig erschwert werden.

(d) Allgemeine Integrale[1]) (intégrales générales) werden solche Integrale genannt, die von einer willkürlichen Funktion abhängen. Dabei wird diese Abhängigkeit anscheinend meistens so aufgefaßt, daß in (c) $b = \varphi(\ )$ mit einer willkürlichen Funktion φ gesetzt wird. Sinngemäßer wäre die Forderung, daß die Integrale von einem willkürlich gegebenen Anfangsstreifen abhängen sollen. Ein Bedürfnis für die Bezeichnung „allgemeines Integral" liegt nicht vor.

9. Lösungsverfahren von Lagrange.[2])

9·1. Vorintegrale. Nach 4·2 oder 5·4 erhält man unter gewissen Voraussetzungen ein Integral $z = \chi(x, y)$ der quasilinearen DGl

$$(*) \qquad f(x, y, z)\, p + g(x, y, z)\, q = h(x, y, z),$$

indem man für ein Integral $w = \psi(x, y, z)$ der zugehörigen linearen homogenen DGl

$$(**) \qquad f(x, y, z) \frac{\partial w}{\partial x} + g(x, y, z) \frac{\partial w}{\partial y} + h(x, y, z) \frac{\partial w}{\partial z} = 0$$

die Gl $\psi = C$ nach z auflöst. Integrale ψ von (**) sind dabei solche stetig differenzierbaren Funktionen, die längs jeder Charakteristik von (**) oder, was dasselbe ist, längs jeder Charakteristik von (*) konstant sind.

Das Lösungsverfahren von Lagrange[3]) für die DGl

$$(1) \qquad F(x, y, z, p, q) = 0$$

besteht in der Übertragung des eben skizzierten Verfahrens auf die DGl (1).

(a) Über die im folgenden vorkommenden Funktionen $F(x, y, z, u, v)$, $G(x, y, z, u, v)$, $H(x, y, z, u, v)$ wird vorausgesetzt, daß sie in einem Gebiet $\mathfrak{G} = \mathfrak{G}(x, y, z, u, v)$ stetig differenzierbar sind.

Die Funktion $G(x, y, z, u, v)$ heißt ein Vorintegral (intégrale première) der DGl (1), wenn G längs jeder Charakteristik von (1), d. h. für jede Lösung $x(t)$, $y(t)$, $z(t)$, $u(t)$, $v(t)$ des DGlsSystems

$$(2) \qquad \begin{cases} x'(t) = F_u, \quad y'(t) = F_v, \quad z'(t) = u F_u + v F_v \\ u'(t) = -F_x - u F_z, \quad v'(t) = -F_y - v F_z \end{cases}$$

---

[1]) Vgl. z. B. Forsyth, a. a. O., S. 171. Goursat, a. a. O., S. 137. Horn, a. a. O., S. 185.

[2]) Zur Literatur vgl. S. 62, Fußn. 2.

[3]) Das Verfahren wird auch nach Monge und Charpit genannt. Vgl. dazu die historischen Bemerkungen bei Serret-Scheffers, Differential- und Integralrechnung III, S. 717f.

konstant ist. Das besagt nach 3·2 dasselbe wie: G soll ein Integral der linearen homogenen DGl

$$(3)\quad F_u \frac{\partial w}{\partial x} + F_v \frac{\partial w}{\partial y} + (u F_u + v F_v) \frac{\partial w}{\partial z} - (F_x + u F_z) \frac{\partial w}{\partial u} - (F_y + v F_z) \frac{\partial w}{\partial v} = 0$$

sein oder

$$(4)\qquad [F(x, y, z, u, v),\ G(x, y, z, u, v)] \equiv 0 \quad \text{in } \mathfrak{G};$$

dabei ist

$$(5)\quad [F, G] = -[G, F] = (F_x + u F_z) G_u + (F_y + v F_z) G_v - (G_x + u G_z) F_u - (G_y + v G_z) F_v$$

der aus F und G gebildete JACOBIsche Klammerausdruck. Von Funktionen F, G, die (4) erfüllen, sagt man auch, sie lägen in Involution zueinander.

Nach 8·7 (a) ist $F(x, y, z, u, v)$ selber ein (triviales) Vorintegral der DGl (1)[1]. Für die Gewinnung weiterer Vorintegrale ist die lineare DGl (3) zu lösen; dazu vgl. 3.

(b) Für die praktische Auflösung von DGlen ist noch eine Erweiterung des Begriffs der Integrale nützlich.

Die Funktion $G(x, y, z, u, v)$ heißt ein Vorintegral von (1) im weiteren Sinne, wenn G längs jedes charakteristischen *Integral*streifens von (1) konstant ist. Eine Funktion G ist genau dann ein Vorintegral im weiteren Sinne, wenn die Gl (4) für jedes Integralement x, y, z, u, v von (1) erfüllt ist.

Beispiel: $(x p + y q - z)^2 = (p^2 + q^2) f(x^2 + y^2)$.

Die charakteristischen Glen sind

$$x' = 2 x(x p + y q - z) - 2 p f, \quad y' = 2 y(x p + y q - z) - 2 q f,$$
$$z' = 2(x p + y q)(x p + y q - z) - 2(p^2 + q^2) f,$$
$$p' = 2 x(p^2 + q^2) f', \quad q' = 2 y(p^2 + q^2) f'.$$

Aus den beiden ersten folgt

$$y' p - x' q = 2(y p - x q)(x p + y q - z),$$

und aus den beiden letzten

$$(*)\qquad y p' - x q' = 0. \qquad \text{Daher ist} \qquad \frac{(y p - x q)'}{y p - x q} = 2(x p + y q - z).$$

Bei Beschränkung auf charakteristische IStreifen kann zur Umformung der charakteristischen Glen die gegebene DGl herangezogen werden. Aus dieser und der dritten charakteristischen Gl folgt

$$z' = 2 z(x p + y q - z).$$

---

[1]) Das ergibt sich auch unmittelbar aus der Gl (3), der $w = F$ offenbar genügt.

Damit ergibt die Gl (*)
$$\frac{(y\,p-x\,q)'}{y\,p-x\,q}=\frac{z'}{z}.$$
Es ist somit
$$\log|y\,p-x\,q|-\log|z| \quad \text{oder auch} \quad \frac{y\,p-x\,q}{z}$$
ein Vorintegral, und zwar im weiteren Sinne, da zu seiner Aufstellung die gegebene partielle DGl selber benutzt worden ist.

Ist G für die DGl (1) ein Vorintegral im weiteren Sinne und sind $p=U(x,y,z)$, $q=V(x,y,z)$ in einem Gebiet $\mathfrak{G}(x,y,z)$ gemeinsame stetig differenzierbare Lösungen der beiden Glen $F=0$ und $G=0$, so ist
$$[F,G]=0 \quad \text{in } \mathfrak{G},$$
wenn hierin $p=U$ und $q=V$ eingetragen wird.

Sind G und H für die DGl (1) Vorintegrale im weiteren Sinne und sind $z=\psi(x,y)$, $p=U(x,y)$, $q=V(x,y)$ in einem Gebiet $\mathfrak{G}(x,y)$ gemeinsame Lösungen der drei Glen $F=0$, $G=0$, $H=0$, so ist
$$[F,G]=0 \quad \text{und} \quad [F,H]=0 \quad \text{in } \mathfrak{G},$$
wenn hierin $z=\psi$, $p=U$, $q=V$ eingetragen wird.

(c) Das Verfahren für die Lösung der DGl (1) gabelt sich nun, je nachdem es gelingt, außer dem trivialen Vorintegral F zwei oder nur ein weiteres Vorintegral ausfindig zu machen.

9·2. Gewinnung von vollständigen Integralen aus zwei nicht-trivialen Vorintegralen. Sind außer dem trivialen Vorintegral F der DGl (1) noch zwei weitere Vorintegrale G und H bekannt, so wird durch das am Anfange von 9·1 skizzierte Verfahren folgendes Vorgehen nahegelegt: Man löst die drei Glen

(6) $\quad F(x,y,z,u,v)=0, \quad G(x,y,z,u,v)=0, \quad H(x,y,z,u,v)=0$

nach z,u,v auf. Erhält man dabei stetige Funktionen $u=u(x,y)$, $v=v(x,y)$ sowie eine stetig differenzierbare Funktion $z=z(x,y)$, so kann man fragen, ob $z_x=u$, $z_y=v$ ist. Trifft das zu, so ist offenbar $z(x,y)$ eine Lösung der DGl (1) und sogar eine gemeinsame Lösung der drei DGlen

(7) $\quad F(x,y,z,p,q)=0, \quad G(x,y,z,p,q)=0, \quad H(x,y,z,p,q)=0.$

Nun haben jedoch schon zwei Glen der Gestalt (1) nicht immer eine gemeinsame Lösung, wie das triviale Beispiel $p=0$, $p=1$ zeigt. Wie leicht nachzurechnen ist, gilt der Satz:

(a) Ist $\psi(x,y)$ in $\mathfrak{g}(x,y)$ ein sogar zweimal stetig differenzierbares Integral der beiden DGlen

(8) $\quad F(x,y,z,p,q)=0, \quad G(x,y,z,p,q)=0,$

so erfüllt ψ in $\mathfrak{g}$ auch die DGl

(9) $\quad [F(x,y,z,p,q),\; G(x,y,z,p,q)]=0.$

Eine notwendige Bedingung für die simultane Lösbarkeit der beiden Glen (8) ist somit, daß sogar die drei Glen (8) und (9) eine gemeinsame Lösung haben[1]).

Für die Durchführung des oben skizzierten Verfahrens wird neben der Bedingung (9) und entsprechenden für F, H und G, H jedenfalls noch zu verlangen sein, daß die drei Glen (6) voneinander unabhängig sind, etwa in dem Sinne, daß die Funktionaldeterminante von F, G, H in bezug auf z, u, v nicht Null ist. Dann gilt in der Tat der Satz:

(b) Die Funktionen

(10) $$z = \psi(x, y), \quad u = U(x, y), \quad v = V(x, y)$$

mögen in $\mathfrak{g}(x, y)$ stetig differenzierbar sein, für die Punkte von $\mathfrak{g}$ nur Punkte von $\mathfrak{G}$ liefern und die drei Glen (6) erfüllen. Ferner sei für die Funktionen (10)

(11) $$[F, G] = 0, \quad [F, H] = 0, \quad [G, H] = 0 \quad \text{in } \mathfrak{g}(x, y),$$

und in jedem Teilgebiet von $\mathfrak{g}$

(12) $$\frac{\partial(F, G, H)}{\partial(z, u, v)} \not\equiv 0.$$

Dann ist

$$U(x, y) = \psi_x(x, y), \quad V(x, y) = \psi_y(x, y),$$

also $\psi(x, y)$ in $\mathfrak{g}(x, y)$ ein gemeinsames Integral der drei DGlen (7) und insbesondere ein Integral der DGl (1).

Die Voraussetzungen (11) und (12) bleiben erfüllt, wenn man G und H für zwei beliebige Konstanten a, b durch $G - a$ und $H - b$ ersetzt. Man hat dann die Funktionen (10) durch Lösung der Glen

(13) $$F(x, y, z, u, v) = 0, \quad G(x, y, z, u, v) = a, \quad H(x, y, z, u, v) = b$$

zu gewinnen und erhält so in gewissen Bereichen ein vollständiges Integral $z = \psi(x, y;\ a, b)$ von (1).

(c) Anwendungsvorschrift. Bei der Anwendung von (b) zur Lösung einer gegebenen DGl (1) stellt man zuerst die charakteristischen Glen (2) auf (die man nun auch wieder wie in 8·4 (6) mit den Buchstaben p, q statt u, v schreiben kann) und sucht durch Kombination dieser Glen zwei stetig differenzierbare Funktionen G und H zu gewinnen, die längs jeder Charakteristik oder längs jedes charakteristischen Integralstreifens konstant sind, d. h. zwei Vorintegrale im eigentlichen oder im weiteren Sinne. Dabei ist darauf zu achten, daß die drei Funktionen F, G, H voneinander unab-

---

[1]) Die Gl (9) braucht jedoch neben den beiden Glen (8) keineswegs eine neue Bedingung zu sein. Denn ist z. B. G ein Vorintegral der Gl (1), so gilt nach 9·1 die Gl (4) sogar identisch in allen fünf Veränderlichen.

hängig sind. Die beiden ersten der Glen (11) sind dann reichlich erfüllt, nämlich identisch in x, y, z, u, v bei eigentlichen Vorintegralen, aber auch bei solchen im weiteren Sinne nach 9·1 (b) wieder in dem durch (b) geforderten Umfang. Man löst nun weiter die Glen (6) oder allgemeiner (13) nach z, u, v auf. Ob die so gefundene Funktion $z = \psi(x, y)$ ein Integral der DGl (1) ist, kann man dann durch Eintragen dieser Funktion in (1) feststellen oder dadurch, daß man untersucht, ob auch die übrigen Voraussetzungen von (b) erfüllt sind.

Beispiel: Für die DGl

$$pq = z \tag{14}$$

lauten die charakteristischen Glen

$$x'(t) = v, \quad y'(t) = u, \quad z'(t) = 2uv, \quad u'(t) = u, \quad v'(t) = v.$$

Aus diesen Glen folgt

$$u' - y' = 0, \quad v' - x' = 0, \quad u'v - uv' = 0.$$

Daher sind die Funktionen $u - y$, $v - x$ und, wenn man sich auf ein Gebiet beschränkt, in dem $v \neq 0$ ist, $\frac{u}{v}$ stetig differenzierbare Funktionen, die längs jeder Charakteristik von (14) konstant sind, d. h. Vorintegrale von (14). Dazu kommt noch das triviale Vorintegral $z - uv$. Jede stetig differenzierbare Funktion von diesen ist wieder ein Vorintegral. Wählt man etwa

$$F = z - uv, \quad G = u - y, \quad H = \frac{u}{v} - 1,$$

so ergeben die Glen (6) die Funktion $z = y^2$, und diese ist kein Integral von (14). Das ist kein Widerspruch zu (b), da hier $[G, H] = \frac{u}{v^2} \neq 0$ ist. Wählt man dagegen

$$F = z - uv, \quad G = x - v, \quad H = y - u,$$

so erhält man aus den Glen (13) das vollständige Integral $z = (x - a)(y - b)$. Wählt man die Vorintegrale

$$F = z - uv, \quad G = a(x - v) + y - u, \quad H = \frac{u}{v},$$

so erhält man aus (13) mit b, a statt a, b das vollständige Integral

$$z = \frac{1}{4a}(ax + y - b)^2.$$

9·3. Gewinnung von vollständigen Integralen aus einem nicht-trivialen Vorintegral[1]). Ist für die DGl (1) nur ein Vorintegral G im eigentlichen oder im weiteren Sinne gefunden, das von dem trivialen F unabhängig ist, so kann man trotzdem ein vollständiges Integral gewinnen. Zu dem Zweck löst man die Glen

$$F(x, y, z, u, v) = 0, \quad G(x, y, z, u, v) = a \tag{15}$$

---

[1]) Vgl. Goursat, Équations du premier ordre, S. 134f. Kamke, DGlen, S. 368ff.

bei beliebigem a nach u, v auf; gibt es überhaupt ein Zahlensystem $x_0, \ldots, v_0$, das beiden Glen genügt, und ist die Funktionaldeterminante

$$\frac{\partial(F, G)}{\partial(u, v)} \neq 0$$

in einer Umgebung jener Stelle, so haben die beiden Glen (15) in einer Umgebung der Stelle x_0, y_0, z_0 eine stetig differenzierbare Lösung

$$u = U(x, y, z), \quad v = V(x, y, z).$$

Mit dieser bildet man das DGlsSystem[1])

$$(16) \qquad \frac{\partial z}{\partial x} = U(x, y, z), \quad \frac{\partial z}{\partial y} = V(x, y, z)$$

und sucht eine gemeinsame Lösung $z = \psi(x, y)$. Da aus den Voraussetzungen die Integrabilitätsbedingung

$$U_y + V U_z = V_x + U V_z$$

für eine volle Umgebung des Punktes x_0, y_0, z_0 folgt, gibt es (vgl. 7·1) eine solche gemeinsame Lösung, und zwar kann man für $\psi(x_0, y_0)$ noch einen beliebigen Wert b in einer hinreichend kleinen Umgebung von z_0 vorschreiben. Die Funktion $z = \psi(x, y; a, b)$ ist dann ein gemeinsames Integral der Glen (16) und ein vollständiges Integral von (1). Der Existenzbereich des Integrals ist im allgemeinen größer, als die Voraussetzungen erwarten lassen.

Beispiel 1[2]): $\qquad pq = z.$

In 9·2 (c) waren die Vorintegrale $u - y$, $v - x$, u/v gefunden. Wählt man $G = u - y$, so lauten die Glen (15) hier $uv = z$, $u - y = b$, d. h. man hat

$$\frac{\partial z}{\partial x} = y + b, \quad \frac{\partial z}{\partial y} = \frac{z}{y + b}$$

zu lösen. Man findet mit $u/v = a$

$$z = (x + a)(y + b).$$

Dasselbe Ergebnis erhält man mit dem zweiten Vorintegral. Mit dem dritten erhält man ein vollständiges Integral in der Gestalt

$$z = \frac{1}{4}\left(a x + \frac{y}{a} + b\right)^2.$$

Beispiel 2: Es sei wieder die DGl

$$(xp + yq - z)^2 = (p^2 + q^2) f(x^2 + y^2)$$

von 9·1 (b) gegeben. Dort war $(yp - xq)/z$ als Vorintegral im weiteren Sinne gefunden. Wird dieses gleich A gesetzt, so bekommt man durch Auflösung dieser

---

[1]) Über die Schreibweise als totale DGl $dz = U\,dx + V\,dy$ s. S. 59, Fußn. 2.

[2]) Für ein Beispiel, bei dem das Verfahren nicht zu einem vollständigen Integral führt, s. E 6·97.

und der gegebenen Gl nach p, q die beiden Glen

$$\frac{\partial \log z}{\partial x} = \frac{A y}{r^2} + \frac{x}{r^2 - f} \pm \frac{x}{r^2 (r^2 - f)} \sqrt{R},$$

$$\frac{\partial \log z}{\partial y} = -\frac{A x}{r^2} + \frac{y}{r^2 - f} \pm \frac{y}{r^2 (r^2 - f)} \sqrt{R}$$

mit $r^2 = x^2 + y^2$, $R = (A^2 + r^2) f - A^2 f^2$. Hieraus kann man $\log z$ berechnen, indem man statt x, y Polarkoordinaten einführt. Vgl. auch E 6·107.

9·4. Gewinnung einer einparametrigen Schar von Integralen aus zwei nicht-trivialen Vorintegralen. Es kann vorkommen, daß man neben den trivialen Vorintegralen zwei weitere Vorintegrale G, H erhält, die jedoch nicht in Involution sind. Dann gelingt es manchmal, durch Spezialisierung der Konstanten a, b in (13) zu einer einparametrigen Schar von Integralen zu gelangen.

Beispiel: $$p q = x + y + z.$$

Aus den charakteristischen Glen

$$x' = q, \quad y' = p, \quad z' = 2 p q, \quad p' = p + 1, \quad q' = q + 1$$

findet man die Vorintegrale

$$p - q + x - y, \quad \frac{p + 1}{q + 1},$$

die jedoch nicht in Involution sind. Stellt man trotzdem die Glen (13) auf, d. h. die Glen

$$p q = x + y + z, \quad p - q + x - y = 2 a, \quad p + 1 = b(q + 1),$$

so erhält man aus den beiden letzten Glen

$$(b - 1) p = b(y - x) + 2 a b - b + 1, \quad (b - 1) q = y - x + 2 a - b + 1.$$

Da $p = z_x$, $q = z_y$, also $p_y = q_x$ sein soll, folgt aus diesen Glen $b = -1$. Für diesen Wert hat man dann

$$2 z_x = y - x + 2 a - 2, \quad 2 z_y = x - y - 2 a - 2,$$

also

$$z = -\frac{(x - y)^2}{4} + a(x - y) - (x + y) + 1 - a^2.$$

Damit ist wenigstens eine einparametrige Schar von Integralen einfacher Bauart gefunden.

9·5. Gewinnung weiterer Integrale aus einem vollständigen Integral.

(a) Es sei

(17) $$z = \psi(x, y; a, b)$$

in der Umgebung einer Stelle x_0, y_0, a_0, b_0 [1]) ein vollständiges Integral der DGl (1). Das Verfahren, durch das man aus diesem weitere Integrale bilden kann, läuft geometrisch auf die Konstruktion von Hüllflächen zu der gesamten Menge oder zu einer Teilmenge der IFlächen des vollständigen

[1]) Das Folgende bezieht sich auf eine hinreichend kleine Umgebung dieser Stelle.

digen Integrals hinaus und kann analytisch als Variation der Konstanten bezeichnet werden.

Sind

(18) $$a = \alpha(x, y), \quad b = \beta(x, y)$$

stetig differenzierbare Funktionen, so folgt aus (17) durch partielle Differentiation

$$z_x = \psi_x + \psi_a \alpha_x + \psi_b \beta_x, \quad z_y = \psi_y + \psi_a \alpha_y + \psi_b \beta_y,$$

und diese Funktionen erfüllen zusammen mit (17) offenbar wieder die DGl (1), wenn

(19) $$\psi_a \alpha_x + \psi_b \beta_x = 0, \quad \psi_a \alpha_y + \psi_b \beta_y = 0$$

ist.

(b) Diese Glen sind trivialerweise erfüllt, wenn $\psi_a = \psi_b = 0$ ist. Sind diese Glen identisch in x, y erfüllt, so erhält man eine singuläre IFläche als Hüllfläche zu der Gesamtheit der IFlächen. Für die Gewinnung dieser IFlächen ist allerdings das direkte Verfahren von 8·8 (b) im allgemeinen bequemer. Wichtiger ist der folgende Fall[1]):

(c) Sind $\Phi(a, b)$, $\alpha(x, y)$, $\beta(x, y)$ stetig differenzierbare Funktionen und ist

(20) $$\begin{cases} |\Phi_a| + |\Phi_b| > 0, \quad \Phi(\alpha(x, y), \beta(x, y)) = 0, \\ \psi_a(x, y; \alpha, \beta)\, \Phi_b(\alpha, \beta) - \psi_b(x, y; \alpha, \beta)\, \Phi_a(\alpha, \beta) = 0, \end{cases}$$

so ist

$$z = \psi(x, y; \alpha(x, y), \beta(x, y))$$

ebenfalls ein Integral von (1), und zwar die Hüllfläche zu den Flächen (17) mit $\Phi(a, b) = 0$. Ist Φ gegeben, so dienen die beiden Glen von (20) zur Berechnung von α, β, falls Lösungen dieser Glen existieren.

Beispiel: $$pq = z.$$

Nach 9·2 (c) ist

$$z = (x - a)(y - b)$$

ein vollständiges Integral. Wählt man

$$\Phi(a, b) = \lambda a + \mu b \quad \text{mit} \quad |\lambda| + |\mu| > 0,$$

so ist die erste der Bedingungen (20) erfüllt. Die beiden Glen von (20) lauten

$$\lambda \alpha + \mu \beta = 0, \quad \lambda(x - \alpha) - \mu(y - \beta) = 0$$

und ergeben

$$\alpha = \frac{\lambda x - \mu y}{2\lambda}, \quad \beta = -\frac{\lambda x - \mu y}{2\mu}.$$

---

[1]) Zu diesem Fall gelangt man auf folgende Weise: Ist $\alpha_x \beta_y - \alpha_y \beta_x \neq 0$, so folgt aus (19), daß $\psi_a = \psi_b = 0$ ist, also der vorhergehende Fall vorliegt. Ist dagegen $\alpha_x \beta_y - \alpha_y \beta_x = 0$, so sind die Funktionen $\alpha(x, y)$, $\beta(x, y)$ nach 2·7 (a) voneinander abhängig. Wird diese Abhängigkeit durch eine Funktion $\Phi(a, b)$ vermittelt, so kommt man gerade auf den Fall (c) mit den Voraussetzungen (20).

Damit erhält man für $\lambda\mu \neq 0$ das Integral

$$z = \frac{1}{4\lambda\mu}(\lambda x + \mu y)^2.$$

(d) Über das Vorkommen eines gegebenen Integrals unter den durch ein vollständiges Integral bestimmten Integralen.

Es sei $\chi(x, y)$ ein Integral der DGl (1). Dieses ist nach (a) unter den durch das vollständige Integral (17) bestimmten Integralen enthalten, wenn für geeignete, stetig differenzierbare Funktionen $\alpha(x, y)$, $\beta(x, y)$

(21) $$\psi(x, y; \alpha, \beta) = \chi, \quad \psi_x = \chi_x, \quad \psi_y = \chi_y$$

und

(22) $$\psi_a \alpha_x + \psi_b \beta_x = 0, \quad \psi_a \alpha_y + \psi_b \beta_y = 0$$

ist[1]).

Praktisch wird man so vorgehen, daß man α, β aus (21) berechnet und untersucht, ob für diese Funktionen α, β auch die Glen (22) erfüllt sind.

Wird das vorige Beispiel gewählt und

$$\psi(x, y; a, b) = (x - a)(y - b), \quad \chi(x, y) = \frac{(\lambda x + \mu y)^2}{4\lambda\mu}$$

gesetzt, so lauten die Glen (21)

$$(x - a)(y - b) = \frac{(\lambda x + \mu y)^2}{4\lambda\mu}, \quad y - b = \frac{\lambda x + \mu y}{2\mu}, \quad x - a = \frac{\lambda x + \mu y}{2\lambda}$$

und ergeben

$$a = \alpha(x, y) = \frac{\lambda x - \mu y}{2\lambda}, \quad b = \beta(x, y) = \frac{\mu y - \lambda x}{2\mu}.$$

Für diese Funktionen sind die Glen (22) ebenfalls erfüllt.

9·6. Integralfläche durch einen gegebenen Anfangsstreifen (Cauchys Problem)[2]). Für eine Umgebung der Stelle τ_0 sei ein IStreifen

(23) $$x = \omega_1(\tau), \quad y = \omega_2(\tau), \quad z = \omega_3(\tau), \quad p = \omega_4(\tau), \quad q = \omega_5(\tau)$$

gegeben; es ist also die Streifenbedingung

(24) $$\omega_3' = \omega_4\,\omega_1' + \omega_5\,\omega_2'$$

und

(25) $$F(\omega_1, \ldots, \omega_5) = 0$$

vorausgesetzt. Gesucht ist eine IFläche, die den Streifen (23) enthält[3]).

---

[1]) Vgl. Forsyth, Diff. Equations V, S. 172—178.

[2]) Vgl. auch Goursat, Équations du premier ordre, S. 150ff. G. Hoheisel, 100. Jahresbericht der Schlesischen Gesellschaft für Vaterländische Kultur, 1927, S. 10ff.

[3]) Ist statt eines Anfangsstreifens eine Anfangskurve für die IFläche gegeben, so hat man diese zu einem Anfangsstreifen (23) zu ergänzen, für den (24) und (25) erfüllt sind.

Ähnlich wie in 9·5 (a), jedoch unter Einschaltung einer Funktion $t(x, y)$, versucht man diese IFläche aus 9·5 (17) durch den Ansatz

$$a = \alpha(t), \quad b = \beta(t), \quad t = t(x, y)$$

mit stetig differenzierbaren Funktionen zu erhalten. Die Funktion $\psi(x, y)$, die sich aus (17) durch Eintragen dieser Funktionen ergibt, ist (vgl. 9·5) offenbar wieder ein Integral von (1), wenn

(26) $$\psi_a(x, y; \alpha, \beta)\,\alpha' + \psi_b(x, y; \alpha, \beta)\,\beta' = 0$$

für $\alpha(t)$, $\beta(t)$, $t = t(x, y)$ ist; sie enthält den Anfangsstreifen (23), wenn

(27) $$\begin{cases} \omega_3(\tau) = \psi(x, y; \alpha(\tau), \beta(\tau)), \\ \omega_4(\tau) = \psi_x(x, y; \alpha(\tau), \beta(\tau)), \\ \omega_5(\tau) = \psi_y(x, y; \alpha(\tau), \beta(\tau)) \end{cases}$$

für $x = \omega_1(\tau)$, $y = \omega_2(\tau)$ und

(28) $$t(\omega_1, \omega_2) = \tau$$

ist. Die Glen (27) dienen zur Bestimmung der Funktionen $\alpha(t)$, $\beta(t)$, die Glen (26) und (28) zur Bestimmung von $t(x, y)$.

Ist (27) für $\tau = \tau_0$, $x = \omega_1(\tau_0)$, $y = \omega_2(\tau_0)$ und irgend zwei Zahlen a_0, b_0 statt $\alpha(\tau)$, $\beta(\tau)$ erfüllt und ist außerdem

$$F_p(\omega_1(\tau_0), \ldots, \omega_5(\tau_0)) \neq 0, \quad \psi_a \neq 0, \quad \psi_b \neq 0, \quad \psi_a \psi_{yb} - \psi_b \psi_{ya} \neq 0$$

oder

$$F_q(\omega_1(\tau_0), \ldots, \omega_5(\tau_0)) \neq 0, \quad \psi_a \neq 0, \quad \psi_b \neq 0, \quad \psi_a \psi_{xb} - \psi_b \psi_{xa} \neq 0$$

mit $x = \omega_1(\tau_0)$, $y = \omega_2(\tau_0)$, $a = a_0$, $b = b_0$, so sind $\alpha(t)$, $\beta(t)$ durch (27) in einer Umgebung von τ_0 eindeutig als stetig differenzierbare Funktionen mit $\alpha(\tau_0) = a_0$, $\beta(\tau_0) = b_0$ bestimmt. Es ist nun noch $t(x, y)$ aus (26) zu bestimmen; es ist dann (28) von selbst erfüllt.

Beispiel 1: $$p\,q = z.$$

Nach 9·2 (c) ist $z = (x - a)(y - b)$ ein vollständiges Integral. Es wird eine IFläche gesucht, die den IStreifen

$$x = 0, \quad y = t, \quad z = t^2, \quad p = \frac{t}{2}, \quad q = 2\,t$$

enthält. Die Glen (24) und (25) sind erfüllt. Die Glen (27) lauten hier

$$t^2 = -\,a(t - b), \quad \frac{t}{2} = t - b, \quad 2\,t = -\,a$$

und liefern

$$\alpha(t) = -\,2\,t, \quad \beta(t) = \frac{t}{2}.$$

Die Gl (26) lautet nun

$$2\left(y - \frac{t}{2}\right) - \frac{1}{2}(x + 2\,t) = 0$$

und liefert

$$t = y - \frac{x}{4}.$$

Damit wird

$$\alpha = \frac{x}{2} - 2y, \quad \beta = \frac{y}{2} - \frac{x}{8}$$

und das gesuchte Integral

$$z = \left(y + \frac{x}{4}\right)^2.$$

Beispiel 2[1]: $\qquad p\,q = a\,x\,y.$

In der DGl lassen sich die Variablen trennen (s. 11·5). Ein vollständiges Integral ist

$$(*) \qquad z = A\,x^2 + \frac{a}{4A}\,y^2 + B.$$

Es wird die IFläche gesucht, welche die Anfangskurve

$$x = \xi, \quad y = \eta, \quad z = \omega(\eta) \quad \text{für} \quad -\infty < \eta < +\infty,$$

also (vgl. S. 81, Fußn. 3) den Anfangsstreifen

$$x = \xi, \quad y = \eta, \quad z = \omega(\eta), \quad p = \frac{a\,\xi\,\eta}{\omega'(\eta)}, \quad q = \omega'(\eta)$$

enthält, wobei $\omega'(\eta) \neq 0$ vorauszusetzen ist.

Die Glen (27) lauten hier, wenn A, B statt α, β beibehalten wird,

$$\omega(\eta) = A\,\xi^2 + \frac{a}{4A}\,\eta^2 + B, \quad \frac{a\,\xi\,\eta}{\omega'(\eta)} = 2\,A\,\xi, \quad \omega'(\eta) = \frac{a}{2A}\,\eta$$

und ergeben

$$(**) \qquad A = \frac{a\,\eta}{2\,\omega'(\eta)}, \quad B = \omega(\eta) - \frac{a\,\xi^2\,\eta}{2\,\omega'(\eta)} - \frac{\eta}{2}\,\omega'(\eta).$$

Die Gl (26) lautet somit

$$(\dagger) \qquad (\eta\,\omega'' - \omega')\,[a\,\eta^2(x^2 - \xi^2) - (y^2 - \eta^2)\,\omega'^2] = 0.$$

Ist $\eta\,\omega'' - \omega' \neq 0$, so ist daher η als Funktion von x, y aus

$$a\,\eta^2(x^2 - \xi^2) = (y^2 - \eta^2)\,\omega'^2$$

zu bestimmen und dann in (**) und (*) einzutragen; z. B. erhält man so für $\omega(\eta) = \eta$

$$z = y\,\sqrt{a(x^2 - \xi^2) + 1}.$$

Ist $\eta\,\omega'' - \omega' = 0$, so ist $\omega = \alpha\,\eta^2 + \beta$ mit irgendwelchen Konstanten α, β. Die Gl (†) kann nun nicht zur Bestimmung von $\eta = \eta(x, y)$ dienen. Man erhält jetzt aber aus (**)

$$A = \frac{a}{4\alpha}, \quad B = \beta - \frac{a}{4\alpha}\,\xi^2$$

und somit als gesuchtes Integral, wie die Probe bestätigt,

$$z = \frac{a}{4\alpha}\,(x^2 - \xi^2) + \alpha\,y^2 + \beta.$$

10. Existenzsätze und weitere Lösungsverfahren.

10·1. Überführung einer beliebigen Anfangswertaufgabe in eine „Normalaufgabe" [2]. CAUCHYS Anfangswertaufgabe besagt: Für die DGl

$$(1) \qquad F(x, y, z, p, q) = 0$$

[1]) GOURSAT, Équations du premier ordre, S. 153.

[2]) Vgl. GOURSAT, Équations du premier ordre, S. 20ff.

ist eine IFläche $z = \psi(x, y)$ gesucht, die einen gegebenen IStreifen

(2) $$x = \omega_1(s), \quad y = \omega_2(s), \quad z = \omega_3(s), \quad p = \omega_4(s), \quad q = \omega_5(s)$$

enthält, wo die $\omega_\nu(s)$ für $\alpha < s < \beta$ stetig differenzierbar sind. Über die Funktion F wird wieder die in 8·1 genannte Voraussetzung gemacht. Ferner sei

(3) $$F_p(\omega_1, \ldots, \omega_5)\, \omega_2' - F_q(\omega_1, \ldots, \omega_5)\, \omega_1' \neq 0,$$

d. h. wenn man die Trägerkurve des Streifens (2) und die Trägerkurve des charakteristischen Streifens 8·4 (6) auf die x, y-Ebene projiziert, so soll die erste Projektion keine der anderen Projektionen berühren. Für $s = s_0$ möge der Streifen (2) das IElement x_0, y_0, z_0, p_0, q_0 ergeben.

Aus (3) folgt insbesondere, daß der Streifen (2) nur reguläre Flächenelemente enthält und $|\omega_1'| + |\omega_2'| > 0$ ist. Ist etwa $\omega_2' \neq 0$ an der Stelle s_0 und somit auch in einer Umgebung dieser Stelle, so läßt sich die aus (1) und (2) bestehende Anfangswertaufgabe in eine „Normalaufgabe“[1]) der speziellen Gestalt

(4) $$p = f(x, y, z, q), \quad x = 0, \quad y = \eta, \quad z(0, y) = 0$$

überführen.

Man löst zu dem Zweck die Gl $\eta = \omega_2(s)$ nach s auf und wählt η als unabhängige Veränderliche. Dann erhalten die Glen (2) die Gestalt

(5) $$x = \varrho(\eta), \quad y = \eta, \quad z = \sigma(\eta), \quad p = \tau(\eta), \quad q = \omega(\eta).$$

Führt man nun bei der stetig differenzierbaren Funktion $z(x, y)$ die Transformation

$$Z(X, Y) = z(x, y) - \sigma(y), \quad X = x - \varrho(y), \quad Y = y$$

aus, so wird aus der DGl (1) für z die DGl

$$F(X + \varrho(Y), Y, Z + \sigma(Y), Z_X, Z_Y - Z_X\, \varrho'(Y) + \sigma'(Y)) = 0,$$

für Z, die man, wie sich aus der transformierten Bedingung (3) ergibt, nach Z_X auflösen kann und die somit die erste der Glen (4) mit großen statt kleinen Buchstaben liefert. Aus den drei ersten Glen (5) werden

[1]) Unter einer Normalaufgabe sei eine Anfangswertaufgabe verstanden, die aus einer expliziten DGl

$$p = f(x, y, z, q)$$

und einer Anfangsbedingung

$$x = \xi, \quad y = \eta, \quad z(\xi, \eta) = \omega(\eta)$$

bei festem ξ und variablem η oder

$$q = f(x, y, z, p)$$

und

$$x = \xi, \quad y = \eta, \quad z(\xi, \eta) = \omega(\xi)$$

bei festem η und variablem ξ besteht.

die letzten drei Glen (4), während die letzte Gl (5) in die aus der letzten Gl (4) folgende Gl $Z_{Y'}(0, Y) = 0$ übergeht und die vorletzte Gl (5) eine Folge der ersten Gl (4) wird.

Ist $\omega_1'(t_0) \neq 0$ statt $\omega_2'(t_0) \neq 0$, so kann man offenbar in entsprechender Weise vorgehen.

10·2. Allgemeiner Existenzsatz. Cauchys Charakteristikenverfahren[1]. Der Abschnitt 9 enthält zwar Methoden, durch die man in einer Reihe von Fällen bestimmt gegebene DGlen (1) lösen kann. Unter welchen allgemeinen Bedingungen ein Integral sicher existiert, darüber ist dort jedoch nichts gesagt. Die folgenden Existenzsätze beziehen sich auf CAUCHYS Anfangswertaufgabe:

Die linke Seite $F(x, y, z, p, q)$ der DGl (1) sei in einem Gebiet $\mathfrak{G}(x, y, z, p, q)$ zweimal stetig differenzierbar. Es sei

$$(6) \qquad x = x_0(s), \quad y = y_0(s), \quad z = z_0(s), \quad p = p_0(s), \quad q = q_0(s)$$

für $\alpha < s < \beta$ ein gegebener IStreifen der DGl (1)[2], für den

$$(7) \qquad F_p\, y_0'(s) - F_q\, x_0'(s) \neq 0$$

ist, wobei in F_p, F_q die Funktionen (6) einzutragen sind[3]. Gesucht ist eine IFläche, die den Streifen (6) enthält.

Diese Aufgabe ist unter den angegebenen Voraussetzungen „im kleinen" lösbar, und zwar ist das erhaltene Integral sogar zweimal stetig differenzierbar[4]. Man kann es auf folgendem Wege erhalten:

Da F zweimal stetig differenzierbar ist, sind die rechten Seiten der charakteristischen Glen 8·4 (6) stetig differenzierbar, ihre Lösungen sind also durch die Anfangswerte $x_0, \ldots, q_0$, die etwa für $t = 0$ angenommen werden mögen, eindeutig bestimmt. Diese Lösungen seien

$$x = x(t, x_0, \ldots, q_0), \quad \ldots, \quad q = q(t, x_0, \ldots, q_0).$$

Als Anfangswerte werden die durch den IStreifen (6) gegebenen gewählt, d. h. es werden die Funktionen

$$X(s, t) = x\big(t, x_0(s), \ldots, q_0(s)\big), \quad \ldots, \quad Q(s, t) = q\big(t, x_0(s), \ldots, q_0(s)\big)$$

---

[1]) Vgl. BIEBERBACH, DGlen, 3. Aufl., S. 295—299. COURANT-HILBERT, Methoden math. Physik II, S. 66—68.

[2]) Man kann auch von einer stetig differenzierbaren Raumkurve $x = x_0(s)$, $y = y_0(s)$, $z = z_0(s)$ ausgehen und — wofern das möglich ist — durch stetig differenzierbare Funktionen $p_0(s)$, $q_0(s)$ so ergänzen, daß die Funktionen (6) die Streifenbedingung und die Gl (1) erfüllen.

[3]) Für die geometrische Bedeutung der UnGl (7) s. 10·1. Aus (7) folgt, daß der Anfangsstreifen (6) nur reguläre Flächenelemente enthält.

[4]) Ob es nur *ein* Integral gibt, hängt von der Gestalt des Gebiets ab.

gebildet. Man kann zeigen, daß diese Funktionen in ihrem Existenzbereich lauter IElemente der DGl (1) liefern. Wegen der Voraussetzung (7) lassen sich die Glen

$$x = X(s, t), \quad y = Y(s, t)$$

sicher in jedem Teilintervall $\alpha < \alpha_0 \leq s \leq \beta_0 < \beta$ für alle hinreichend kleinen t eindeutig nach s, t auflösen: $s = s(x, y)$, $t = t(x, y)$. Durch Eintragen dieser Lösungen in $z = Z(s, t)$ erhält man das gesuchte Integral der DGl (1).

Beispiel: $$p q = 1.$$

Für diese DGl, die vom Typus 11·2 ist, sei der IStreifen

$$x = s, \quad y = s^3, \quad z = 2 s^2, \quad p = s, \quad q = \frac{1}{s} \qquad (s > 0)$$

gegeben. Die charakteristischen Glen sind

$$x'(t) = q, \quad y'(t) = p, \quad z'(t) = 2 p q, \quad p'(t) = 0, \quad q'(t) = 0.$$

Die Charakteristik mit den Anfangswerten $x_0, \ldots, q_0$ für $t = 0$ ist somit

$$x = x_0 + q_0 t, \quad y = y_0 + p_0 t, \quad z = 2 p_0 q_0 t + z_0, \quad p = p_0, \quad q = q_0.$$

Durch Eintragen des Anfangsstreifens erhält man

$$x = \frac{t}{s} + s, \quad y = s t + s^3, \quad z = 2 t + 2 s^2, \quad p = s, \quad q = \frac{1}{s},$$

also $z = 2\frac{y}{s}$. Da aus den beiden ersten Glen $y = x s^2$ folgt, ist das gesuchte Integral

$$z = 2\sqrt{x y} \quad \text{für } x > 0, \quad y > 0.$$

10·3. Der Sonderfall $p = f(x, y, z, q)$; Cauchys Charakteristikenverfahren. Ist die explizite DGl

(8) $$p = f(x, y, z, q)$$

gegeben und wird für diese eine Fläche gesucht, die durch eine gegebene Normalkurve geht, d. h. durch eine Kurve, die parallel zur y, z-Ebene verläuft, so läßt sich für den Existenzbereich des Integrals unter geeigneten Voraussetzungen eine Abschätzung geben.

(a) In dem Gebiet

(9) $$|x - \xi| < a, \qquad y, z, q \text{ beliebig}$$

möge $f(x, y, z, q)$ zweimal stetig differenzierbar sein, ferner mögen diese Ableitungen dem absoluten Betrage nach kleiner als eine Zahl A sein, die > 1 angenommen wird. — Die Funktion $\omega(\eta)$ sei für alle η definiert, zweimal stetig differenzierbar und erfülle eine UnGl.

$$|\omega'(\eta)| + |\omega''(\eta)| \leq B.$$

Dann hat die DGl (8) genau eine IFläche $z = \psi(x, y)$, welche die Kurve

$$x = \xi, \quad y = \eta, \quad z = \omega(\eta) \qquad (-\infty < \eta < +\infty)$$

enthält, mindestens in dem Gebiet

$$|x-\xi| < \text{Min}\left(a, \frac{1}{3A(B+1)}\right), \qquad -\infty < y < +\infty$$

existiert und dort sogar zweimal stetig differenzierbar ist.

Man erhält die IFläche, indem man für die charakteristischen Glen

$$(10) \qquad y'(x) = -f_q, \quad z'(x) = f - q f_q, \quad q'(x) = f_y + q f_z$$

die IKurven

$$(11) \qquad y = Y(x,\eta), \quad z = Z(x,\eta), \quad q = Q(x,\eta)$$

bestimmt, die durch die Anfangspunkte

$$x = \xi, \quad y = \eta, \quad z = \omega(\eta), \quad q = \omega'(\eta)$$

gehen, und die erste der Glen (11) nach η auflöst. Ist $\eta = \chi(x, y)$ die Lösung, so ist $z = Z(x, \chi(x, y))$ das gesuchte Integral, die beiden ersten Glen (11) geben dieses Integral also in einer Parameterdarstellung[1]).

(b) Ist die Funktion f nicht in einem Gebiet (9), sondern in irgendeinem endlichen Gebiet gegeben, so kann man zu einem Existenzsatz gelangen, wenn man den Definitionsbereich von f auf einen Bereich der Gestalt (9) so erweitern kann, daß dort wiederum die Voraussetzungen des Satzes (a) erfüllt sind[2]).

(c) Auch wenn die ziemlich einschneidenden Beschränktheitsvoraussetzungen für die Ableitungen von f und ω nicht erfüllt sind, erhält man auf Grund der Methode von (a) in vielen Fällen das Integral in einem ausgedehnten Gebiet.

Beispiel 1: $p = q^2, \quad \omega(\eta) = \eta^2.$

Aus den charakteristischen Glen

$$y' = -2q, \quad z' = -q^2, \quad q' = 0$$

folgt

$$q = 2\eta, \quad z = \eta^2 - 4(x-\xi)\eta^2, \quad y = \eta - 4(x-\xi)\eta.$$

---

1) Kamke, DGlen, S. 352—358; dort ist noch $|f| < A$ vorausgesetzt; das ist aber unnötig, da sich f nach dem Mittelwertsatz mittels der Ableitungen ausreichend abschätzen läßt.

Für eine andere Festlegung des Existenzbereichs des Integrals s. T. Ważewski, Annales Soc. Polon. Math. 13 (1934) 1—9; 14 (1935) 149—177. Zur Diskussion der Differenzierbarkeitsvoraussetzungen für f und ω s. Ważewski, a. a. O. 13 (1934) 10—12; Math. Zeitschrift 43 (1938) 521—532.

Zur Frage der eindeutigen Bestimmtheit des Integrals vgl. A. Haar, Acta Szeged 4 (1928) 103—114.

Für historische Bemerkungen s. Serret-Scheffers, Differential- und Integralrechnung III, S. 719f.

2) Vgl. hierzu die Hilfssätze von 3·6 (c) sowie Kamke, DGlen, S. 359—362. T. Ważewski, Annales Soc. Polon. Math. 14 (1935) 149—177.

also aus der letzten Gl

$$\eta = \frac{y}{1 - 4(x - \xi)} \quad \text{für} \quad x - \xi < \frac{1}{4}$$

und somit

$$z = \psi(x, y) = \frac{y^2}{1 - 4(x - \xi)}.$$

Beispiel 2: $p = \log q$ mit $q > 0$, $\omega(\eta) = \eta^2$ mit $\eta > 0$.
Aus den charakteristischen Glen

$$y' = -\frac{1}{q}, \quad z' = \log q - 1, \quad q' = 0$$

folgt

$$q = 2\eta, \quad z = (\log 2\eta - 1)(x - \xi) + \eta^2, \quad y = \frac{\xi - x}{2\eta} + \eta.$$

Aus der letzten Gl folgt

$$\eta = \frac{y}{2} + \sqrt{\frac{y^2}{4} + \frac{x - \xi}{2}} \quad \text{für} \quad x - \xi < \frac{y^2}{2}$$

(die Quadratwurzel ist positiv zu nehmen, damit $y = \eta$ für $x = \xi$ wird). Daher erhält man für $x - \xi < \frac{y^2}{2}$ das Integral in der Parameterdarstellung

$$z = (\log 2\eta - 1)(x - \xi) + \eta^2, \quad y = \frac{\xi - x}{2\eta} + \eta.$$

10·4. Ansetzen einer Potenzreihe im Fall analytischer Funktionen[1]. Es handelt sich wieder um die Anfangswertaufgabe für die explizite DGl (8). Die vorkommenden Funktionen und Veränderlichen können jetzt komplex sein.

In einer Umgebung der Stelle x_0, y_0, z_0, q_0 sei $f(x, y, z, q)$ eine reguläre Funktion der komplexen Variablen x, y, z, q, d. h. in eine absolut konvergente Potenzreihe

$$f(x, y, z, q) = \sum_{\varkappa, \lambda, \mu, \nu} a_{\varkappa, \lambda, \mu, \nu} (x - x_0)^\varkappa (y - y_0)^\lambda (z - z_0)^\mu (q - q_0)^\nu$$

entwickelbar. Ferner sei $\omega(y)$ in einer Umgebung von y_0 eine reguläre Funktion der komplexen Variablen y und

$$\omega(y_0) = z_0, \quad \omega'(y_0) = q_0.$$

Dann hat die DGl (8) in einer hinreichend kleinen Umgebung der Stelle x_0, y_0 genau eine Lösung $z = \psi(x, y)$, die in dieser Umgebung regulär, d. h. durch eine absolut konvergente Potenzreihe

$$\psi(x, y) = \sum_{\mu, \nu} c_{\mu, \nu} (x - x_0)^\mu (y - y_0)^\nu$$

---

[1]) Vgl. HORN, Partielle DGlen, 2. Aufl., S. 161—166. GOURSAT, Équations du premier ordre, S. 2—6. O. PERRON, Math. Zeitschrift 5 (1919) 154—160; dort auch einige historische Bemerkungen.

darstellbar ist, und die für $x = x_0$ die Werte

$$\psi(x_0, y) = \omega(y) \tag{12}$$

annimmt[1]).

Die Koeffizienten $c_{\mu,\nu}$ der gesuchten Funktion z sind

$$c_{\mu,\nu} = \frac{1}{\mu!\,\nu!}\left(\frac{\partial^{\mu+\nu} z}{\partial x^\mu\,\partial y^\nu}\right)_0,$$

wo der Index 0 bedeutet, daß $x = x_0$, $y = y_0$ einzutragen ist. Die $c_{\mu,\nu}$ sind also bekannt, wenn diese Werte der Ableitungen berechnet sind. Aus (12) folgt

$$\left(\frac{\partial^\nu z}{\partial y^\nu}\right)_0 = \omega^{(\nu)}(y_0).$$

Aus der DGl (8) folgt

$$\left(\frac{\partial z}{\partial x}\right)_0 = f(x_0, y_0, z_0, q_0)$$

und weiter durch ν-malige Differentiation nach y

$$\left(\frac{\partial^{1+\nu} z}{\partial x\,\partial y^\nu}\right)_0 = \left(\frac{\partial^\nu}{\partial y^\nu} f\left(x, y, z(x, y), \frac{\partial z(x, y)}{\partial y}\right)\right)_0.$$

Weiter differenziert man (8) nach x und sodann ν-mal nach y; auf diese Weise erhält man

$$\left(\frac{\partial^{2+\nu} z}{\partial x^2\,\partial y^\nu}\right)_0.$$

Indem man in dieser Weise fortfährt, erhält man alle Ableitungen von z an der Stelle x_0, y_0.

10·5. Allgemeinere Reihenentwicklungen[2]). Die Veränderlichen sind jetzt wieder reell. Es sei eine explizite DGl (8) in der Gestalt

$$p = \sum_{\mu=0}^{\infty}\sum_{\nu=0}^{\infty} f_{\mu,\nu}(x, y)\, z^\mu q^\nu \tag{13}$$

gegeben; gesucht ist ein Integral, das für $x = 0$ gleich der gegebenen Funktion $\omega(y)$ ist.

Formal verläuft der Lösungsprozeß so: Man geht mit dem Ansatz

$$z = \sum_{\varrho=1}^{\infty} \varphi_\varrho(x, y) \tag{14}$$

in die Gl (13) hinein. Dabei sei

$$\varphi_1(0, y) = \omega(y), \quad \text{und für } \varrho \geq 2\colon\ \varphi_\varrho(0, y) = 0; \tag{15}$$

---

1) Zur Diskussion der analytischen Fortsetzung des Integrals s. GOURSAT, Équations du premier ordre, S. 11ff.

2) O. PERRON, Sitzungsberichte Heidelberg, 1920, Abhdlg. 9. Vgl. auch I A 2·4.

dann erfüllt z sicher die Anfangsbedingung. Durch Eintragen von (14) in (13) und Ausmultiplizieren der Potenzen erhält man

$$\text{(16)} \qquad \sum_{\varrho=1}^{\infty} \frac{\partial \varphi_\varrho}{\partial x} = \sum \frac{\mu!}{\mu_1! \cdots \mu_r!} \frac{\nu!}{\nu_1! \cdots \nu_s!} f_{\mu,\nu} \varphi_1^{\mu_1} \cdots \varphi_r^{\mu_r} \left(\frac{\partial \varphi_1}{\partial y}\right)^{\nu_1} \cdots \left(\frac{\partial \varphi_s}{\partial y}\right)^{\nu_s};$$

dabei ist über alle ganzen Zahlen $\mu \geq 0$, $\nu \geq 0$ und

$$\mu_1 + \cdots + \mu_r = \mu, \quad \nu_1 + \cdots + \nu_s = \nu$$

zu summieren. Die rechte Seite bringt man durch Umordnen in die Gestalt einer einfach unendlichen Reihe, so daß die obige Gl

$$\text{(17)} \qquad \sum_{\varrho=1}^{\infty} \frac{\partial \varphi_\varrho}{\partial x} = \sum_{\varrho=1}^{\infty} \omega_\varrho(x, y)$$

lautet; dabei soll in jedem ω_ϱ eine endliche oder unendliche Anzahl von Gliedern der rechten Seite von (16) zusammengefaßt sein, und zwar so, daß ω_1 kein φ_ϱ enthält (also $\omega_1 = 0$ oder f_{00} ist) und im übrigen jedes ω_ϱ höchstens $\varphi_1, \ldots, \varphi_{\varrho-1}$ enthält.

Die Gl (17) und damit auch (13) ist nun formal erfüllt, wenn die φ_ϱ so gewählt werden, daß

$$\frac{\partial \varphi_\varrho}{\partial x} = \omega_\varrho \qquad (\varrho = 1, 2, \ldots)$$

ist. Das ist aber möglich, und zwar ergibt sich wegen (15)

$$\varphi_1 = \omega(y) \quad \text{oder} \quad \varphi_1 = \int_0^x f_{00}(x, y)\, dx + \omega(y).$$

Nun kann ω_2 berechnet werden, da es höchstens von φ_1 abhängt und dieses soeben berechnet ist; damit erhält man

$$\varphi_2 = \int_0^x \omega_2\, dx.$$

Weiter kann jetzt ω_3 berechnet werden, da es höchstens von den jetzt schon bekannten φ_1, φ_2 abhängt; man erhält

$$\varphi_3 = \int_0^x \omega_3\, dx.$$

In dieser Weise kann man fortfahren und erhält somit schließlich die formale Lösung (14).

Dieses Verfahren führt auch wirklich zu der gewünschten Lösung, d. h. die mit den Funktionen φ_ϱ gebildete Reihe (14) konvergiert in einem Bereich

$$\text{(18)} \qquad 0 \leq x \leq a, \quad 0 \leq y \leq b$$

gleichmäßig[1]) und ist dort das gesuchte Integral, wenn folgende Bedingungen erfüllt sind:

(α) $f_{\mu,\nu}(x, y)$, $F_{\mu,\nu}(x, y)$ sind in (18) stetig, haben dort stetige partielle Ableitungen jeder Ordnung nach y, und für diese gilt

$$\left|\frac{\partial^n f_{\mu,\nu}}{\partial y^n}\right| \leq \frac{\partial^n F_{\mu,\nu}}{\partial y^n} \qquad (n = 0, 1, 2, \ldots),$$

und die rechts stehenden Ableitungen wachsen bei festem y monoton mit x (Konstanz zugelassen);

(β) $\omega(y)$, $\Omega(y)$ sind in $0 \leq y \leq b$ beliebig oft stetig differenzierbar und erfüllen die UnGlen

$$|\omega^{(n)}(y)| \leq \Omega^{(n)}(y) \qquad (n = 0, 1, 2, \ldots);$$

(γ) die DGl

$$\frac{\partial Z}{\partial x} = \sum_{\mu=0}^{\infty} \sum_{\nu=0}^{\infty} F_{\mu,\nu}(x, y)\, Z^{\mu} \left(\frac{\partial Z}{\partial y}\right)^{\nu}$$

hat im Bereich (18) ein Integral $Z(x, y)$ mit stetigen partiellen Ableitungen

$$\frac{\partial^n Z}{\partial y^n}, \quad \frac{\partial^n}{\partial y^n}\frac{\partial Z}{\partial x} \qquad (n = 0, 1, 2, \ldots),$$

und es ist

$$Z(0, y) = \Omega(y), \quad \frac{\partial^n Z}{\partial y^n} \geq 0, \quad \frac{\partial^n}{\partial y^n}\frac{\partial Z}{\partial x} \geq 0 \qquad (n = 0, 1, 2, \ldots).$$

Durch Spezialisierung ergibt sich hieraus für

$$\text{(A)} \qquad F_{\mu,\nu}(x, y) = \binom{\mu+\nu}{\nu} \frac{A\, b^{\nu}}{c^{\mu+\nu}\left(1 - \frac{y}{b}\right)^{\mu+1}}:$$

Wenn die $f_{\mu,\nu}(x, y)$ in dem Bereich (18) stetig sind und stetige partielle Ableitungen jeder Ordnung nach y haben, wenn außerdem für ein $c > 0$ und ein $A > 0$

$$\left|\frac{\partial^n f_{\mu,\nu}}{\partial y^n}\right| \leq \binom{\mu+\nu}{\nu}\binom{\mu+n}{n} \frac{A\, n!\, b^{\nu-n}}{c^{\mu+\nu}\left(1 - \frac{y}{b}\right)^{\mu+n+1}}$$

ist, so liefert das vorher geschilderte Verfahren mit $\omega(y) = 0$ in der Reihe (14) ein für $x = 0$ verschwindendes Integral, das im Bereich

$$0 \leq x < \alpha(y), \quad 0 \leq y < b$$

[1]) Es bestehen auch die Glen

$$\frac{\partial^n z}{\partial y^n} = \sum_{\varrho} \frac{\partial^n \varphi_{\varrho}}{\partial y^n}, \quad \frac{\partial^{n+1} z}{\partial y^n \partial x} = \sum_{\varrho} \frac{\partial^{n+1} \varphi_{\varrho}}{\partial y^n \partial x}$$

mit gleichmäßig konvergenten rechten Seiten.

mit

$$\alpha(y) = \text{Min}\left\{a, \frac{c}{8A}\left(1 - \frac{y}{b}\right)^2\right\}$$

existiert.

(B) Die obigen Voraussetzungen sind insbesondere erfüllt, wenn für die $f_{\mu,\nu}$ Entwicklungen

$$f_{\mu,\nu}(x, y) = \sum_{k=0}^{\infty} f_{\mu,\nu}^{(k)}(x)\, y^k$$

mit

$$|f_{\mu,\nu}^{(k)}| \leq \binom{\mu+\nu}{\nu}\binom{\mu+k}{k}\frac{A\, b^{\nu-k}}{c^{\mu+\nu}}$$

bestehen.

(C) Für den Fall, daß $\omega(y) \neq 0$ ist, sei verwiesen auf PERRON, a. a. O., S. 22—27. Dort findet man S. 21f. auch Restabschätzungen für die Reihe (14).

Beispiel: $$p = q^2$$ mit der Anfangsbedingung $z(0, y) = e^y$.

Macht man hier noch spezieller den Ansatz

$$z = \sum_{\nu=0}^{\infty} \omega_\nu(y)\, x^\nu \quad \text{mit } \omega_0 = e^y,$$

so findet man

$$z = \sum_{\nu=0}^{\infty} c_\nu\, x^\nu\, e^{(\nu+1)y} \tag{19}$$

mit $c_0 = c_1 = 1,\ c_2 = 2,\ c_3 = \frac{16}{3},\ c_4 = \frac{50}{3}, \ldots$. Allgemein ist

$$(\nu+1)\, c_{\nu+1} = \sum_{r+s=\nu} (r+1)(s+1)\, c_r\, c_s,$$

und[1]) die Reihe (19) konvergiert mindestens für $|x e^y| < \frac{1}{8}$.

10·6. Ungleichungen und Abschätzungen. Hierzu s. 12·11.

10·7. Übersicht über die Lösungsmethoden.

(A) Sind für die Integrale keine bestimmten Eigenschaften vorgeschrieben, so kann man das Verfahren von LAGRANGE anwenden. Man sucht ein nicht-triviales Vorintegral (s. 9·1) zu erhalten und verfährt weiter nach 9·3 oder, falls man sogar zwei solche Vorintegrale erhält, nach 9·2. Man kann auf diese Weise sogar ein vollständiges Integral und aus diesem nach 9·5 noch weitere Integrale erhalten. In Sonderfällen kann man auch die in Nr. 11 beschriebenen Lösungsmethoden benutzen. Ein Beispiel, das nach verschiedenen Methoden behandelt ist, findet man in E 6·36.

[1]) Briefliche Mitteilung von O. PERRON.

(B) Ist eine Fläche gesucht, die durch eine gegebene Anfangskurve oder einen gegebenen Anfangsstreifen geht, so hat man folgende Möglichkeiten:

(a) Ist ein vollständiges Integral bekannt, so kann man nach 9·6 verfahren.

(b) Außerdem hat man die Verfahren von 10·2ff. Gegebenenfalls wird man sich dabei auf eine genäherte Lösung der charakteristischen Glen beschränken müssen, um nach 10·2 oder 10·3 die gesuchte IFläche genähert zu erhalten.

(C) Ist eine implizite DGl gegeben, so können singuläre Integrale auftreten. Diese können nach 8·8 (b) gefunden werden.

11. Lösungsverfahren für einige Sonderfälle.

11·1. $F(x, y, z, p) = 0$ oder $F(x, y, z, q) = 0$. Die erste Gl kann als gewöhnliche DGl mit der unabhängigen Veränderlichen x und dem Parameter y behandelt werden. An Stelle einer Integrationskonstanten tritt dann eine willkürliche, stetig differenzierbare Funktion von y auf. Entsprechendes gilt für die zweite Gl.

11·2. $F(p, q) = 0$. Für jedes Zahlenpaar a, b, das die Gl $F(a, b) = 0$ erfüllt, ist die Ebene

$$z = a\,x + b\,y + c$$

bei beliebigem c ein Integral. Ist F in der Umgebung einer Stelle $p = a_0$, $q = b_0$ zweimal stetig differenzierbar und ist außerdem $|F_p| + |F_q| > 0$, so bilden jene Ebenen für alle hinreichend nahe an a_0, b_0 gelegenen a, b ein vollständiges Integral der DGl.

Nach den charakteristischen Glen

$$x'(t) = F_p, \quad y'(t) = F_q, \quad z'(t) = p\,F_p + q\,F_q, \quad p'(t) = 0, \quad q'(t) = 0$$

ist die für $t = 0$ durch das Flächenelement x_0, y_0, z_0, a, b gehende Charakteristik

$$\begin{cases} p = a, \quad q = b, \\ x - x_0 = F_p(a, b)\,t, \quad y - y_0 = F_q(a, b)\,t, \quad z - z_0 = (a\,F_p + b\,F_q)\,t. \end{cases}$$

Ist $|F_p(a, b)| + |F_q(a, b)| > 0$, so ist also die Charakteristik eine gerade Linie, die der Ebene

$$z - z_0 = a(x - x_0) + b(y - y_0)$$

angehört; allen Punkten dieser Charakteristik ist dasselbe Richtungselement zugeordnet; die derselben Ebene $z = a\,x + b\,y + c$ angehörenden Charakteristiken mit übereinstimmenden Richtungselementen a, b sind untereinander parallel. Reguläre IFlächen sind somit sicher alle stetig differenzierbaren Flächen $z = \psi(x, y)$, die aus Charakteristiken der obigen Art mit $F(a, b) = 0$ aufgebaut sind; diese IFlächen sind abwickelbare Flächen (Torsen). Beschränkt man sich auf IFlächen, die sogar zweimal stetig differenzierbar sind, so gibt es nach 8·7 (b) auch keine anderen regulären IFlächen.

Ob es singuläre IFlächen oder IFlächen gibt, die einzelne singuläre Flächenelemente enthalten, ist im Einzelfalle noch zu untersuchen.

11·3. $F(z, p, q) = 0$ [1]. Für beliebige a, b mit $|a| + |b| > 0$ macht man den Ansatz

$$z = \zeta(\xi) \quad \text{mit} \quad \xi = a\,x + b\,y.$$

Dann wird $p = a\,\zeta'(\xi)$, $q = b\,\zeta'(\xi)$ und somit aus der DGl die gewöhnliche DGl

$$F(\zeta, a\,\zeta', b\,\zeta') = 0.$$

Diese sei nach ζ' auflösbar: $\zeta' = f(\zeta)$. Dann wird für $f \neq 0$

$$\int \frac{d\zeta}{f(\zeta)} = \xi + c = a\,x + b\,y + c.$$

Zu demselben vollständigen Integral gelangt man auch nach 9·3.

Die erhaltenen Lösungen sind Zylinderflächen, deren Erzeugende parallel zur x, y-Ebene sind. Denn die Lösung z ist eine Funktion von $a\,x + b\,y$ allein. Wird

$$\xi = a\,x + b\,y, \quad \eta = b\,x - a\,y$$

gesetzt, so geht das ξ, η-System aus dem x, y-System durch Drehung um den Winkel $\operatorname{arc\,tg} \frac{b}{a}$ und Streckung im Verhältnis $\sqrt{a^2 + b^2} : 1$ hervor. Die Funktion $z = \zeta(\xi)$ ist also eine Zylinderfläche, deren Erzeugende parallel zur η-Achse ist.

Beispiel: $$9(p^2 z + q^2) = 4.$$

Mit der obigen Substitution erhält man

$$3\,\zeta' \sqrt{a^2 \zeta + b^2} = \pm 2,$$

also

$$(a^2 \zeta + b^2)^{\frac{3}{2}} = \pm a^2(\xi + c) \quad \text{für} \quad a \neq 0, \quad \zeta = \pm \frac{2\,\xi}{3\,b} + c \quad \text{für} \quad a = 0,$$

also

$$(a^2 z + b^2)^3 = a^4 (a\,x + b\,y + c)^2 \quad \text{bzw.} \quad z = \pm \frac{2}{3}\,y + c.$$

---

[1]) Vgl. FORSYTH-JACOBSTHAL, DGlen, S. 382—384.

11·4. $p = f(x, q)$ oder $q = g(y, p)$ [1]. Setzt man bei der ersten Gl $q = a$, so erhält man das vollständige Integral

$$z = \int f(x, a)\, dx + a\, y + b.$$

Für die zweite Gl findet man entsprechend

$$z = \int g(y, a)\, dy + a\, x + b.$$

Diese vollständigen Integrale sind Zylinder, deren Erzeugende parallel zur y, z-Ebene bzw. zur x, z-Ebene sind.

11·5. $f(x, p) = g(y, q)$ und $F[f(x, p\, \varphi(z)),\ g(y, q\, \varphi(z))] = 0$; Differentialgleichungen mit getrennten Variablen. Bei der ersten DGl setze man für eine beliebige Konstante a

$$f(x, p) = a, \quad g(y, q) = a$$

und löse dieses DGlsSystem. Nur eine andere Form dieser Methode ist der Ansatz $z = u(x) + v(y)$. Man erhält dann für u, v die gewöhnlichen DGlen

$$f(x, u') = a, \quad g(y, v') = a.$$

Im allgemeinen erhält man durch diesen Ansatz ein vollständiges Integral. Die Methode 9·3 führt zu demselben Ergebnis.

Für die Lösung der zweiten, allgemeineren DGl s. 13·3.

11·6. $f(x, p) + g(y, q) = z$. Mit dem Ansatz $z = u(x) + v(y)$ erhält man

$$f(x, u'(x)) - u(x) = v(y) - g(y, v'(y)).$$

Löst man mit beliebigem a die gewöhnlichen DGlen

$$f(x, u') - u = a, \quad v - g(y, v') = a,$$

so erhält man für die gegebene DGl im allgemeinen vollständige Integrale.

11·7. $p = f\left(\frac{y}{x}, q\right)$; $F\left(\frac{y}{x}, p, q, x\, p + y\, q - z\right) = 0$ [2]. Die erste DGl ist ein Sonderfall der zweiten. Aus den charakteristischen Glen der DGl folgt

$$x\, p'(t) + y\, q'(t) = 0,$$

also auch

$$\frac{d}{dt}(z - x\, p - y\, q) = 0,$$

d. h. $z - x\, p - y\, q$ ist ein Vorintegral. Man bekommt also nach 9·3 Integrale der gegebenen DGl, indem man die beiden Glen

$$x\, p + y\, q = z + a, \quad F\left(\frac{y}{x}, p, q, a\right) = 0$$

nach p, q auflöst und aus den beiden so entstehenden Glen z berechnet.

---

[1] Vgl. Goursat, Équations du premier ordre, S. 141.

[2] Julia, Exercices d'analyse IV, S. 174—178.

11·8. $F(xp + yq, z, p, q) = 0$ [1]. Aus den charakteristischen Glen der DGl folgt, daß q/p ein Vorintegral ist. Man bekommt also nach 9·3 ein vollständiges Integral der gegebenen DGl durch Lösung des DGls-Systems

$$F(p(x + a y), z, p, a p) = 0, \quad q = a p.$$

11·9. $p^2 + q^2 = f(x^2 + y^2, yp - xq)$ [2]. Aus den charakteristischen Glen ergibt sich, daß $yp - xq$ ein Vorintegral ist. Nach 9·3 hat man, indem man $yp - xq = a$ setzt, z aus

$$p = \frac{a y}{r} + \frac{x R}{r}, \quad q = -\frac{a x}{r} + \frac{y R}{r}$$

mit

$$r = x^2 + y^2, \quad R^2 = r f(r, a) - a^2$$

zu bestimmen. Hieraus erhält man das vollständige Integral

$$z = -a \operatorname{arc\,tg} \frac{y}{x} + \int \frac{R}{2r}\, dr + b.$$

Man kann die DGl auch auf Polarkoordinaten ϱ, ϑ transformieren, indem man

$$z(x, y) = \zeta(\varrho, \vartheta), \quad x = \varrho \cos\vartheta, \quad y = \varrho \sin\vartheta$$

setzt. Man erhält dann die DGl

$$\zeta_\varrho^2 + \frac{1}{\varrho^2}\zeta_\vartheta^2 = f(\varrho^2, -\zeta_\vartheta),$$

die von dem Typus 11·4 ist. Mit $\zeta_\vartheta = -a$ erhält man hieraus

$$\zeta = -a\vartheta \pm \int \frac{1}{\varrho}\sqrt{\varrho^2 f(\varrho^2, a) - a^2}\, d\varrho + b.$$

11·10. Gleichgradige Differentialgleichungen. Hierunter seien folgende Fälle zusammengefaßt:

(a) $$\sum_{\nu=1}^{n} [f(x)\, p]^{\alpha_\nu} [g(y)\, q]^{\beta_\nu} h_\nu(z) = 0$$

oder allgemeiner

$$\Phi[f(x)\, p, g(y)\, q, z] = 0.$$

Für

$$z(x, y) = \zeta(\xi, \eta), \quad \xi = \int \frac{dx}{f(x)}, \quad \eta = \int \frac{dy}{g(y)}$$

wird aus der DGl der Typus 11·3

$$\sum_{\nu=1}^{n} \zeta_\xi^{\alpha_\nu} \zeta_\eta^{\beta_\nu} h_\nu(\zeta) = 0 \quad \text{bzw.} \quad \Phi(\zeta_\xi, \zeta_\eta, \zeta) = 0.$$

---

[1] Julia, Exercices d'analyse IV, S. 169—171.

[2] Goursat, Équations du premier ordre, S. 148f.

Beispiel: $$\left(\frac{p}{\cos^2 x}\right)^a + \left(\frac{q}{\sin^2 y}\right)^b z^c = z^{\frac{ac}{a-b}}.$$

Für $z(x, y) = \zeta(\xi, \eta)$, $\xi = \frac{x}{2} + \frac{1}{4}\sin 2x$, $\eta = \frac{y}{2} - \frac{1}{4}\sin 2y$ erhält man

$$(1)\qquad \zeta_\xi^a + \zeta_\eta^b \zeta^c = \zeta^{\frac{ac}{a-b}}.$$

(b) [1] $\sum_{\nu=1}^{n} a_\nu p^{\alpha_\nu} q^{\beta_\nu} z^{\gamma_\nu} = 0$ mit $(\alpha_\nu + \beta_\nu + \gamma_\nu)\lambda - (\alpha_\nu + \beta_\nu) = \delta$

für geeignet gewählte feste Zahlen λ, δ. Für $z = u^\lambda$ geht die DGl bei konstanten a_ν in den Typus 11·2

$$\sum_{\nu=1}^{n} a_\nu \lambda^{\alpha_\nu+\beta_\nu} u_x^{\alpha_\nu} u_y^{\beta_\nu} = 0$$

über. Sind die a_ν Funktionen von x, y, so ist wenigstens z herausgefallen, und man hat den Typus 11·13.

Beispiel: Die Voraussetzungen sind bei der obigen DGl (1) erfüllt. Für $\lambda = \frac{a-b}{a-b-c}$, $\delta = \frac{ac}{a-b-c}$ und $\zeta = u^\lambda$ wird aus der DGl

$$\lambda^a u_\xi^a + \lambda^b u_\xi^b = 1.$$

(c) [1] Ist $\alpha_\nu + \beta_\nu + \gamma_\nu = \delta$ in der DGl (b) eine feste Zahl, so wird aus der DGl für $z = e^u$ der Typus 11·2

$$\sum a_\nu u_x^{\alpha_\nu} u_y^{\beta_\nu} = 0.$$

11·11. $f(p, q) = xp + yq$, wo f homogen in p, q ist [2]. Es sei $f(p, q)$ eine homogene Funktion n-ten Grades. Die beiden letzten charakteristischen Glen 8·4 (6) der DGl lauten $p' = p$, $q' = q$. Aus ihnen folgt, daß q/p ein Vorintegral ist. Für $q = ap$ wird aus der DGl

$$f(p, ap) = xp + ayp,$$

d. h.

$$p^{n-1} f(1, a) = x + ay,$$

also

$$p = \left(\frac{x+ay}{f(1,a)}\right)^{\frac{1}{n-1}}, \quad q = ap,$$

und somit ist

$$z = \frac{n-1}{n}\left(\frac{x+ay}{f(1,a)}\right)^{\frac{n}{n-1}} f(1, a) + b$$

ein vollständiges Integral.

---

[1] Für eine Verallgemeinerung dieser Fälle s. 13·4.

[2] Vgl. Forsyth-Jacobsthal, DGlen, S. 398, Beispiel 2; S. 828.

11·12. $z = xp + yq + f(p, q)$, $F(p, q, z - xp - yq) = 0$; **Clairautsche Differentialgleichung**[1]). Ist die Funktion $F(u, v, w)$ an einer Stelle a, b, c definiert und hat sie dort den Wert 0, so ist $z = ax + by + c$ offenbar eine Lösung der an zweiter Stelle angeführten DGl. Im übrigen behandelt man diese DGl, indem man sie nach $z - xp - yq$ auflöst und damit auf die zuerst genannte DGl zurückführt.

Die DGl

$$(1) \qquad z = xp + yq + f(p, q)$$

hat offenbar für je zwei Zahlen a und b, für die $f(a, b)$ definiert ist, das Integral

$$(2) \qquad z = ax + by + f(a, b).$$

Ist f zweimal stetig differenzierbar, so bilden diese Ebenen ein vollständiges Integral, aus dem man nach 9·5 weitere Integrale herleiten kann.

(a) Ist bei festem a in einem Intervall $v_1 < v < v_2$ die Ableitung $f_{vv}(a, v) \neq 0$, so ist

$$y = -f_v(a, v), \quad z = ax + vy + f(a, v)$$

die Parameterdarstellung eines Integrals, ebenso

$$x = -f_u(u, b), \quad z = ux + by + f(u, b),$$

falls $f_{uu}(u, b) \neq 0$ bei festem b in einem Intervall $u_1 < u < u_2$ ist.

(b) Ist $f(u, v)$ in dem Gebiet $\mathfrak{g}(u, v)$ zweimal stetig differenzierbar, ist weiter

$$\frac{\partial(f_u \cdot f_v)}{\partial(u, v)} \neq 0$$

und wird das Gebiet $\mathfrak{g}(u, v)$ durch die Funktionen

$$x = -f_u(u, v), \quad y = -f_v(u, v)$$

eindeutig auf ein Gebiet $\mathfrak{h}(x, y)$ abgebildet, so hat die DGl (1) in $\mathfrak{h}(x, y)$ ein nicht-lineares Integral, das in Parameterdarstellung durch

$$x = -f_u(u, v), \quad y = -f_v(u, v), \quad z = ux + vy + f(u, v)$$

gegeben ist (singuläres Integral). Ein solches braucht jedoch nicht vorhanden zu sein; vgl. dazu E 6·7. Jede abwickelbare Fläche, die auf jeder ihrer Geraden einen Berührungspunkt mit der singulären IFläche hat, ist ebenfalls eine IFläche.

Eine IFläche durch eine gegebene Anfangskurve erhält man geometrisch so, daß man die Ebenen bestimmt, welche zugleich die Anfangskurve und die singuläre IFläche berühren, und dann deren Hüllfläche bildet.

---

[1]) Vgl. Serret-Scheffers, Differential- und Integralrechnung III, S. 631f. Kamke, DGlen, S. 375–377. Courant-Hilbert, Methoden math. Physik II, S. 79f.

11·13. $F(x, y, p, q) = 0$. Die charakteristischen Glen 8·4 (6) ohne die mittlere Gl, d. h. ohne die Streifenbedingung, lauten hier

(1) $$x'(t) = F_p, \quad y'(t) = F_q, \quad p'(t) = -F_x, \quad q'(t) = -F_y.$$

Sie sind die sog. kanonischen Glen (vgl. dazu auch 12·10) und bilden ein für sich lösbares System. Hat man eine Lösung dieser Glen gefunden, so erhält man aus der Streifenbedingung

$$z'(t) = p(t)\, x'(t) + q(t)\, y'(t)$$

die noch fehlende Funktion $z(t)$ durch eine bloße Quadratur. Das ist eine wichtige Besonderheit der obigen partiellen DGl.

Kennt man eine einparametrige Schar von Integralen

$$z = \psi(x, y, a),$$

die in bezug auf alle drei Argumente zweimal stetig differenzierbar ist, und ist außerdem

$$|\psi_{a x}| + |\psi_{a y}| > 0,$$

so ist offenbar

$$z = \psi(x, y, a) + b$$

ein vollständiges Integral.

Die charakteristischen Grundkurven $x = x(t)$, $y = y(t)$ genügen der Gl

(2) $$\psi_a = \text{const};$$

denn es ist ja

$$F(x, y, \psi_x, \psi_y) = 0,$$

und durch Differentiation nach a folgt

$$F_p\, \psi_{a x} + F_q\, \psi_{a y} = 0,$$

also, wenn hierin eine Lösung des Systems (1) eingetragen wird,

$$\psi_{a x}\, x' + \psi_{a y}\, y' = 0.$$

Das ist aber die Behauptung (2). Diese Eigenschaft findet Anwendung bei der Lösung der BewegungsGlen der Mechanik; vgl. E 6·65.

11·14. $F(x, y, z, p, q) = 0$, Legendresche Transformation[1]. In dem Gebiet $\mathfrak{g}(x, y)$ sei $z(x, y)$ zweimal stetig differenzierbar, es sei

(1) $$\frac{\partial(z_x, z_y)}{\partial(x, y)} \text{ in keinem Teilgebiet} \equiv 0,$$

und das Gebiet $\mathfrak{g}$ möge durch

$$X = z_x(x, y), \quad Y = z_y(x, y)$$

eineindeutig auf ein Gebiet $\mathfrak{G}(X, Y)$ abgebildet werden. Wird

$$Z(X, Y) = x\, z_x + y\, z_y - z$$

---

[1]) Vgl. z. B. SERRET-SCHEFFERS, Differential- und Integralrechnung III, S. 632f.

gesetzt, so hat auch Z in $\mathfrak{G}$ stetige partielle Ableitungen zweiter Ordnung, und neben

(2) $$X = z_x, \quad Y = z_y, \quad Z = x z_x + y z_y - z$$

gilt auch

(3) $$x = Z_X, \quad y = Z_Y, \quad z = X Z_X + Y Z_Y - Z.$$

Das ist die LEGENDREsche Transformation (duale Transformation). Durch sie geht, soweit für die Integrale die genannten Voraussetzungen erfüllt sind, die DGl

(4) $$F(x, y, z, p, q) = 0$$

in die DGl

(5) $$F(Z_X, Z_Y, X Z_X + Y Z_Y - Z, X, Y) = 0$$

über, die bisweilen einfacher als die ursprüngliche DGl ist. Ist $Z = Z(X, Y)$ ein Integral von (5), so liefert (3) eine Parameterdarstellung des entsprechenden Integrals $z(x, y)$ der DGl (4).

Durch die Transformation können (man beachte die Voraussetzungen) Integrale verloren gehen. Z. B. gehen bei der CLAIRAUTschen DGl 11·12 (1) die ebenen IFlächen (2) verloren, da für sie die UnGl (1) nicht erfüllt ist. Aus demselben Grunde gehen die abwickelbaren Flächen von 11·12 (a) verloren[1]). Dagegen ist die LEGENDREsche Transformation in dem dortigen Fall (b) anwendbar. Die transformierte Gl ist

$$Z = -f(X, Y);$$

sie ist nicht mehr eine DGl, sondern gibt unmittelbar die Lösung. Durch Übergang zu den ursprünglichen Variablen erhält man die Lösung der CLAIRAUTschen DGl in der Parameterdarstellung

$$x = -f_X(X, Y), \quad y = -f_Y(X, Y), \quad z = x X + y Y + f(X, Y)$$

in Übereinstimmung mit 11·12 (b).

11·15. $F(x, y, z, p, q) = 0$, Eulersche Transformation[2]). In dem Gebiet $\mathfrak{g}(x, y)$ sei $z(x, y)$ zweimal stetig differenzierbar, es sei $z_{xx} \neq 0$ und das Gebiet $\mathfrak{g}(x, y)$ möge durch

$$X = z_x(x, y), \quad Y = y$$

eineindeutig auf ein Gebiet $\mathfrak{G}(X, Y)$ abgebildet werden. Wird

$$Z(X, Y) = x z_x - z$$

---

[1]) Zur Frage, wie man die bei dieser Methode verloren gegangenen Integrale erhält, vgl. das Beispiel E 6·36.

[2]) Vgl. z. B. SERRET-SCHEFFERS, Differential- und Integralrechnung III, S. 634f.

gesetzt, so ist Z in $\mathfrak{G}$ zweimal stetig differenzierbar, und neben

$$X = z_x, \quad Y = y, \quad Z = x z_x - z, \quad Z_y = - z_y$$

gilt auch

$$x = Z_X, \quad y = Y, \quad z = X Z_X - Z, \quad z_y = - Z_Y.$$

Das ist die Eulersche Transformation. Durch sie geht die DGl

$$F(x, y, z, p, q) = 0,$$

soweit die Integrale die genannten Voraussetzungen erfüllen, über in die DGl

$$F(Z_X, Y, X Z_X - Z, X, - Z_Y) = 0,$$

die bisweilen einfacher als die ursprüngliche ist.

Wendet man diese Transformation auf die Clairautsche DGl 11·12 (1) an, so gehen wieder die ebenen IFlächen (2) verloren, da für sie die UnGl $z_{xx} \neq 0$ (oder $z_{yy} \neq 0$) nicht erfüllt ist. Dagegen ist die Eulersche Transformation in dem dortigen Fall (a) anwendbar und führt die partielle Clairautsche DGl in die DGl

$$Z = Y Z_Y - f(X, - Z_Y)$$

über, die als gewöhnliche Clairautsche DGl mit einem Parameter X angesehen werden kann und die Lösung

$$Z = - b\, Y - f(X, b)$$

hat; diese führt zu

$$z = x X + b\, Y + f(X, b), \quad x = - f_X(X, b),$$

d. h. zu der an zweiter Stelle von (a) genannten Lösung.

11·16. $F(x p - z, y, p, q) = 0$. Der Ansatz $z = C x + u(y)$ führt auf die gewöhnliche DGl

$$F(- u(y), y, C, u'(y)) = 0$$

zur Bestimmung von $u(y)$. — Für die Lösungen mit $z_{xx} \neq 0$ wird die DGl durch die Eulersche Transformation in den Typus 11·1

$$F(Z, Y, X, - Z_Y) = 0$$

übergeführt.

11·17. $x f(y, p, x p - z) + q\, g(y, p, x p - z) = h(y, p, x p - z)$. Mit der Eulerschen Transformation 11·15 wird aus der DGl die quasilineare DGl

$$f(Y, X, Z)\, Z_X - g(Y, X, Z)\, Z_Y = h(Y, X, Z).$$

11·18. $q\, f(u) = x p - y q$;
$x q\, f(u) = x p - y q$; mit $u = x p + y q - z$;
$x f(u, p, q) + y\, g(u, p, q) = h(u, p, q)$. Mit der Legen-

DREschen Transformation 11·14 erhält man aus den DGlen die quasilinearen DGlen

$$Y f(Z) - X Z_X + Y Z_Y = 0,$$
$$Y Z_X f(Z) - X Z_X + Y Z_Y = 0$$

und

$$f(Z, X, Y) Z_X + g(Z, X, Y) Z_Y = h(Z, X, Y).$$

§ 3. Allgemeine Differentialgleichungen erster Ordnung $F\left(x_1, \ldots, x_n, z, \frac{\partial z}{\partial x_1}, \ldots, \frac{\partial z}{\partial x_n}\right) = 0$ und Systeme von solchen.

12. Die Differentialgleichung $F\left(x_1, \ldots, x_n, z, \frac{\partial z}{\partial x_1}, \ldots, \frac{\partial z}{\partial x_n}\right) = 0$. [1]

12·1. Bezeichnungen. Vollständige, singuläre und andere Integrale [2]). Die allgemeine (implizite) DGl erster Ordnung für eine gesuchte Funktion $z = z(x_1, \ldots, x_n)$ lautet

(1) $$F\left(x_1, \ldots, x_n, z, \frac{\partial z}{\partial x_1}, \ldots, \frac{\partial z}{\partial x_n}\right) = 0$$

oder in expliziter Form für eine Funktion $z = z(x, y_1, \ldots, y_n)$

(2) $$\frac{\partial z}{\partial x} = f\left(x, y_1, \ldots, y_n, z, \frac{\partial z}{\partial y_1}, \ldots, \frac{\partial z}{\partial y_n}\right).$$

Mit den Abkürzungen

$$p = \frac{\partial z}{\partial x}, \quad p_\nu = \frac{\partial z}{\partial x_\nu}, \quad q_\nu = \frac{\partial z}{\partial y_\nu}$$

sowie $\mathfrak{x}$ für $x_1, \ldots, x_n$ und $\mathfrak{y}$ für $y_1, \ldots, y_n$, ferner $\mathfrak{p}$ für $p_1, \ldots, p_n$ und $\mathfrak{q}$ für $q_1, \ldots, q_n$ lassen die Glen sich kürzer so schreiben:

(1a) $$F(\mathfrak{x}, z, \mathfrak{p}) = 0$$

und

(2a) $$p = f(x, \mathfrak{y}, z, \mathfrak{q}).$$

Über die Funktionen F und f wird hier stets vorausgesetzt, daß sie in dem betrachteten Gebiet ihrer $2n+1$ bzw. $2n+2$ Argumente stetig differenzierbar sind.

---

[1]) Vgl. hierzu den in § 2 ausführlicher behandelten Sonderfall $F(x, y, z, p, q) = 0$. Ferner CARATHÉODORY, Variationsrechnung, S. 36—53. COURANT-HILBERT, Methoden math. Physik II, S. 82—95. FORSYTH, Diff. Equations V, S. 171—186. GOURSAT, Équations du premier ordre, S. 184—201.

[2]) Vgl. hierzu 8·1, 8·6, 8·8.

Unter einem **Flächenelement** des $(n+1)$-dimensionalen Raumes versteht man ein System von $2n+1$ Zahlen

(3) $$x_1, \ldots, x_n, z, p_1, \ldots, p_n \quad \text{oder kürzer } \mathfrak{x}, z, \mathfrak{p};$$

die ersten $n+1$ dieser Zahlen bilden den **Träger** des Flächenelements, die letzten n Zahlen bilden die **Richtungskoeffizienten** oder das **Richtungselement**.

Ein Flächenelement (3) heißt **regulär** oder **singulär** in bezug auf die DGl (1), je nachdem

$$\sum_{\nu=1}^{n} |F_{p_\nu}| > 0 \quad \text{oder} \quad F_{p_1} = \cdots = F_{p_n} = 0$$

ist, wobei in die partiellen Ableitungen F_{p_ν} das Flächenelement (3) einzutragen ist. Für die DGl (2) gibt es demnach nur reguläre Flächenelemente.

Ein Flächenelement (3) heißt ein **Integralelement** (IElement) von (1), wenn es die Gl (1a) erfüllt. Eine Funktion $z = \psi(\mathfrak{x})$ ist ein Integral von (1), wenn sie stetig differenzierbar ist und die durch sie gelieferten Flächenelemente

(4) $$x_1, \ldots, x_n, \psi, \psi_{x_1}, \ldots, \psi_{x_n}$$

oder kürzer geschrieben

(4a) $$\mathfrak{x}, \psi, \operatorname{grad} \psi$$

sämtlich IElemente von (1) sind.

Zu den Bezeichnungen partikuläres Integral, allgemeines Integral vgl. 8·8.

Ein Integral $z = \psi(\mathfrak{x})$ der DGl (1) heißt **singulär**, wenn es nur singuläre Flächenelemente (4) enthält, d. h. wenn die $n+1$ Glen

(5) $$F = 0, \quad F_{p_1} = 0, \ldots, F_{p_n} = 0$$

für die Größen (4) bestehen[1]). Trägt man die Funktion ψ in (1) ein und differenziert man die Gl dann partiell nach den x_ν, so ergibt sich, daß ein singuläres Integral, das zweimal stetig differenzierbar ist, außer den $n+1$ Glen (5) auch noch die n Glen

(6) $$F_{x_\nu} + p_\nu F_z = 0 \qquad (\nu = 1, \ldots, n)$$

erfüllen muß. Etwa vorhandene singuläre Integrale der DGl (1) kann man also erhalten, indem man die stetig differenzierbaren Funktionen $z = \psi$ aufsucht, die den $2n+1$ Glen (5) bzw. (5) und (6) genügen.

Ein **vollständiges Integral** (complet integral, intégrale complète) der DGl (1) ist eine n-parametrige Menge von Integralen

(7) $$z = \psi(x_1, \ldots, x_n, a_1, \ldots, a_n) = \psi(\mathfrak{x}, \mathfrak{a})$$

[1]) Für die explizite DGl (2) gibt es daher kein singuläres Integral.

von der Art, daß die Funktion ψ nebst den Ableitungen ψ_{x_μ} in einem Gebiet des $\mathfrak{x}$, $\mathfrak{a}$-Raumes stetige partielle Ableitungen nach allen $2n$ Argumenten x_ν, a_ν hat und die Matrix[1])

$$(8) \qquad \frac{\partial(\psi, \psi_{x_1}, \ldots, \psi_{x_n})}{\partial(a_1, \ldots, a_n)}$$

in jedem Punkt des betrachteten Gebiets den Rang n hat[2]). Für die Gewinnung weiterer Integrale aus einem vollständigen Integral s. 12·7 (b).

12·2. Streifen, Integralstreifen, charakteristische Streifen und ihre Beziehung zu den Integralen.[3]) Unter einem Streifen[4]) (Elementverein, multiplicité) versteht man eine einparametrige Schar von Flächenelementen

$$(9) \qquad \mathfrak{x} = \mathfrak{x}(t), \quad z = z(t), \quad \mathfrak{p} = \mathfrak{p}(t),$$

wobei diese Funktionen in einem Intervall $\alpha < t < \beta$ nach t stetig differenzierbar sind und die Streifenbedingung[5])

$$(10) \qquad z'(t) = \mathfrak{x}'(t) \cdot \mathfrak{p}(t)$$

oder ausführlicher geschrieben

$$(10\text{a}) \qquad z'(t) = \sum_{\nu=1}^{n} x'_\nu(t)\, p_\nu(t)$$

erfüllen. Ein Streifen heißt ein Integralstreifen (IStreifen) der DGl (1), wenn er nur aus IElementen besteht.

Charakteristischer Streifen oder Charakteristik (caractéristique) der DGl (1) heißt ein Streifen (9), der den sog. charakteristischen Glen

$$(11) \qquad \mathfrak{x}'(t) = \mathfrak{P}, \quad z'(t) = \mathfrak{p} \cdot \mathfrak{P}, \quad \mathfrak{p}'(t) = -\mathfrak{X} - F_z\, \mathfrak{p}$$

genügt, wobei

$$(12) \qquad \mathfrak{P} = (F_{p_1}, \ldots, F_{p_n}) = \operatorname{grad}_p F, \quad \mathfrak{X} = (F_{x_1}, \ldots, F_{x_n}) = \operatorname{grad}_x F$$

ist. Die ersten n Glen sind in Analogie zu 8·4 (6) gebildet; die $(n+1)$-te Gl ist in Verbindung mit diesen Glen gerade die Streifenbedingung (10); die letzten n Glen ergeben sich (vgl. 8·4) für ein Integral $z = \psi$ und die durch ψ erzeugten Streifen (4), indem man ψ in (1) einträgt, dann die Gl partiell nach x_ν differenziert und nun die ersten n Glen (11) einträgt.

---

1) Zu der Bezeichnung der Matrix s. 2·7 (c).

2) CARATHÉODORY, a. a. O., S. 52 fordert etwas mehr, nämlich daß die mit den letzten n Zeilen gebildete Determinante $\frac{\partial(\psi_{x_1}, \ldots, \psi_{x_n})}{\partial(a_1, \ldots, a_n)} \neq 0$ ist.

3) Vgl. 8·4, 8·5, 8·7. Ferner GOURSAT, Équations du premier ordre, S. 185ff.

4) Für den Begriff des k-dimensionalen Streifens s. 12·5 (a).

5) Diese ist eine notwendige Bedingung dafür, daß die Flächenelemente (9) einer stetig differenzierbaren Fläche $z = \psi(\mathfrak{x})$ angehören (ihr eingebettet sind).

Für die explizite DGl (2) können als charakteristische Glen (vgl. 8·4) die Glen

(13) $$\mathfrak{y}'(x) = -\mathfrak{Q}, \quad z'(x) = f - \mathfrak{q} \cdot \mathfrak{Q}, \quad \mathfrak{q}'(x) = \mathfrak{Y} + f_z\, \mathfrak{q}.$$

genommen werden, wo

$$\mathfrak{Q} = (f_{q_1}, \ldots, f_{q_n}) = \operatorname{grad}_q f, \quad \mathfrak{Y} = (f_{y_1}, \ldots, f_{y_n}) = \operatorname{grad}_y f$$

gesetzt ist.

(a) Die Funktion $F(\mathfrak{x}, z, \mathfrak{p})$ ist längs jedes charakteristischen Streifens der DGl (1) konstant; der charakteristische Streifen ist somit ein IStreifen, wenn er mindestens ein IElement enthält (Beweis wie in 8·7), und die Funktion F ist ein (triviales) Vorintegral (vgl. dazu 12·8) der DGl (1).

(b) Ist $z = \psi(\mathfrak{x})$ im Gebiet $\mathfrak{g}(\mathfrak{x})$ ein sogar zweimal stetig differenzierbares Integral der DGl (1) und ist

(14) $$\mathfrak{x}_0, \; z_0 = \psi(\mathfrak{x}_0), \; \mathfrak{p}_0 = (\operatorname{grad} \psi)_{\mathfrak{x}=\mathfrak{x}_0}$$

ein beliebiges Flächenelement dieses Integrals, so gehören alle charakteristischen Streifen, die dieses Flächenelement enthalten, der IFläche an, solange die Punkte $\mathfrak{x}$ des charakteristischen Streifens dem Gebiet $\mathfrak{g}(\mathfrak{x})$ angehören. Die zweimal stetig differenzierbaren IFlächen lassen sich also aus Charakteristiken aufbauen. Dasselbe gilt für die explizite DGl (2) und ihre durch (13) definierten Charakteristiken.

Hieraus folgt unmittelbar:

(c) Sind $z = \psi(\mathfrak{x})$ und $z = \chi(\mathfrak{x})$ im Gebiet $\mathfrak{g}(\mathfrak{x})$ zwei Integrale der DGl (1) mit einem gemeinsamen Flächenelement (14), und sind ψ, χ sogar zweimal stetig differenzierbar, so gehören alle charakteristischen Streifen von (1), die das Flächenelement (14) enthalten, beiden IFlächen an, soweit $\mathfrak{x}(t)$ dem Gebiet $\mathfrak{g}$ angehört. Ist das gemeinsame Flächenelement regulär, so haben beide IFlächen eine Kurve gemeinsam, die nicht in einen Punkt entartet ist.

12·3. Überführung der Differentialgleichung in eine solche, welche die gesuchte Funktion selbst nicht enthält.

(a) *Erstes Verfahren*[1]). Es sei $w = \varphi(\mathfrak{x}, z)$ eine stetig differenzierbare Funktion der $n+1$ unabhängigen Veränderlichen $x_1, \ldots, x_n, z$ und $z = \psi(\mathfrak{x})$ eine stetig differenzierbare Funktion, für die

$$\varphi(\mathfrak{x}, \psi(\mathfrak{x})) = 0 \quad \text{und} \quad \varphi_z(\mathfrak{x}, \psi(\mathfrak{x})) \neq 0$$

ist[2]).

---

[1]) Vgl. hierzu 5·4.

[2]) Zu jedem Integral $z = \psi$ gibt es derartige Funktionen, nämlich z. B. $\varphi = z - \psi$.

Ist $z = \psi(\mathfrak{x})$ ein Integral der DGl (1), so folgt aus $\varphi(\mathfrak{x}, \psi(\mathfrak{x})) = 0$ durch partielle Differentiation

$$\varphi_{x_\nu} + \varphi_z \psi_{x_\nu} = 0 \qquad (\nu = 1, \ldots, n),$$

d. h. für $z = \psi$ ist

$$F\left(x_1, \ldots, x_n, z, -\frac{\varphi_{x_1}}{\varphi_z}, \ldots, -\frac{\varphi_{x_n}}{\varphi_z}\right) = 0.$$

Ist umgekehrt $w = \varphi(\mathfrak{x}, z)$ mit $\varphi_z \neq 0$ ein Integral der DGl

$$(15) \qquad F\left(x_1, \ldots, x_n, z, -\frac{w_{x_1}}{w_z}, \ldots, -\frac{w_{x_n}}{w_z}\right) = 0,$$

und ist $\varphi = 0$ für eine stetig differenzierbare Funktion $z = \psi(\mathfrak{x})$, so ist diese ein Integral von (1).

Man erhält hiernach also Integrale von (1), indem man Integrale $\varphi(\mathfrak{x}, z)$ von (15) mit $\varphi_z \neq 0$ aufsucht und die Gl $\varphi = 0$ nach z auflöst.[1])

Die DGl (15) enthält die gesuchte Funktion w selber nicht mehr, aber diese ist dafür eine Funktion von $n + 1$ unabhängigen Veränderlichen, während die eigentlich gesuchte Funktion nur von n unabhängigen Veränderlichen abhängt. Für solche spezielle Typen von DGlen vgl. 12·9.

Beispiel: $$x\,y\,p\,q = z.$$

Die transformierte DGl lautet

$$x\,y\,w_x\,w_y - z\,w_z^2 = 0.$$

Aus den charakteristischen Glen erhält man die Vorintegrale (vgl. 12·8) $x\,w_x$ und $y\,w_y$. Mit diesen und der obigen DGl erhält man das Involutionssystem

$$w_x = \frac{A}{x}, \quad w_y = \frac{B}{y}, \quad w_z = \sqrt{\frac{A\,B}{z}}.$$

also

$$w = A \log|x| + B \log|y| + 2\sqrt{A\,B\,z} + C,$$

und hieraus die gesuchten Integrale

$$z = \frac{1}{4\,A\,B}(A \log|x| + B \log|y| + C)^2.$$

(b) *Jacobi-Mayersches Verfahren*[2]). Es sei $u = u(\mathfrak{x}, t)$ eine stetig differenzierbare Funktion von $n + 1$ unabhängigen Veränderlichen mit den Eigenschaften

$$(16) \qquad u = t\,u_t + c \quad (c = \text{Konstante})$$

---

[1]) Ob man auf diese Weise *alle* Integrale von (1) erhält, hängt offenbar davon ab, ob für die DGl (15) ein Existenzsatz besteht, nach dem es für jede stetig differenzierbare Funktion $z = \psi(\mathfrak{x})$ ein Integral $w = \varphi(\mathfrak{x}, z)$ gibt, das für diese Werte von z verschwindet.

[2]) A. Mayer, Mathem. Annalen 9 (1876) 366—369.

und

$$u_t = z \quad \text{ist ein Integral von (1)}^{1)}.$$

Dann erfüllt u die DGl

$$F\left(x_1, \ldots, x_n, u_t, \frac{u_{x_1}}{t}, \ldots, \frac{u_{x_n}}{t}\right) = 0,$$

in der u selber nicht vorkommt. Ist umgekehrt u ein Integral dieser DGl und hat die Gl (16) eine stetig differenzierbare Lösung $t = \chi(\mathfrak{x})$, so ist $z = u_t(\mathfrak{x}, \chi(\mathfrak{x}))$ ein Integral von (1).

Beispiel: Bei dem obigen Beispiel lautet die transformierte Gl jetzt

$$x\, y\, u_x\, u_y - t^2\, u_t = 0\,.$$

Diese hat wieder die Vorintegrale $x\, u_x$, $y\, u_y$. Damit und mit der obigen Gl erhält man das Involutionssystem

$$u_x = \frac{A}{x}, \quad u_y = \frac{B}{y}, \quad u_t = \frac{A\,B}{t^2}$$

und hieraus

$$u = A \log|x| + B \log|y| - \frac{A\,B}{t} + C.$$

Die Gl (16) lautet

$$A \log|x| + B \log|y| + C = 2\frac{A\,B}{t}.$$

Trägt man hieraus t in $z = u_t = \frac{A\,B}{t^2}$ ein, so erhält man für z wieder den oben gefundenen Ausdruck.

12·4. Lösung durch Ansetzen einer Potenzreihe; Existenz- und Eindeutigkeitssatz. Bei Zulassung komplexer Veränderlicher gilt für die explizite DGl (2) in Verallgemeinerung von 10·4:

In einer Umgebung der Stelle $x_0, \mathfrak{y}_0, z_0, \mathfrak{q}_0$ sei $f(x, \mathfrak{y}, z, \mathfrak{q})$ eine reguläre Funktion ihrer $2\,n + 2$ Veränderlichen. Ferner sei $\omega(\mathfrak{y})$ regulär in der Umgebung von $\mathfrak{y}_0$, und es sei

$$z_0 = \omega(\mathfrak{y}_0), \quad \mathfrak{q}_0 = (\operatorname{grad} \omega)_{\mathfrak{y}=\mathfrak{y}_0}.$$

Dann hat die DGl (2) in einer hinreichend kleinen Umgebung der Stelle $x_0, \mathfrak{y}_0$ genau eine regulär-analytische Lösung $z = \psi(x, \mathfrak{y})$, die für $x = x_0$ die Werte $\psi(x_0, \mathfrak{y}) = \omega(\mathfrak{y})$ annimmt. Die Koeffizienten der Potenzreihe für ψ kann man wieder erhalten, indem man mit dem Potenzreihenansatz für ψ in die DGl hineingeht und die Koeffizienten entsprechender Potenzen unter Berücksichtigung der Anfangsbedingungen vergleicht[2]).

---

[1]) Ist $z(\mathfrak{x})$ ein Integral von (1), so hat offenbar $u = t\,z(\mathfrak{x}) + c$ diese Eigenschaften.

[2]) Vgl. O. Perron, Math. Zeitschrift 5 (1919) 154—160 (mit Abschätzung des Konvergenzbereiches). Vgl. ferner Goursat, Équations du premier ordre, S. 2ff., S. 11ff.

12·5. Allgemeiner Existenzsatz (Charakteristikenverfahren). Für die allgemeine DGl (1) läßt sich übersichtlicher mit Hilfe des CAUCHYschen Charakteristikenverfahrens ein allgemeiner Existenzsatz beweisen[1]). Dafür ist eine allgemeinere Fassung des Streifenbegriffes von 12·2 nützlich.

(a) Unter einem k-dimensionalen Streifen ($k \leq n$) wird eine k-parametrige Schar von Flächenelementen

(17) $\qquad \mathfrak{x} = \mathfrak{x}(t_1, \ldots, t_k), \quad z = z(t_1, \ldots, t_k), \quad \mathfrak{p} = \mathfrak{p}(t_1, \ldots, t_k)$

verstanden, die folgende Eigenschaften hat:

Die Funktionen $\mathfrak{x}, z, \mathfrak{p}$ sind in einem Gebiet $\mathfrak{T} = \mathfrak{T}(t_1, \ldots, t_k)$ stetig differenzierbar;

es gilt die Streifenbedingung

(18) $$\frac{\partial z}{\partial t_\nu} = \mathfrak{p} \cdot \frac{\partial \mathfrak{x}}{\partial t_\nu} \qquad (\nu = 1, \ldots, k);$$

die Matrix

$$\frac{\partial(x_1, \ldots, x_n)}{\partial(t_1, \ldots, t_k)}$$

hat an jeder Stelle von $\mathfrak{T}$ den Rang k.

Die letzte Bedingung ist der Ausdruck dafür, daß der Streifen wirklich k-dimensional ist[2]). Die Bedingung (18) ist eine notwendige Bedingung dafür, daß die Flächenelemente (17) einer stetig differenzierbaren Fläche $z = z(\mathfrak{x})$ angehören.

Ein k-dimensionaler Streifen heißt ein IStreifen[3]) der DGl (1), wenn er nur IElemente von (1) enthält.

(b) Ein n-dimensionaler IStreifen bestimmt (im kleinen) ein zweimal stetig differenzierbares Integral der DGl (1).

Denn für ihn ist die Determinante

$$\frac{\partial(x_1, \ldots, x_n)}{\partial(t_1, \ldots, t_n)} \neq 0,$$

die ersten n der Glen (17) lassen sich also in der Umgebung jeder Stelle $t_{10}, \ldots, t_{n0}$ eindeutig nach $t_1, \ldots, t_n$ auflösen, so daß $z(t_1, \ldots, t_n)$ eine stetig differenzierbare Funktion von $x_1, \ldots, x_n$ mit (wegen (18)) den partiellen Ableitungen $p_1, \ldots, p_n$ wird, die nochmals stetig differenzierbar sind.

---

1) Vgl. BIEBERBACH, DGlen, 3. Aufl., S. 294—299.

2) Der in 12·2 eingeführte Streifen wäre hiernach als höchstens eindimensionaler Streifen zu bezeichnen.

3) Bei BIEBERBACH, a. a. O., S. 297 als Integral bezeichnet, was wohl nicht zweckmäßig ist.

Hiernach ist für die DGl (1) die Existenz eines Integrals (im kleinen) gesichert, wenn die Existenz eines n-dimensionalen IStreifens bewiesen ist, und darüber besteht der folgende Satz:

(c) Die Funktion $F(\mathfrak{x}, z, \mathfrak{p})$ sei in dem Gebiet $\mathfrak{G}(\mathfrak{x}, z, \mathfrak{p})$ zweimal stetig differenzierbar. Weiter sei

$$(19)\quad \mathfrak{x} = \mathfrak{x}_0(t_1, \ldots, t_{n-1}), \quad z = z_0(t_1, \ldots, t_{n-1}), \quad \mathfrak{p} = \mathfrak{p}_0(t_1, \ldots, t_{n-1})$$

ein gegebener $(n-1)$-dimensionaler Streifen der DGl (1) für das Gebiet $\mathfrak{T}_{n-1} = \mathfrak{T}(t_1, \ldots, t_{n-1})$; die durch (19) gelieferten Größen sollen natürlich dem Gebiet $\mathfrak{G}$ angehören. Schließlich sei die Determinante

$$(20)\quad \begin{vmatrix} F_{p_1}, & \ldots, & F_{p_n} \\ \frac{\partial x_{01}}{\partial t_1}, & \ldots, & \frac{\partial x_{0n}}{\partial t_1} \\ \cdots & \cdots & \cdots \\ \frac{\partial x_{01}}{\partial t_{n-1}}, & \ldots, & \frac{\partial x_{0n}}{\partial t_{n-1}} \end{vmatrix} \neq 0,$$

wobei in die F_p der ersten Zeile die Funktionen (19) einzutragen und die $x_{0\nu}$ die Komponenten des Vektors

$$\mathfrak{x}_0(t_1, \ldots, t_n) = (x_{01}, \ldots, x_{0n})$$

sind[1]).

Da F zweimal stetig differenzierbar ist, sind die rechten Seiten der charakteristischen Glen (11) stetig differenzierbar, ihre Lösungen $\mathfrak{x}(t)$, $z(t)$, $\mathfrak{p}(t)$ sind also durch die für $t = 0$ angenommenen Anfangswerte $\mathfrak{x}_0$, z_0, $\mathfrak{p}_0$ eindeutig bestimmt und seien ($t_n = t$ gesetzt)

$$(21)\quad \begin{cases} \mathfrak{X}(t_1, \ldots, t_n) = \mathfrak{x}(t, \mathfrak{x}_0(t_1, \ldots, t_{n-1}), z_0(t_1, \ldots, t_{n-1}), \mathfrak{p}_0(t_1, \ldots, t_{n-1})), \\ Z(t_1, \ldots, t_n) = z(t, \mathfrak{x}_0(t_1, \ldots, t_{n-1}), z_0(t_1, \ldots, t_{n-1}), \mathfrak{p}_0(t_1, \ldots, t_{n-1})), \\ \mathfrak{P}(t_1, \ldots, t_n) = \mathfrak{p}(t, \mathfrak{x}_0(t_1, \ldots, t_{n-1}), z_0(t_1, \ldots, t_{n-1}), \mathfrak{p}_0(t_1, \ldots, t_{n-1})). \end{cases}$$

Diese Funktionen $\mathfrak{X}$, Z, $\mathfrak{P}$ bilden dann einen n-dimensionalen IStreifen in einem Gebiet $\mathfrak{T}_n$, das den Bereich $\mathfrak{T}_{n-1}$, $t_n = 0$ enthält. Das Gebiet $\mathfrak{T}_n$ ist dadurch bestimmt, daß für jeden Punkt $t_1, \ldots, t_{n-1}$ aus $\mathfrak{T}_{n-1}$ für t_n das Intervall zu bestimmen ist, das den Wert $t_n = 0$ enthält und in dem die Lösungen (21) der charakteristischen Glen (11) existieren.

12·6. Existenz- und Eindeutigkeitssatz für die explizite Differentialgleichung; Abschätzung des Existenzbereiches. Ist die DGl in der expliziten

[1]) In (20) ist insbesondere enthalten, daß alle Flächenelemente des Streifens (19) regulär sind. — Betrachtungen zum Existenzsatz für den Fall, daß die Determinante (20) identisch 0 ist, findet man bei COURANT-HILBERT, Methoden math. Physik II, S. 83ff.

Form (2) gegeben, so läßt sich bei geeigneten Voraussetzungen ein Existenzbereich (Mindestbereich) für die Lösung angeben und zugleich ihre eindeutige Bestimmtheit beweisen.

(a) Die Funktion $f(x, \mathfrak{y}, z, \mathfrak{q})$ sei in dem Bereich

(22) $$|x - \xi| \leq a\,^{1)} \qquad \mathfrak{y}, z, \mathfrak{q} \text{ beliebig}$$

nach allen $2n + 2$ Veränderlichen zweimal stetig differenzierbar, und es sei dort

(23) $$\left\{\begin{matrix} |f_x|, & |f_{y_\nu}|, & |f_z|, & |f_{q_\nu}| & & \\ |f_{y_\mu y_\nu}|, & |f_{y_\mu z}|, & |f_{y_\mu q_\nu}|, & |f_{zz}|, & |f_{z q_\nu}|, & |f_{q_\mu q_\nu}| \end{matrix}\right\} \leq A.$$

Die Funktion $\omega(\mathfrak{y})$ sei für alle y_ν zweimal stetig differenzierbar und erfülle die UnGlen

(24) $$|\omega_{y_\mu}| + \sum_{\nu=1}^{n} |\omega_{y_\mu y_\nu}| \leq B \qquad (\mu = 1, \ldots, n).$$

Schließlich sei

(25) $$0 < \beta < \frac{1}{A} \log\left(1 + \frac{\log 3}{2n(B+1)}\right) \quad \text{und} \quad \alpha = \operatorname{Min}(a, \beta)\,^{2)}.$$

Dann hat die DGl (2) in dem Bereich

(26) $$|x - \xi| \leq \alpha\,^{3)}, \qquad \mathfrak{y} \text{ beliebig}$$

genau ein zweimal stetig differenzierbares Integral $z = \psi(x, \mathfrak{y})$, das für $x = \xi$ die Werte

(27) $$\psi(\xi, \mathfrak{y}) = \omega(\mathfrak{y})$$

annimmt [4]).

Der Beweis liefert wieder zugleich ein Verfahren zur Konstruktion des Integrals. Man stellt die Charakteristiken der DGl (2) auf, d. h. die IKurven des Systems

$$\begin{aligned} y_\nu'(x) &= -f_{q_\nu} & (\nu = 1, \ldots, n), \\ z'(x) &= f - \sum_{\varkappa=1}^{n} q_\varkappa f_{q_\varkappa}, & \\ q_\nu'(x) &= f_{y_\nu} + q_\nu f_z & (\nu = 1, \ldots, n), \end{aligned}$$

und zwar die IKurven, die für $x = \xi$ durch den Punkt

$$\eta_1, \ldots, \eta_n, \quad \omega(\eta_1, \ldots, \eta_n), \quad \omega_{\eta_1}, \ldots, \omega_{\eta_n}$$

---

[1]) In (22) und (26) darf das Gleichheitszeichen auch gestrichen werden.

[2]) Insbesondere kann $\beta = \frac{1}{3nA(B+1)}$ gewählt werden.

[3]) Vgl. Fußnote 1.

[4]) Vgl. E. KAMKE, Math. Zeitschrift 49 (1943) 256—284. Im wesentlichen ist der Satz schon früher von T. WAZEWSKI, Annales Soc. Polon. Math. 13 (1934) 1—9 bewiesen.

gehen. Diese existieren für beliebige η_ν im Intervall $|x - \xi| \leq \alpha$. Werden sie mit

$$y_\nu = Y_\nu(x, \eta_1, \ldots, \eta_n), \quad z = Z(x, \eta_1, \ldots, \eta_n), \quad q_\nu = Q_\nu(x, \eta_1, \ldots, \eta_n)$$

bezeichnet, so läßt sich zeigen, daß die ersten n dieser Glen sich für beliebige y_ν eindeutig nach den η_ν auflösen lassen und daß die $2n + 1$ Glen für das gesuchte Integral $z = \psi(x, \mathfrak{y})$ und dessen Ableitungen $\psi_{y_\nu} = Q_\nu$ eine Parameterdarstellung mit den Parametern $\eta_1, \ldots, \eta_n$ liefern.

(b) Erfüllt f die Voraussetzungen nicht in dem ganzen Bereich (22), sondern z. B. in einem endlichen Würfel, so kann man verfahren, wie in 10·3 (b) skizziert. Man kann jedoch auch unmittelbar zu einem Existenz- und Eindeutigkeitssatz für den Bereich einer Doppelpyramide gelangen. Vgl. hierzu T. WAZEWSKI, Annales Soc. Polon. Math. 14 (1935) 149—177.

(c) Die in (a) angegebenen Voraussetzungen über die Differenzierbarkeit von f und ω können gemildert werden. Vgl. dazu T. WAZEWSKI, a. a. O., und Math. Zeitschrift 43 (1938) 521—532, ferner E. DIGEL, ebenda 44 (1938) 445—451.

(d) Hängen die Funktionen f, ω noch von Parametern λ_μ ab, so läßt sich folgendes beweisen[1]):

Für die Funktion[2]) $f(x, \mathfrak{y}, z, \mathfrak{q}, \lambda)$ mögen in dem Bereich

$$|x - \xi| \leq a\ ^{3)}; \quad \mathfrak{y}, z, \mathfrak{q} \text{ beliebig}; \quad \Lambda_\mu \leq \lambda_\mu \leq \Lambda_\mu^*\ ^{3)}$$

die partiellen Ableitungen $f_{y_\nu}, f_z, f_{q_\nu}$ existieren und nebst der Funktion f selber nach allen $2n + m + 2$ Argumenten $x, y_\varkappa, z, q_\varkappa, \lambda_\varkappa$ k-mal stetig differenzierbar sein ($k \geq 1$). Ferner sei (23) erfüllt. — In dem Bereich

(28) $$\mathfrak{y} \text{ beliebig}; \quad \Lambda_\mu \leq \lambda_\mu \leq \Lambda_\mu^*$$

mögen für die gegebene Funktion $\omega(\mathfrak{y}, \lambda)$ die partiellen Ableitungen ω_{y_ν} existieren und nebst ω selber nach den $y_\varkappa, \lambda_\varkappa$ k-mal stetig differenzierbar sein; ferner sei (24) erfüllt. — Schließlich seien α, β wie in (25) gewählt.

Dann hat die DGl

$$p = f(x, \mathfrak{y}, z, \mathfrak{q}, \lambda)$$

bei gegebenem λ in dem Bereich (26) genau ein zweimal stetig differenzierbares Integral $z = \psi(x, \mathfrak{y}, \lambda)$, das für $x = \xi$ die Werte $\psi(\xi, \mathfrak{y}, \lambda) = \omega(\mathfrak{y}, \lambda)$

1) E. KAMKE, Math. Zeitschrift 49 (1943) 256—284.

2) Wie bisher schon steht wieder $\mathfrak{y}$ für $y_1, \ldots, y_n$ und $\mathfrak{q}$ für $q_1, \ldots, q_n$, außerdem auch noch λ für $\lambda_1, \ldots, \lambda_m$.

3) Hier kann an einer beliebigen Stelle das Gleichheitszeichen gestrichen werden. Es ist dann auch bei (26), (28) und (29) an den entsprechenden Stellen das Gleichheitszeichen zu streichen.

annimmt. Die Funktion $\psi(x, \mathfrak{y}, \lambda)$ ist in dem Bereich

(29) $$|x - \xi| \leq \alpha; \quad \mathfrak{y} \text{ beliebig}; \quad \Lambda_\mu \leq \lambda_\mu \leq \Lambda_\mu^*$$

nebst den Ableitungen ψ_x und ψ_{y_ν} k-mal stetig differenzierbar nach allen $n + m + 1$ Argumenten $x, y_\varkappa, \lambda_\varkappa$.

12·7. Vollständige Integrale: Ihre Existenz und Verwendung zur Gewinnung weiterer Integrale.

(a) *Existenz von vollständigen Integralen*[1]). In dem Bereich

$$|x - \xi| \leq a; \quad \mathfrak{y}, z, \mathfrak{q} \text{ beliebig}$$

sei $f(x, \mathfrak{y}, z, \mathfrak{q})$ zweimal stetig differenzierbar, und es sei (23) erfüllt. Dann gibt es zu jedem $b > 0$ ein $\alpha > 0$, so daß die DGl (2) in dem Bereich

$$|x - \xi| \leq \alpha, \quad |y_\nu| \leq b \qquad (\nu = 1, \ldots, n)$$

ein vollständiges Integral hat.

Das folgt aus 12·6 (d), wenn für das dortige f das obige, von λ freie f gewählt und

$$\omega(\mathfrak{y}, \lambda) = \lambda_0 + \sum_{\nu=1}^{n} \lambda_\nu y_\nu$$

gesetzt wird. Ist nämlich $\psi(x, \mathfrak{y}, \lambda)$ das dann nach 12·6 (d) existierende Integral, so ist an der Stelle $x = \xi$

$$\frac{\partial(\psi, \psi_{y_1}, \ldots, \psi_{y_n})}{\partial(\lambda_0, \lambda_1, \ldots, \lambda_n)} = \begin{vmatrix} 1 & y_1 & \cdots & y_n \\ 0 & 1 & \cdots & 0 \\ \cdot & \cdot & \cdot & \cdot \\ 0 & 0 & \cdots & 1 \end{vmatrix} = 1,$$

also die linke Seite $\neq 0$ auch in einer gewissen Umgebung von $x = \xi$.

Ist von der Funktion f nur bekannt, daß sie in der Umgebung einer Stelle $\xi, \mathfrak{y}_0, z_0, \mathfrak{q}_0$ zweimal stetig differenzierbar ist, so läßt sich immer noch beweisen, daß die DGl in einer hinreichend kleinen Umgebung der Stelle $\xi, \mathfrak{y}_0$ ein vollständiges Integral hat. Man kann nämlich zu f eine Funktion f^* konstruieren, welche die oben für f angegebenen Bedingungen erfüllt und in einer gewissen Umgebung von $\xi, \mathfrak{y}_0, z_0, \mathfrak{q}_0$ mit f übereinstimmt. Dann läßt sich das obige Ergebnis auf die DGl $p = f^*$ anwenden und ergibt die Existenz eines vollständigen Integrals, das in einer hinreichend kleinen Umgebung von $\xi, \mathfrak{y}_0$ auch ein vollständiges Integral von (2) ist.

---

[1]) Vgl. A. Mayer, Math. Annalen 3 (1871) 440—444. Goursat, Équations du premier ordre, S. 192 (Remarque II), S. 259—262. Bieberbach, DGlen, 3. Aufl., S. 301—314. Die Beweise müssen in Einzelheiten meistens noch präzisiert werden.

Für die implizite DGl (1) gibt es ein vollständiges Integral sicher in der Umgebung eines jeden regulären Flächenelements, wenn F in dieser Umgebung zweimal stetig differenzierbar ist. Denn dann läßt sich die DGl (1) in einer Umgebung dieser Stelle auf eine explizite DGl (2) zurückführen, für die nach dem vorigen Absatz die Existenz eines vollständigen Integrals gesichert ist[1]).

(b) *Gewinnung weiterer Integrale aus einem vollständigen Integral*[1]). Es sei $\psi(\mathfrak{x}, \mathfrak{a})$, wobei $\mathfrak{a}$ für $a_1, \ldots, a_n$ geschrieben ist, ein vollständiges Integral der DGl (1)[2]). An Stelle der Konstanten a_ν werden stetig differenzierbare Funktionen[3]) $\alpha^\nu(\mathfrak{x})$ eingetragen. Für diese wird

$$\Psi(\mathfrak{x}) = \psi(\mathfrak{x}, \alpha^1, \ldots, \alpha^n)$$

gesetzt. Dann ist

$$\Psi_{x_\nu} = \psi_{x_\nu} + \sum_{k=1}^{n} \psi_{a_k} \alpha^k_{x_\nu} \qquad (\nu = 1, \ldots, n),$$

also Ψ ebenfalls ein Integral von (1), wenn

(30) $$\sum_{k=1}^{n} \psi_{a_k} \alpha^k_{x_\nu} = 0 \qquad (\nu = 1, \ldots, n)$$

ist, wobei $a_k = \alpha^k(\mathfrak{x})$ in die Ableitungen ψ_{a_k} einzutragen ist. Man bekommt also weitere Integrale von (1), wenn man stetig differenzierbare Funktionen $\alpha^k(\mathfrak{x})$ so wählt, daß sie das System (30) erfüllen.

(b_1) Ist[4])

(31) $$\psi_{a_k}(\mathfrak{x}, \alpha^1(\mathfrak{x}), \ldots, \alpha^n(\mathfrak{x})) = 0 \qquad (k = 1, \ldots, n),$$

so ist Ψ ein Integral von (1), und zwar ein singuläres.

(b_2) Für r ($r < n$) stetig differenzierbare Funktionen

$$\Phi^\varrho(\mathfrak{a}) \qquad (\varrho = 1, \ldots, r)$$

und n stetig differenzierbare Funktionen

$$\alpha^\nu(\mathfrak{x}) \qquad (\nu = 1, \ldots, n)$$

---

1) Forsyth, Diff. Equations V, S. 165—171. Goursat, Équations du premier ordre, S. 154ff.

2) Von Gebietsfestlegungen wird abgesehen. Die Ergebnisse gelten zunächst nur in einer hinreichend kleinen Umgebung einer Stelle. Bei konkreten Beispielen, bei denen sie zumeist angewendet werden, wird man leicht umfassendere Geltungsbereiche angeben können.

3) Es ist hier zweckmäßig, bei den Funktionen obere Indizes zu benutzen; untere Indizes deuten dann Ableitungen an, also z. B. $\alpha^k_{x_\nu} = \frac{\partial \alpha^k}{\partial x_\nu}$.

4) Die Glen (31) gelten, wenn (30) gilt und $\frac{\partial(\alpha^1, \ldots, \alpha^n)}{\partial(x_1, \ldots, x_n)} \neq 0$ ist, wie aus (30) folgt. Die Bedingung (31) ist einfacher als diese kombinierte Bedingung.

sei

$$\Phi^\varrho(\alpha^1, \ldots, \alpha^n) = 0 \qquad (\varrho = 1, \ldots, r), \tag{32}$$

also auch

$$\sum_{k=1}^{n} \Phi^\varrho_{a_k} \alpha^k_{x_\nu} = 0 \qquad (\nu = 1, \ldots, n), \tag{33}$$

wobei $a_k = \alpha^k$ in die $\Phi^\varrho_{a_k}$ einzutragen ist. Ferner sei für r Funktionen $\lambda_\varrho(\mathfrak{x})$

$$\psi_{a_k}(\mathfrak{x}, \alpha^1, \ldots, \alpha^n) = \sum_{\varrho=1}^{r} \lambda_\varrho \Phi^\varrho_{a_k} \qquad (k = 1, \ldots, n). \tag{34}$$

Dann sind die Glen (30) eine Folge von (33), also ist Ψ ein Integral von (1).[1])

Für die praktische Anwendung wird man bei gegebenen Φ^ϱ von den $n + r$ Glen (32) und (34) für die $n + r$ Funktionen α^k, λ_ϱ ausgehen. Hat man aus ihnen die α^k als stetig differenzierbare Funktionen gefunden, so braucht man sie nur für die a_k in ψ einzutragen.

Beispiel: Es werde wieder das Beispiel

$$p\,q = z, \quad \psi = (x - a)\,(y - b)$$

von 9·5 (c) gewählt. Ferner sei $r = 1$ und $\Phi(a, b) = a\,A + b\,B$ mit beliebigen Konstanten A, B, die beide $\neq 0$ sind. Dann lauten die Glen (32) und (34)

$$\alpha\,A + \beta\,B = 0, \quad \beta - y = \lambda\,A, \quad \alpha - x = \lambda\,B$$

und ergeben

$$\alpha = \frac{A\,x - B\,y}{2\,A}, \quad \beta = -\frac{A\,x - B\,y}{2\,B},$$

also

$$\Psi = \frac{1}{4\,A\,B}(A\,x + B\,y)^2.$$

(c) *Über das Vorkommen eines gegebenen Integrals unter den durch ein vollständiges Integral bestimmten Integralen.* Es sei $z = \chi(\mathfrak{x})$ ein gegebenes Integral der DGl (1). Dieses befindet sich nach (b) unter den durch ein vollständiges Integral $\psi(\mathfrak{x}, \mathfrak{a})$ bestimmten Integralen, wenn für geeignet gewählte, stetig differenzierbare Funktionen $\alpha^k(\mathfrak{x})$

$$\begin{cases} \psi(\mathfrak{x}, \alpha^1, \ldots, \alpha^n) = \chi(\mathfrak{x}) \\ \psi_{x_\nu}(\mathfrak{x}, \alpha^1, \ldots, \alpha^n) = \chi_{x_\nu}(\mathfrak{x}) \qquad (\nu = 1, \ldots, n) \end{cases} \tag{35}$$

und außerdem (30) gilt.

Praktisch wird man so vorgehen, daß man die α^k aus den Glen (35) berechnet und untersucht, ob dann auch die Glen (30) erfüllt sind. Für ein Beispiel s. 9·5 (d).

---

[1]) Man kommt hierauf folgendermaßen: Ist in der UnGl von Fußnote 4 auf S. 113 das Zeichen $\neq$ durch $\equiv$ ersetzt, so sind die α^ν voneinander abhängig, es wird also eine Gl von der Art der Glen (32) bestehen. Es sei r die genaue Zahl der „wesentlich verschiedenen" möglichen Glen. Bestehen nun noch Glen (30), so wird anzunehmen sein, daß sie sich aus den Glen (32) linear komponieren lassen. Auf diese Weise gelangt man zu (34).

12·8. Jacobis Lösungsverfahren[1]. Bei diesem wird die DGl (1), deren linke Seite jetzt mit F^1 bezeichnet werden und zweimal stetig differenzierbar sein soll, durch weitere (voneinander „unabhängige") Glen derselben Art

$$F^2 = 0, \ldots, F^k = 0$$

so ergänzt, daß ein Involutionssystem[2]) von insgesamt k Glen entsteht. Im allgemeinen Fall wird $k = n$ oder $n + 1$ gewählt; kommt z selbst in dem System nicht vor, so wird $k = n$ gewählt. Es wird also ein System von der in 14 behandelten Art aufgebaut. Gegenüber 14·9 (d) liegt hier nichts Neues vor; nur daß das dortige ursprüngliche System von m Glen hier nur aus einer Gl besteht.

Um das System der k Glen zu erhalten, hat man zunächst eine zweimal stetig differenzierbare Funktion F^2 ausfindig zu machen, die mit F^1 in Involution ist, d. h. die Lösung der linearen homogenen DGl

$$[F^1, Z] = 0$$

ist oder, was dasselbe bedeutet, längs jedes charakteristischen Streifens von (1) konstant ist. Solche Funktionen werden Vorintegrale (erste Integrale, intégrales premières) von (1) genannt. Man kann sie in vielen Fällen leicht durch Kombination der charakteristischen Glen ausfindig machen, wie das immer wieder beim Lösen partieller DGlen vorkommt. Erhält man dabei sogar mehrere derartige Funktionen $F^2, \ldots, F^r$, die auch untereinander in Involution sind, so kann man sie sämtlich zum Aufbau des Systems verwenden, wenn sie in dem Sinne voneinander unabhängig sind, daß die später zu fordernde Determinanten-UnGl (vgl. 14 (21) und (24)) voraussichtlich erfüllt sein wird. Hat man die Funktionen $F^2, \ldots, F^k$ (mit einem der oben genannten k) gefunden, so kann man sie für $\nu \geq 2$ auch durch $F^\nu - A_\nu$ mit beliebigen Konstanten A_ν ersetzen. Man wird dann auf Grund von 14·3 (e) sogar vollständige Integrale der DGl (1) erhalten[3]).

12·9. Die vollständigen Integrale der von z freien Differentialgleichung $p + f(x, \mathfrak{y}, \mathfrak{q}) = 0$ und ihre Verwendung zur Lösung der charakteristischen Gleichungen.

(a) Bei der DGl

$$p + f(x, \mathfrak{y}, \mathfrak{q}) = 0, \tag{36}$$

in der wieder $\mathfrak{y}$ für $y_1, \ldots, y_n$ und $\mathfrak{q}$ für $q_1, \ldots, q_n$ steht, $p = \frac{\partial z}{\partial x}$, $q_\nu = \frac{\partial z}{\partial y_\nu}$ ist und die gesuchte Funktion $z = z(x, \mathfrak{y})$ selbst nicht vorkommt, wird der

---

[1]) Vgl. Forsyth, Diff. Equations V, S. 146–155. Bieberbach, DGlen, 3. Aufl., S. 299–317 (nicht überall präzis genug).

[2]) Vgl. hierzu 14·1 (b).

[3]) Für ein Beispiel s. 14·8 (c).

Begriff des vollständigen Integrals verschärft. Unter einem vollständigen Integral wird hier ein von Parametern a und $\mathfrak{a}$ ($\mathfrak{a}$ steht für $a_1, \ldots, a_n$) abhängendes Integral

$$z = \psi(x, \mathfrak{y}, \mathfrak{a}) + a$$

verstanden, das in dem betrachteten Gebiet nach allen $2n + 1$ Argumenten x, $\mathfrak{y}$, $\mathfrak{a}$ zweimal stetig differenzierbar ist und die UnGl

$$\frac{\partial(\psi_{y_1}, \ldots, \psi_{y_n})}{\partial(a_1, \ldots, a_n)} \neq 0 \tag{37}$$

erfüllt.

(b) Ist $f(x, \mathfrak{y}, \mathfrak{q})$ in einer Umgebung von x_0, $\mathfrak{y}_0$, $\mathfrak{q}_0$ zweimal stetig differenzierbar, so hat die DGl (36) in einer Umgebung von x_0, $\mathfrak{y}_0$ ein vollständiges Integral in dem obigen Sinne.

Dieses kann man auf folgendem Wege konstruieren. Die charakteristischen Glen von (36) sind nach 12·2 (13)

$$y_\nu'(x) = f_{q_\nu}(x, \mathfrak{y}, \mathfrak{q}), \quad q_\nu'(x) = -f_{y_\nu}(x, \mathfrak{y}, \mathfrak{q}) \quad (\nu = 1, \ldots, n), \tag{38}$$

$$z'(x) = -f + \sum_{\nu=1}^{n} q_\nu f_{q_\nu}. \tag{39}$$

Die Glen (38) sind für sich lösbar. Es sei $\mathfrak{b}$, $\mathfrak{a}$ ein beliebiger Punkt in einer hinreichend kleinen Umgebung von $\mathfrak{y}_0$, $\mathfrak{q}_0$ Die Lösungen von (38), die für $x = x_0$ die Werte $\mathfrak{b}$, $\mathfrak{a}$ annehmen, seien

$$y_\nu = Y_\nu(x, \mathfrak{b}, \mathfrak{a}), \quad q_\nu = Q_\nu(x, \mathfrak{b}, \mathfrak{a}) \quad (\nu = 1, \ldots, n). \tag{40}$$

Wird $z(x_0) = \mathfrak{a}\,\mathfrak{b}$ vorgeschrieben, so folgt aus (39) weiter

$$z = Z(x, \mathfrak{b}, \mathfrak{a}) = \mathfrak{a}\,\mathfrak{b} + \int_{x_0}^{x} \left(\sum_{\nu=1}^{n} Q_\nu F_{q_\nu} - F\right) dx, \tag{41}$$

wobei die großen Buchstaben F die Werte von f mit eingetragenen Y_ν, Q_ν bedeuten sollen. Die ersten n Glen (40) lassen sich für die x, $\mathfrak{y}$, $\mathfrak{a}$ einer hinreichend kleinen Umgebung von x_0, $\mathfrak{y}_0$, $\mathfrak{q}_0$ eindeutig nach den $\mathfrak{b}$ auflösen und ergeben zweimal stetig differenzierbare Funktionen $\mathfrak{b} = \mathfrak{B}(x, \mathfrak{y}, \mathfrak{a})$. Mit diesen erhält man aus (41) das vollständige Integral

$$z = \psi(x, \mathfrak{y}, \mathfrak{a}) + a = Z(x, \mathfrak{B}, \mathfrak{a}) + a;$$

für dieses ist $\psi(x_0, \mathfrak{y}, \mathfrak{a}) = a + \mathfrak{a}\,\mathfrak{y}$ [1]).

(c) Gewinnung der Charakteristiken aus einem vollständigen Integral. Ist für die DGl (36) ein vollständiges Integral bekannt[2]), so kann man aus

---

[1]) Vgl. A. Mayer, Mathem. Annalen 3 (1871) 440ff. Goursat, Equations du premier ordre, S. 259—262.

[2]) Ein solches kann man nach 13 in einer Reihe von Fällen finden, ohne die charakteristischen Glen zu lösen.

ihm durch bloße Differentiations- und Eliminationsprozesse die Lösungen der charakteristischen Glen (38) erhalten. Genauer gilt folgendes:

In einer Umgebung der Stelle $x_0, \mathfrak{y}_0, \mathfrak{q}_0$ sei $f(x, \mathfrak{y}, \mathfrak{q})$ zweimal stetig differenzierbar, und es sei $z = \psi(x, \mathfrak{y}, \mathfrak{a}) + a$ in einer Umgebung von $x_0, \mathfrak{y}_0, \mathfrak{a}_0$ ein vollständiges Integral von (36), das nach $x, \mathfrak{y}, \mathfrak{a}$ sogar zweimal stetig differenzierbar ist und an der Stelle $x_0, \mathfrak{y}_0, \mathfrak{a}_0$ die Bedingungen

$$\psi_{y_\nu} = \mathfrak{q}_{0\nu} \qquad (\nu = 1, \ldots, n),$$

$$\frac{\partial(\psi_{y_1}, \ldots, \psi_{y_n})}{\partial(a_1, \ldots, a_n)} \neq 0$$

erfüllt. Löst man dann die Glen

$$\psi_{a_\nu}(x, \mathfrak{y}, \mathfrak{a}) = b_\nu \qquad (\nu = 1, \ldots, n) \tag{42}$$

für die $x, \mathfrak{a}, \mathfrak{b}$ einer gewissen Umgebung von $x_0, \mathfrak{a}_0, \mathfrak{b}_0$ mit

$$b_{0\nu} = \psi_{a_\nu}(x_0, \mathfrak{y}_0, \mathfrak{a}_0) \qquad (\nu = 1, \ldots, n)$$

nach $\mathfrak{y}$ auf — das Ergebnis sei $\mathfrak{y} = \mathfrak{Y}(x, \mathfrak{a}, \mathfrak{b})$ — und setzt man

$$Q_\nu(x, \mathfrak{a}, \mathfrak{b}) = \psi_{y_\nu}(x, \mathfrak{Y}, \mathfrak{a}),$$

so sind

$$\mathfrak{y} = \mathfrak{Y}(x, \mathfrak{a}, \mathfrak{b}), \quad \mathfrak{q} = \mathfrak{Q}(x, \mathfrak{a}, \mathfrak{b})$$

Lösungen der Glen (38), und man erhält auf diese Weise auch *alle* IKurven des Systems (38), die durch eine hinreichend kleine Umgebung von $x_0, \mathfrak{y}_0, \mathfrak{q}_0$ gehen[1]).

12·10. Anwendung in der Mechanik. In der Mechanik endlich vieler Massenpunkte treten die charakteristischen Glen (38), die dort auch HAMILTONsche oder kanonische Glen genannt werden, in der Gestalt[2])

$$\frac{dq_\nu}{dt} = \frac{\partial H}{\partial p_\nu}, \quad \frac{dp_\nu}{dt} = -\frac{\partial H}{\partial q_\nu} \qquad (\nu = 1, \ldots, n) \tag{43}$$

auf, wo die sog. HAMILTONsche Funktion

$$H = H(t, q_1, \ldots, q_n, p_1, \ldots, p_n)$$

eine gegebene Funktion und $q_\nu = q_\nu(t)$, $p_\nu = p_\nu(t)$ die gesuchten Funktionen sind. Nach 12·9 kann man die Lösungen der kanonischen Glen aus einem vollständigen Integral $z = z(q_1, \ldots, q_n)$ der zugehörigen partiellen DGl

$$\frac{\partial z}{\partial t} + H\left(t, q_1, \ldots, q_n, \frac{\partial z}{\partial q_1}, \ldots, \frac{\partial z}{\partial q_n}\right) = 0 \tag{44}$$

[1]) Vgl. COURANT-HILBERT, Methoden math. Physik II, S. 91f., 87ff.

[2]) Vgl. WHITTAKER, Analytische Dynamik, S. 280. Encyklopädie IV$_2$, S. 608. Die Bedeutung der p_ν, q_ν ist unabhängig von der bisherigen Bedeutung dieser Buchstaben.

gewinnen; diese DGl heißt in der Mechanik HAMILTON-JACOBIsche Gleichung[1]), in der geometrischen Optik auch Eikonalgleichung[2]).

Beispiel[3]): Ein Massenpunkt x, y bewege sich in der x, y-Ebene unter dem Einfluß der Gravitationskraft, die auf ihn von einer im Nullpunkt befestigten Masse ausgeübt wird. Die Bewegung vollzieht sich nach den Glen

$$x''(t) = U_x, \quad y''(t) = U_y \quad \text{mit} \quad U = \frac{k^2}{\sqrt{x^2 + y^2}}.$$

Mit Hilfe der HAMILTONschen Funktion

$$H(x, y, p, q) = \frac{1}{2}(p^2 + q^2) - U(x, y)$$

läßt sich dieses System in das kanonische System[4])

$$x'(t) = H_p, \quad y'(t) = H_q, \quad p'(t) = -H_x, \quad q'(t) = -H_y$$

überführen. Die zugehörige partielle DGl (44) für $z = z(t, x, y)$ lautet

$$z_t + \frac{1}{2}(z_x^2 + z_y^2) = \frac{k^2}{\sqrt{x^2 + y^2}}$$

oder, wenn

$$\zeta(t, \varrho, \vartheta) = z(t, x, y) \quad \text{mit} \quad x = \varrho \cos \vartheta, \quad y = \varrho \sin \vartheta$$

gesetzt wird,

$$\zeta_t + \frac{1}{2}\left(\zeta_\varrho^2 + \frac{\zeta_\vartheta^2}{\varrho^2}\right) = \frac{k^2}{\varrho}.$$

Für diese DGl erhält man nach 13·3 das vollständige Integral

$$\zeta = -At + B\vartheta \pm \int_{\varrho_0}^{\varrho} \sqrt{2A + \frac{2k^2}{\varrho} - \frac{B^2}{\varrho^2}}\, d\varrho + C.$$

Hieraus bekommt man die gesuchten Funktionen $x(t) = \varrho \cos \vartheta$ und $y(t) = \varrho \sin \vartheta$, indem man

$$\frac{\partial \zeta}{\partial A} = \text{const} \quad \text{und} \quad \frac{\partial \zeta}{\partial B} = \text{const}$$

löst. Man erhält, wenn nur das obere Vorzeichen berücksichtigt und die für $t = t_0$ durch ϱ_0, ϑ_0 gehende Kurve gesucht wird,

$$t - t_0 = \int_{\varrho_0}^{\varrho} \frac{d\varrho}{\sqrt{R}}, \quad \vartheta - \vartheta_0 = B \int_{\varrho_0}^{\varrho} \frac{d\varrho}{\varrho^2 \sqrt{R}} \quad \text{mit} \quad R = 2A + \frac{2k^2}{\varrho} - \frac{B^2}{\varrho^2}.$$

Durch die zweite Gl wird die Bahnkurve, durch die erste der zeitliche Ab-

---

[1]) Vgl. FORSYTH, Diff. Equations V, Kap. X. WHITTAKER, a. a. O., S. 335. Encyklopädie. IV_2, S. 625.

[2]) Vgl. FRANK-v. MISES, D- u. IGlen II, 2. Aufl., S. 11ff.

[3]) Vgl. COURANT-HILBERT, Methoden math. Physik II, S. 92—94.

[4]) Hier sind wieder die früheren Bezeichnungen x, y, p, q statt q_ν, p_ν benutzt.

lauf der Bewegung bestimmt. Setzt man in der zweiten Gl $\sigma = \frac{1}{\varrho}$, so erhält man für $B \neq 0$

$$\vartheta - \vartheta_0 = \arc\sin \frac{1}{\varepsilon}\left(\frac{B^2}{k^2 \varrho} - 1\right) + \text{const} \quad \text{mit} \quad \varepsilon^2 = 1 + \frac{2 A B^2}{k^4},$$

also

$$\varrho = \frac{B^2}{k^2 [1 + \varepsilon \sin(\vartheta - \vartheta_0)]},$$

d. h. einen Kegelschnitt.

12·11. Ungleichungen und Abschätzungen.

(a) NAGUMOs Abschätzungssatz[1]). Die Funktion $f(x, \mathfrak{y}, z, \mathfrak{q})$ [2]) sei im Gebiet $\mathfrak{G}(x, \mathfrak{y}, z, \mathfrak{q})$ definiert und erfülle dort eine LIPSCHITZ-Bedingung

(45) $$|f(x, \mathfrak{y}, z, \bar{\mathfrak{q}}) - f(x, \mathfrak{y}, z, \mathfrak{q})| \leq A \sum_{\nu=1}^{n} |\bar{q}_\nu - q_\nu|.$$

Für $\nu = 1, \ldots, n$ seien $a_\nu(x)$, $b_\nu(x)$ im Intervall $\xi \leq x < c$ stetig differenzierbar, $a_\nu(x) < b_\nu(x)$ und

$$a_\nu' \geq A, \quad b' \leq -A\ ^{3)}.$$

Mit diesen Funktionen wird der pyramidenartige Bereich

$\mathfrak{g}$: $$\xi \leq x < c, \quad a_\nu(x) \leq y_\nu \leq b_\nu(x) \qquad (\nu = 1, \ldots, n)$$

gebildet. In $\mathfrak{g}$ seien die Funktionen $u(x, \mathfrak{y})$, $v(x, \mathfrak{y})$ stetig differenzierbar, und die Wertesysteme $x, \mathfrak{y}, z, \mathfrak{q}$ mögen für $z = u$, $q_\nu = u_{y_\nu}$ und für $z = v$, $q_\nu = v_{y_\nu}$ zu $\mathfrak{G}$ gehören.

Schließlich sei

$$u_x \geq f(x, \mathfrak{y}, u, u_{y_1}, \ldots, u_{y_n}), \quad v_x \leq f(x, \mathfrak{y}, v, v_{y_1}, \ldots, v_{y_n}),$$

wobei jedoch an jeder Stelle von $\mathfrak{g}$ höchstens *ein* Gleichheitszeichen gelten darf, und

$$u(\xi, \mathfrak{y}) > v(\xi, \mathfrak{y}) \quad \text{für} \quad a_\nu(\xi) \leq y_\nu \leq b_\nu(\xi).$$

Dann ist

$$u(x, \mathfrak{y}) > v(x, \mathfrak{y}) \quad \text{im ganzen Bereich } \mathfrak{g}.$$

(b) Verwendung zur Abschätzung der Lösung einer DGl

(2) $$p = f(x, \mathfrak{y}, z, \mathfrak{q}).$$

Die rechte Seite sei wieder in $\mathfrak{G}$ definiert, erfülle dort (45), und $\mathfrak{g}$ habe ebenfalls dieselbe Bedeutung wie in (a). In $\mathfrak{g}$ sei die Existenz eines Integrals $\psi(x, \mathfrak{y})$ mit dem Anfangswert $\psi(\xi, \mathfrak{y}) = \omega(\mathfrak{y})$ gesichert, aber die Funktion ψ

---

[1]) M. NAGUMO, Japanese Journal of Math. 15 (1938) 51—56. Vgl. auch J. SZARSKI, Annales Soc. Polon. 22 (1950) 1—34.

[2]) Es steht wieder $\mathfrak{y}$ für $y_1, \ldots, y_n$ und $\mathfrak{q}$ für $q_1, \ldots, q_n$.

[3]) Es ist wesentlich, daß hier gerade die LIPSCHITZ-Konstante A aus (45) steht.

selbst vielleicht schwer zu berechnen. Gelingt es, die Funktionen f, ω durch zwei Funktionen $f_\nu(x, \mathfrak{y}, z, \mathfrak{q}), \omega_\nu(\mathfrak{y})$ so einzuschließen, daß

$$f_1 < f < f_2, \quad \omega_1 < \omega < \omega_2$$

ist und daß man für die DGlen

$$p = f_1, \quad p = f_2$$

Integrale $\psi_1(x, \mathfrak{y}), \psi_2(x, \mathfrak{y})$ mit den Anfangswerten $\psi_\nu(\xi, \mathfrak{y}) = \omega_\nu(\mathfrak{y})$ berechnen kann, so hat man in $\mathfrak{g}$ die Abschätzung

$$\psi_1(x, \mathfrak{y}) < \psi(x, \mathfrak{y}) < \psi_2(x, \mathfrak{y}).$$

Hieraus ergibt sich weiter Haars UnGl 4·4.

13. Lösungsverfahren für einige Sonderfälle.[1]

13·1. $F(p_1, \ldots, p_n) = 0$. Werden die Konstanten A_ν so gewählt, daß $F(A_1, \ldots, A_n) = 0$ ist, so ist

$$z = A_0 + A_1 x_1 + \cdots + A_n x_n$$

ein Integral, und zwar ein vollständiges, wenn F stetig differenzierbar und $\sum |F_{p_\nu}| \neq 0$ ist[2]).

13·2. $F(z, p_1, \ldots, p_n) = 0$. Macht man den Ansatz

$$z = \zeta(\xi), \quad \xi = A_1 x_1 + \cdots + A_n x_n,$$

so wird aus der partiellen DGl die gewöhnliche DGl

$$F(\zeta, A_1 \zeta', \ldots, A_n \zeta') = 0$$

für $\zeta = \zeta(\xi)$.

13·3. $F[f_1(x_1, p_1 \varphi(z)), \ldots, f_n(x_n, p_n \varphi(z))] = 0$; **Differentialgleichung mit getrennten Variablen.** Man bestimme Konstante A_ν so, daß $F(A_1, \ldots, A_n) = 0$ ist, und löse die Glen

$$f_\nu(x_\nu, p_\nu \varphi) = A_\nu$$

nach $p_\nu \varphi$ auf. Die Lösungen seien

$$p_\nu \varphi(z) = g_\nu(x_\nu, A_\nu).$$

Dann liefert

$$\int \varphi(z)\, dz = \sum_{\nu=1}^{n} \int g_\nu(x_\nu, A_\nu)\, dx_\nu + A_0$$

ein Integral der gegebenen DGl.[3]) Sonderfälle hiervon sind:

(a) $$f_1(x_1, p_1) f_2(x_2, p_2) \cdots f_n(x_n, p_n) = a.$$

---

[1]) Vgl. hierzu auch 11.

[2]) Goursat, Équations du premier ordre, S. 156.

[3]) Mansion, Équations du premier ordre, S. 66.

Für $a = 0$ ist die DGl erfüllt, falls z auch nur einer der Glen

$$f_k(x_k, p_k) = 0$$

genügt. Ist diese Gl nach p_k auflösbar, etwa $p_k = \varphi_k(x_k)$, so ist

$$z = \int \varphi_k(x_k)\, dx_k + \Omega(x_1, \ldots, x_{k-1}, x_{k+1}, \ldots, x_n)$$

eine Lösung der gegebenen DGl, wobei Ω eine beliebige stetig differenzierbare Funktion sein darf.

Für $a \neq 0$ wähle man die A_ν so, daß $A_1 \cdots A_n = a$ ist. Sind die Glen

$$f_\nu(x_\nu, p_\nu) = A_\nu \qquad (\nu = 1, \ldots, n)$$

nach p_ν auflösbar, etwa $p_\nu = \varphi_\nu(x_\nu, A_\nu)$, so ist

$$z = A_0 + \sum_{\nu=1}^{n} \int \varphi_\nu(x_\nu, A_\nu)\, dx_\nu$$

ein vollständiges Integral.[1])

(b) $$f_1(x_1, p_1) + f_2(x_2, p_2) + \cdots + f_n(x_n, p_n) = 0.$$

Man wähle Konstante A_ν so, daß $\sum A_\nu = 0$ ist, und löse die Glen

$$f_\nu(x_\nu, p_\nu) = A_\nu \qquad (\nu = 1, \ldots, n)$$

nach p_ν auf. Sind die Lösungen $p_\nu = \varphi_\nu(x_\nu, A_\nu)$, so ist

$$z = \sum \int \varphi_\nu(x_\nu, A_\nu)\, dx_\nu + A_0$$

ein vollständiges Integral.

13·4. Gleichgradige Differentialgleichungen.[2])

(a) $F(\mathfrak{x}, z, \mathfrak{p}) = 0$, wobei die linke Seite, wenn z durch eine passend gewählte Potenz z^a ersetzt wird, homogen in $z, p_1, \ldots, p_n$ sein soll.

$a \neq 1$: Wird $z = w^\lambda$ gesetzt, so läßt sich λ so bestimmen, daß sich w selber aus der Gl heraushebt. Man hat dafür $\lambda = \frac{a}{a-1}$ zu wählen und erhält dann die DGl

$$F(x_1, \ldots, x_n, \lambda^{-a}, w_{x_1}, \ldots, w_{x_n}) = 0.$$

$a = 1$: Für $z = e^w$ wird aus der DGl:

$$F(x_1, \ldots, x_n, 1, w_{x_1}, \ldots, w_{x_n}) = 0.$$

(b) $F(\mathfrak{x}, \mathfrak{p}) = z^c$, wobei die linke Seite in $p_1, \ldots, p_n$ homogen vom Grad m ist.

Das ist ein Sonderfall von (a), und zwar ist das dortige $a = \frac{m}{c}$.

13·5. $F(\mathfrak{x}, z, \mathfrak{p}) = 0$, Legendresche Transformation. In dem Gebiet $\mathfrak{g}(\mathfrak{x})$ sei $z(\mathfrak{x})$ zweimal stetig differenzierbar; für ein $1 \leq k \leq n$ möge das Gebiet $\mathfrak{g}(\mathfrak{x})$ eineindeutig auf ein Gebiet $\mathfrak{G}(\mathfrak{X})$ durch die Transformation

$$X_1 = x_1, \ldots, X_{k-1} = x_{k-1}, \quad X_k = z_{x_k}(\mathfrak{x}), \ldots, X_n = z_{x_n}(\mathfrak{x})$$

[1]) Goursat, Équations du premier ordre, S. 160.

[2]) Vgl. auch 11·10.

abgebildet werden; schließlich sei in $\mathfrak{g}$ die

$$\text{Det.}\,|z_{x_\mu x_\nu}| \neq 0 \qquad (\mu, \nu \geq k).$$

Wird

$$Z(\mathfrak{X}) = \sum_{\varrho=k}^{n} x_\varrho z_{x_\varrho} - z(\mathfrak{x})$$

gesetzt, so bestehen neben den schon angeführten Glen

$$(1)\quad \begin{cases} X_\nu = x_\nu \;\; (\nu = 1, \ldots, k-1), \quad X_\nu = z_{x_\nu}(\mathfrak{x}) \;\; (\nu = k, \ldots, n) \\ Z(\mathfrak{X}) = \sum_{\varrho=k}^{n} x_\varrho z_{x_\varrho} - z(\mathfrak{x}) \end{cases}$$

auch die Glen

$$(2)\qquad z_{x_\nu} = -Z_{X_\nu} \qquad (\nu = 1, \ldots, k-1)$$

und

$$(3)\quad \begin{cases} x_\nu = X_\nu \;\; (\nu = 1, \ldots, k-1), \quad x_\nu = Z_{X_\nu}(\mathfrak{X}) \;\; (\nu = k, \ldots, n) \\ z(\mathfrak{x}) = \sum_{\varrho=k}^{n} X_\varrho Z_{X_\varrho} - Z(\mathfrak{X}). \end{cases}$$

Das ist die Legendresche Transformation[1]). Durch sie geht, soweit die Integrale die genannten Voraussetzungen erfüllen, die DGl

$$(4)\qquad F(\mathfrak{x}, z, \mathfrak{p}) = 0$$

in die DGl

$$F(X_1, \ldots, X_{k-1}, Z_{X_k}, \ldots, Z_{X_n}, \sum_{\varrho=k}^{n} X_\varrho Z_{X_\varrho} - Z, -Z_{X_1}, \ldots, -Z_{X_{k-1}}, X_k, \ldots, X_n) = 0$$

über, die bisweilen einfacher als die ursprüngliche DGl ist. Hat man ein Integral $Z(\mathfrak{X})$ dieser DGl gefunden, so ist (3) die Parameterdarstellung eines Integrals von (4).

Durch die Transformation können Integrale verloren gehen, nämlich solche, für welche die anfangs genannten Voraussetzungen nicht erfüllt sind. Es bleibt also im Einzelfall noch zu untersuchen, ob es derartige Integrale gibt.

Ist statt (4) eine DGl $F(\mathfrak{x}, \mathfrak{p}) = 0$ gegeben, in der z selbst nicht auftritt, so lautet die transformierte DGl

$$F(X_1, \ldots, X_{k-1}, Z_{X_k}, \ldots, Z_{X_n}, -Z_{X_1}, \ldots, -Z_{X_{k-1}}, X_k, \ldots, X_n) = 0.$$

---

[1]) Sie gehört zur Klasse der Berührungstransformationen. Bei der obigen Formulierung ist die Eulersche Transformation 11·15 in der Legendreschen Transformation mitenthalten.

Man kann in diesem Fall also immer erreichen, daß die größeren Komplikationen bei den unabhängigen Veränderlichen und nicht bei den Ableitungen vorliegen.

13·6. $\sum_{\nu=1}^{k-1} p_\nu f_\nu = \sum_{\nu=k}^{n} x_\nu f_\nu - f_{n+1}$ für ein $1 \leqq k \leqq n$ und

$$f_\nu = f_\nu\left(x_1, \ldots, x_{k-1}, p_k, \ldots, p_n, \sum_{\nu=k}^{n} x_\nu p_\nu - z\right).$$

Durch die LEGENDREsche Transformation (2) und (3) geht die DGl über in die quasilineare DGl

$$\sum_{\nu=1}^{n} F_\nu \frac{\partial Z}{\partial X_\nu} = F_{n+1} \quad \text{mit} \quad F_\nu = f_\nu(X_1, \ldots, X_n, Z).$$ [1]

13·7. $\sum_{\nu=1}^{n} x_\nu f_\nu = f_{n+1}$, $f_\nu = f_\nu\left(p_1, \ldots, p_n, \sum_{\nu=1}^{n} x_\nu p_\nu - z\right)$. Sonderfall von 13·6 für $k = 1$.

13·8. $z = x_1 p_1 + \cdots + x_n p_n + f(p_1, \ldots, p_n)$; **Clairautsche Differentialgleichung.** Ist f an der Stelle $A_1, \ldots, A_n$ definiert, so ist

$$z = A_1 x_1 + \cdots + A_n x_n + f(A_1, \ldots, A_n)$$

ein Integral, und zwar ein vollständiges, wenn f zweimal stetig differenzierbar ist. Weitere Integrale lassen sich nach 12·7 (b) herleiten oder auch mit der LEGENDREschen Transformation 13·5. Vgl. auch 11·12.

14. Systeme von Differentialgleichungen.

14·1. Explizite Systeme. Integrabilitätsbedingungen. Es sei ein System von r DGlen gegeben, das sich nach r der Ableitungen auflösen läßt. Man erhält so die explizite oder kanonische Gestalt des Systems[2])

(1) $$p_\mu = f^\mu(\mathfrak{x}, \mathfrak{y}, z, \mathfrak{q}) \qquad (\mu = 1, \ldots, r),$$

wo $\mathfrak{x}$; $\mathfrak{y}$; $\mathfrak{q}$ Abkürzungen für

$$x_1, \ldots, x_r; \quad y_1, \ldots, y_s; \quad q_1, \ldots, q_s$$ [3])

sind, ferner wieder

$$p_\nu = \frac{\partial z}{\partial x_\nu}, \quad q_\nu = \frac{\partial z}{\partial y_\nu}$$

---

[1]) MANSION, Équations du premier ordre, S. 56f.

[2]) Es ist hier bisweilen zweckmäßig, Funktionen durch obere Indizes zu unterscheiden. Man kann dann Ableitungen wie z. B. $\frac{\partial f^\mu}{\partial x_\nu}$ kurz mit $f^\mu_{x_\nu}$ bezeichnen.

[3]) Dabei ist auch $s = 0$ zugelassen; das bedeutet, daß $\mathfrak{y}$ und $\mathfrak{q}$ nicht vorkommen.

und $z = z(\mathfrak{x}, \mathfrak{y})$ die gesuchte Funktion ist[1]). Grundlegend ist die folgende Tatsache:

(a) Sind die f^μ in dem betrachteten Gebiet $\mathfrak{G}(\mathfrak{x}, \mathfrak{y}, z, \mathfrak{q})$ nach den Argumenten x_ν, y_ν, z, q_ν stetig differenzierbar, so erfüllt jedes zweimal stetig differenzierbare Integral $z = \psi(\mathfrak{x}, \mathfrak{y})$ die $\frac{r(r-1)}{2}$ Glen[2])

$$(2)\quad f^\mu_{x_\nu} + f^\mu_z f^\nu + \sum_{\sigma=1}^{s} f^\mu_{q_\sigma}(f^\nu_{y_\sigma} + q_\sigma f^\nu_z) = f^\nu_{x_\mu} + f^\nu_z f^\mu + \sum_{\sigma=1}^{s} f^\nu_{q_\sigma}(f^\mu_{y_\sigma} + q_\sigma f^\mu_z)$$
$$(1 \leq \mu, \nu \leq r)$$

für $z = \psi$, $q_\sigma = \psi_{y_\sigma}$.

Das ergibt sich aus $\psi_{x_\mu x_\nu} = \psi_{x_\nu x_\mu}$, wenn man hierin einträgt, was sich durch Differentiation der rechten Seiten von (1) ergibt, und zur Umformung nochmals auf (1) zurückgreift).

Man kann also zu einem gegebenen System stets noch weitere Glen aufstellen, die auch erfüllt sein müssen, wenn das System überhaupt eine zweimal stetig differenzierbare Lösung hat.

(b) Sind die Glen (2) in den Größen $\mathfrak{x}, \mathfrak{y}, z, \mathfrak{q}$ identisch erfüllt, so heißt das System (1) ein explizites Involutionssystem oder ein JACOBIsches System oder vollständig integrierbar (system in involution; système complètement intégrable, passif, en involution). Die Glen (2) heißen die Integrabilitätsbedingungen von (1). Nur für Involutionssysteme läßt sich die Existenz von Lösungen allgemein beweisen.

14·2. Existenz- und Eindeutigkeitssatz für Jacobische Systeme im Bereich analytischer Funktionen. Die Funktionen $f^\mu(\mathfrak{x}, \mathfrak{y}, z, \mathfrak{q})$ seien regulär analytisch an der Stelle $\mathfrak{x}^0, \mathfrak{y}^0, z^0, \mathfrak{q}^0$ und mögen in einer Umgebung dieser Stelle die Integrabilitätsbedingungen (2) erfüllen. Ferner sei eine Funktion $\omega(\mathfrak{y})$ gegeben, die an der Stelle $\mathfrak{y}^0$ regulär analytisch ist und für die

$$\omega(\mathfrak{y}^0) = z^0, \quad \omega_{y_\nu}(\mathfrak{y}^0) = q^0_\nu \qquad (\nu = 1, \ldots, s)$$

[1]) Man kann das System natürlich auch in der Gestalt

$$p_\mu = f^\mu(x_1, \ldots, x_n, z, p_{r+1}, \ldots, p_n) \qquad (\mu = 1, \ldots, r)$$

schreiben. Wie der Existenzsatz 14·2 zeigt, ist es hier jedoch zweckmäßig, die Bevorzugung des einen Teils der unabhängigen Veränderlichen durch Wahl verschiedener Buchstaben deutlicher zu machen.

[2]) Zunächst hat man wegen $1 \leq \mu, \nu \leq r$ sogar r^2 Glen. Aber für $\mu = \nu$ sind sie identisch erfüllt, und von den übrigen sind die Glen für $1 \leq \mu < \nu \leq r$ mit den restlichen identisch.

[3]) Vgl. z. B. GOURSAT, Équations du premier ordre, S. 32f.

ist. Dann hat das System (1) in einer hinreichend kleinen Umgebung der Stelle $\mathfrak{x}^0, \mathfrak{y}^0$ genau ein regulär analytisches Integral $z = \psi(\mathfrak{x}, \mathfrak{y})$ mit den Anfangswerten $\psi(\mathfrak{x}^0, \mathfrak{y}) = \omega(\mathfrak{y})$ [1]).

14·3. Existenz- und Eindeutigkeitssatz für Jacobische Systeme im Bereich reeller Funktionen. Zurückführung des Systems auf eine einzige Differentialgleichung durch die A. Mayersche Transformation.

(a) Bei festen ξ_ν seien die Funktionen $f^\mu(\mathfrak{x}, \mathfrak{y}, z, \mathfrak{q})$ in dem Bereich

(3) $$|x_\nu - \xi_\nu| \leq a; \quad \mathfrak{y}, z, \mathfrak{q} \text{ beliebig}$$

zweimal stetig differenzierbar, und es sei

(4) $$\left\{\begin{matrix} |f^\varrho_{x_\nu}|, & |f^\varrho_{y_\nu}|, & |f^\varrho_z|, & |f^\varrho_{q_\nu}|, & & \\ |f^\varrho_{y_\mu y_\nu}|, & |f^\varrho_{y_\mu z}|, & |f^\varrho_{y_\mu q_\nu}|, & |f^\varrho_{zz}|, & |f^\varrho_{z q_\nu}|, & |f^\varrho_{q_\mu q_\nu}| \end{matrix}\right\} \leq A .$$

Ferner seien die Integrabilitätsbedingungen (2) erfüllt.

Die Funktion $\omega(\mathfrak{y})$ sei für beliebige $\mathfrak{y}$ stetig differenzierbar und erfülle die UnGlen

(5) $$|\omega_{y_\mu}| + \sum_{\nu=1}^{s} |\omega_{y_\mu y_\nu}| \leq B \qquad (\mu = 1, \ldots, s).$$

Schließlich sei

(6) $$0 < \beta < \frac{1}{rA} \log\left(1 + \frac{\log 3}{2s(B+1)}\right) \quad \text{und} \quad \alpha = \operatorname{Min}(a, \beta).$$

Dann hat das System (1) in dem Bereich

(7) $$|x_\nu - \xi_\nu| \leq \alpha; \quad \mathfrak{y} \text{ beliebig}$$

genau ein zweimal stetig differenzierbares Integral $z = \psi(\mathfrak{x}, \mathfrak{y})$ mit den Anfangswerten $\psi(\xi_1, \ldots, \xi_r, \mathfrak{y}) = \omega(\mathfrak{y})$ [2]).

(b) Der Beweis läßt sich dadurch erbringen, daß das System (1) durch die A. Mayersche Transformation (vgl. 6·4) auf eine einzige DGl zurückgeführt wird. Das kann auch von Wert für die wirkliche Lösung eines gegebenen Systems sein. Die Mayersche Transformation wird dabei in folgender Weise benutzt. Die r unabhängigen Veränderlichen $x_1, \ldots, x_r$ werden als Funktionen von $r + 1$ unabhängigen Veränderlichen $u, u_1, \ldots, u_r$ mittels der Glen

(8) $$x_\varrho - \xi_\varrho = u\, u_\varrho \qquad (\varrho = 1, \ldots, r)$$

für $|u| \leq 1$, $|u_\varrho| \leq \alpha$ dargestellt. Dann nehmen die x_ϱ alle Werte des Bereichs $|x_\varrho - \xi_\varrho| \leq \alpha$, und zwar sogar mehrfach an. Statt des Sy-

[1]) Vgl. Goursat, Equations du premier ordre, S. 35—38.

[2]) Vgl. E. Kamke, Math. Zeitschrift 49 (1943) 267—275; dort auf S. 269f. auch weitere Literaturangaben.

stems (1) wird nun die DGl

$$\text{(9)} \qquad \frac{\partial Z}{\partial u} = \sum_{\varrho=1}^{r} u_\varrho f^\varrho \left(u\, u_1 + \xi_1, \ldots, u\, u_r + \xi_r, \mathfrak{y}, Z, \frac{\partial Z}{\partial y_1}, \ldots, \frac{\partial Z}{\partial y_s}\right)$$

betrachtet, in der $u, y_1, \ldots, y_s$ als unabhängige Veränderliche und $u_1, \ldots, u_r$ als Parameter angesehen werden. Ist $Z = \Psi(u, \mathfrak{y}; u_1, \ldots, u_r)$ das nach 12·6 (a) existierende Integral dieser DGl mit dem von den u_ν unabhängigen Anfangswert (das ist wichtig)

$$\Psi(0, \mathfrak{y}; u_1, \ldots, u_r) = \omega(\mathfrak{y}),$$

so ist

$$z(\mathfrak{x}, \mathfrak{y}) = \Psi(1, \mathfrak{y}; x_1 - \xi_1, \ldots, x_r - \xi_r)$$

das gesuchte Integral des Systems (1).

(c). Beispiel: $\qquad p_1 = q^2 + y, \quad p_2 = q^2 + y.$

Das System ist ein involutorisches. Wird $\xi_1 = \xi_2 = 0$ gewählt und daher $x_\nu = u\, u_\nu$ gesetzt, so lautet die DGl (9)

$$Z_u = (u_1 + u_2)(Z_y^2 + y).$$

Für diese DGl findet man aus den zugehörigen charakteristischen Glen das Integral

$$Z = A(u_1 + u_2)\, u - \frac{2}{3}(A - y)^{\frac{3}{2}} + B.$$

Sind A, B unabhängig von u_1, u_2, so hängt Z, wie es sein soll, für $u = 0$ nicht von u_1, u_2 ab. Wird $u\, u_\nu = x_\nu$ eingetragen, so erhält man für das gegebene System die Integrale

$$z = A(x_1 + x_2) - \frac{2}{3}(A - y)^{\frac{3}{2}} + B.$$

(d) Hängen die Funktionen f^μ, ω noch von Parametern ab und sind sie mehrmals differenzierbar, so gilt folgender Satz[1]):

Die Funktionen[2]) $f^\varrho(\mathfrak{x}, \mathfrak{y}, z, \mathfrak{q}, \lambda)$ mögen in dem Bereich

$$|x_\nu - \xi_\nu| \leq a\ ^{3)}; \quad \mathfrak{y}, z, \mathfrak{q} \text{ beliebig}; \quad \Lambda_\mu \leq \lambda_\mu \leq \Lambda_\mu^*\ ^{3)}$$

stetige partielle Ableitungen $f^\varrho_{y_\mu}, f^\varrho_z, f^\varrho_{q_\mu}$ haben, und diese seien nebst den Funktionen f^ϱ selber k-mal stetig differenzierbar $(k \geq 1)$ nach allen $r + 2s + m + 1$ Argumenten $x_\nu, y_\nu, z, q_\nu, \lambda_\nu$. Ferner seien die UnGlen (4) und die Integrabilitätsbedingungen (2) erfüllt.

Die Funktion $\omega(\mathfrak{y}, \lambda)$ möge in dem Bereich

$$\text{(10)} \qquad \mathfrak{y} \text{ beliebig}; \quad \Lambda_\mu \leq \lambda_\mu \leq \Lambda_\mu^*$$

---

[1]) E. Kamke, Math. Zeitschrift 49 (1943) 267—275.

[2]) Der Kürze halber steht $\mathfrak{x}; \mathfrak{y}; \mathfrak{q}; \lambda$ für $x_1, \ldots, x_r; y_1, \ldots, y_s; q_1, \ldots, q_s; \lambda_1, \ldots, \lambda_m$.

[3]) Hier kann an einer beliebigen Stelle das Gleichheitszeichen gestrichen werden. Es ist dann auch bei (10), (7) und (11) an den entsprechenden Stellen das Gleichheitszeichen zu streichen.

stetige partielle Ableitungen ω_{y_μ} haben, und diese seien nebst ω selber k-mal stetig differenzierbar nach den y_ν, λ_ν. Weiter sei (5) erfüllt.

Schließlich seien β, α wieder gemäß (6) gewählt.

Dann hat das System (1) bei gegebenen λ_ν in dem Bereich (7) genau ein zweimal stetig differenzierbares Integral $z = \psi(\mathfrak{x}, \mathfrak{y}, \lambda)$ mit den Anfangswerten

$$\psi(\xi_1, \ldots, \xi_r, \mathfrak{y}, \lambda) = \omega(\mathfrak{y}, \lambda).$$

Die Funktion $\psi(\mathfrak{x}, \mathfrak{y}, \lambda)$ ist nebst den Ableitungen ψ_{x_ν}, ψ_{y_ν} in dem Bereich

$$(11)\qquad |x_\nu - \xi_\nu| \leq \alpha; \quad \mathfrak{y} \text{ beliebig}; \quad \Lambda_\mu \leq \lambda_\mu \leq \Lambda_\mu^*$$

k-mal stetig differenzierbar nach allen $r + s + m$ Argumenten $x_\varkappa$, $y_\varkappa$, $\lambda_\varkappa$.

(e) Wird

$$\omega(\mathfrak{y}, \lambda) = \lambda_0 + \sum_{\sigma=1}^{s} \lambda_\sigma y_\sigma$$

gewählt, so ergibt (d), angewendet auf das System (1) mit Funktionen f^μ, die von λ unabhängig sind, für dieses System die Existenz eines vollständigen Integrals $z = \psi(\mathfrak{x}, \mathfrak{y}, \lambda)$ in einer hinlänglich kleinen Umgebung von $x_\varrho = \xi_\varrho$ $(\varrho = 1, \ldots, r)$, d. h. eines Integrals, für das

$$\frac{\partial(\psi, \psi_{y_1}, \ldots, \psi_{y_s})}{\partial(\lambda_0, \lambda_1, \ldots, \lambda_s)} \neq 0$$

ist.

(f) Ist das System (1) nicht in einem Bereich (3) gegeben, so wird man versuchen, den Existenzbereich der Funktionen f^μ und ω so zu erweitern, daß der Satz (a) anwendbar ist.

14·4. Jacobische und Poissonsche Klammern. Bei allgemeineren Systemen, wie sie in 14·5ff. betrachtet werden, treten statt der Glen (2) die Glen 14·5 (13) auf. Einige Eigenschaften dieser Glen werden hier vorweg angeführt.

In dem Gebiet[1]) $\mathfrak{G}(\mathfrak{x}, z, \mathfrak{y})$ sei $F(\mathfrak{x}, z, \mathfrak{y})$ eine stetig differenzierbare Funktion ihrer $2n + 1$ Veränderlichen $\mathfrak{x}$, z, $\mathfrak{y}$, ebenso $G(\mathfrak{x}, z, \mathfrak{y})$ und eine etwa auftretende Funktion $H(\mathfrak{x}, z, \mathfrak{y})$.

(a) Die Jacobische eckige Klammer $[F, G]$ (combinant; crochet) ist definiert durch[2])

$$[F, G] = \sum_{\nu=1}^{n} \{(F_{x_\nu} + y_\nu F_z)\, G_{y_\nu} - (G_{x_\nu} + y_\nu G_z)\, F_{y_\nu}\}$$

---

[1]) Es steht $\mathfrak{x}$ für $x_1, \ldots, x_n$ und $\mathfrak{y}$ für $y_1, \ldots, y_n$.

[2]) Forsyth, Diff. Equations V, S. 102. Häufig wird $[G, F]$ statt $[F, G]$ geschrieben, so z. B. bei Goursat, Équations du premier ordre, S. 257ff.

oder bei Verwendung der Abkürzung

$$\frac{dF}{dx} = F_{x_\nu} + y_\nu F_z$$

durch

$$[F, G] = \sum_{\nu=1}^{n} \left(\frac{dF}{dx_\nu} G_{y_\nu} - F_{y_\nu} \frac{dG}{dx_\nu}\right).$$

(b) Offenbar ist

$$[F, C] = 0 \quad \text{für eine beliebige Konstante } C;$$

$$[F, F] = 0, \quad [F, G] = -[G, F].$$

(c) Für zweimal stetig differenzierbare Funktionen F, G, H ist[1])

$$[[F, G], H] + [[G, H], F] + [[H, F], G] = F_z[G, H] + G_z[H, F] + H_z[F, G].$$

(d) $[F, Z] = 0$ ist bei gegebenem F nach (a) eine lineare homogene DGl für $Z = Z(\mathfrak{x}, z, \mathfrak{y})$.

(e) Tritt z in F nicht auf, d. h. handelt es sich um Funktionen $F(\mathfrak{x}, \mathfrak{y})$ und entsprechend bei G und H, so geht $[F, G]$ in die POISSONsche Klammer (F, G) (combinant; parenthèse) über, die also nach (a) durch

$$(F, G) = \sum_{\nu=1}^{n} (F_{x_\nu} G_{y_\nu} - F_{y_\nu} G_{x_\nu}) = \sum_{\nu=1}^{n} \frac{\partial(F, G)}{\partial(x_\nu, y_\nu)}$$

definiert ist[2]).

(f) Aus (c) wird jetzt[3])

$$((F, G), H) + ((G, H), F) + ((H, F), G) = 0.$$

(g) Hieraus folgt: Ist F zweimal stetig differenzierbar und sind $\psi_1(\mathfrak{x}, \mathfrak{y})$, $\psi_2(\mathfrak{x}, \mathfrak{y})$ zweimal stetig differenzierbare Integrale der DGl $(F, Z) = 0$, so ist auch (ψ_1, ψ_2) ein Integral dieser DGl[4]).

---

[1]) A. MAYER, Math. Annalen 9 (1876) 370. GOURSAT, Équations du premier ordre, S. 258f. Bei FORSYTH, a. a. O., S. 114 steht ein falsches Vorzeichen.

[2]) FORSYTH, Diff. Equations V, S. 104, 112. GOURSAT, Équations du premier ordre, S. 254ff. — Für den Zusammenhang mit den LAGRANGEschen Klammern

$$[u, v] = \sum_{\nu=1}^{n} (X_u^\nu Y_v^\nu - X_v^\nu Y_u^\nu)$$

für Funktionen $X^\nu(u, v)$, $Y^\nu(u, v)$ s. WHITTAKER, Analytische Dynamik, S. 316 bis 319.

[3]) Vgl. W. F. DONKIN, Philosophical Transactions London 144 (1854) 71—113. FORSYTH, Diff. Equations V, S. 112. GOURSAT, Équations du premier ordre, S. 255f.

[4]) Satz von POISSON. Vgl. GOURSAT, Équations du premier ordre, S. 256. WHITTAKER, Analytische Dynamik, S. 340f.

14·5. Allgemeine Systeme. Klammerbildung. Es sei das DGlsSystem[1])

(12) $$F^{\mu}(\mathfrak{x}, z, \mathfrak{p}) = 0 \qquad (\mu = 1, \ldots, m)$$

gegeben; dabei steht wieder $\mathfrak{x}$ für $x_1, \ldots, x_n$ und $\mathfrak{p}$ für $p_1, \ldots, p_n$; $z = z(\mathfrak{x})$ ist das gesuchte gemeinsame Integral der m Glen (12). Über die F^{μ} wird vorausgesetzt, daß sie in dem betrachteten Gebiet $\mathfrak{G}(\mathfrak{x}, z, \mathfrak{p})$ ihrer $2n+1$ Variablen stetig differenzierbar sind.

(a) Jedes zweimal stetig differenzierbare Integral des Systems (12) genügt auch den durch Klammerbildung entstehenden Glen

(13) $$[F^{\mu}, F^{\nu}] = 0 \qquad (1 \leq \mu, \nu \leq m);$$

dabei ist $F^{\mu,\nu}(\mathfrak{x}, z, \mathfrak{p}) = [F^{\mu}, F^{\nu}]$ die durch 14·4 (a) definierte Jacobische Klammer. Das ergibt sich ähnlich wie 14·1 (a)[2]).

Man kann also zu einem gegebenen System stets noch weitere Glen aufstellen, die erfüllt sein müssen, wenn das System überhaupt lösbar ist.

14·6. Involutions- und vollständige Systeme.

(a) Das System (12) heißt ein Involutionssystem, wenn (zur Definition der Klammern s. 14·4 (a))

(14) $$[F^{\mu}, F^{\nu}] \equiv 0 \qquad (1 \leq \mu, \nu \leq m)$$

in allen Variablen $\mathfrak{x}, z, \mathfrak{p}$ ist; die Glen (14) heißen die Integrabilitätsbedingungen von (12). Für explizite Systeme (1) stimmt diese Definition nur dann mit der in 14·1 (b) gegebenen Definition überein, wenn alle F^{μ} von z selbst frei sind.

(b) Das System (12) heißt ein vollständiges System, wenn

$$[F^{\mu}, F^{\nu}] = 0 \qquad (1 \leq \mu, \nu \leq n)$$

ist für alle *Zahlensysteme* $\mathfrak{x}, z, \mathfrak{p}$, welche die m Glen (12) erfüllen[3]).

(c) Um die Lösung eines gegebenen Systems (10) vorzubereiten und einen gewissen Anhaltspunkt über die Menge der Integrale zu erhalten[4]), ergänzt man (12) zu einem vollständigen System (vgl. 6·3 (c)), indem man die Glen (13) bildet (Prozeß der Klammerbildung) und von diesen Glen diejenigen zu (12) hinzufügt, die nicht im Sinne von (b) eine „algebraische" Folge der Glen (12) oder der schon zu (12) hinzugefügten Glen sind. Auf das so ergänzte System wendet man dann das Verfahren der Klammerbildung von neuem an; usf. Eine notwendige Bedingung für die Lösbarkeit

---

[1]) Statt von einem System spricht man auch von gekoppelten DGlen.

[2]) Vgl. Forsyth, Diff. Equations V, S. 101—103. Goursat, Équations du premier ordre, S. 286f.

[3]) Man drückt dieses auch so aus, daß die Glen $[F^{\mu}, F^{\nu}] = 0$ eine algebraische Folge von (12) sein sollen.

[4]) Man stellt sich dabei vor, daß (d) und 14·3 (a) anwendbar seien.

des gegebenen Systems besteht offenbar darin, daß jedes erweiterte System „algebraisch lösbar", d. h. lösbar sein muß, wenn $\mathfrak{x}$, z, $\mathfrak{p}$ als Zahlen betrachtet werden.

Beispiel: $p_1 p_2 = x_3 x_4, \quad p_3 p_4 = x_1 x_2.$

Hier kommt die gesuchte Funktion z selbst nicht vor. Die JACOBIschen Klammern reduzieren sich also auf die POISSONschen Klammern. Durch Klammerbildung erhält man die Gl

$$x_1 p_1 + x_2 p_2 - x_3 p_3 - x_4 p_4 = 0.$$

Das System der drei Glen ist nun vollständig; denn z. B. ergibt Klammerbildung der ersten und dritten Gl

$$2(x_3 x_4 - p_1 p_2) = 0,$$

und diese Gl ist eine Folge der ersten Gl.

(d) Überführung eines vollständigen Systems in ein Involutionssystem. Das System (12) mit $m \leq n$ sei vollständig, und die Glen (12) mögen durch Funktionen

$$p_\mu = f_\mu(\mathfrak{x}, z, p_{m+1}, \ldots, p_n) \qquad (\mu = 1, \ldots, m) \tag{15}$$

erfüllt sein, die in einem Gebiet $\mathfrak{g}(\mathfrak{x}, z, p_{m+1}, \ldots, p_n)$ existieren und dort stetig differenzierbar sind; ferner sei

$$\frac{\partial(F^1, \ldots, F^m)}{\partial(p_1, \ldots, p_m)}$$

nach Eintragung der Ausdrücke (15) in keinem Teilgebiet von $\mathfrak{g}$ identisch 0. Dann ist (15) ein Involutionssystem im Sinne von 14·1 (b)[1]).

(e) Ist das System (12) in $\mathfrak{G}(\mathfrak{x}, z, \mathfrak{p})$ ein Involutionssystem im Sinne von (a) und sind die F^μ in $\mathfrak{G}$ sogar zweimal stetig differenzierbar, so bilden die linearen homogenen DGlen

$$[F^\mu, Z] = 0 \qquad (\mu = 1, \ldots, m)$$

ein vollständiges System im Sinne von 6·3 (b)[2]).

14·7. Jacobis Lösungsverfahren[3]) für ein von z freies Involutionssystem. Es handelt sich um das System

$$F^\mu(\mathfrak{x}, \mathfrak{p}) = 0 \qquad (\mu = 1, \ldots, m) \tag{16}$$

mit $m \leq n$, bei dem also die gesuchte Funktion z selbst nicht auftritt. Dieses System sei im Gebiet $\mathfrak{G}(\mathfrak{x}, \mathfrak{p})$ ein Involutionssystem. Wenn es gelingt, das System durch $n - m$ Glen

$$F^{m+1}(\mathfrak{x}, \mathfrak{p}) = 0, \ldots, F^n(\mathfrak{x}, \mathfrak{p}) = 0 \tag{17}$$

---

[1]) Vgl. FORSYTH, Diff. Equations V, S. 118–120.

[2]) Vgl. FORSYTH, a. a. O., S. 135f. GOURSAT, Equations du premier ordre, S. 289.

[3]) Sog. „Nova methodus".

so zu ergänzen, daß das Gesamtsystem der n Glen ein Involutionssystem ist, wenn außerdem das System der n Glen eine Lösung durch stetig differenzierbare Funktionen

(18) $$p_\mu = f^\mu(\mathfrak{x}) \qquad (\mu = 1, \ldots, n).$$

hat und wenn schließlich

(19) $$\frac{\partial(F^1, \ldots, F^n)}{\partial(p_1, \ldots, p_n)}$$

nach Eintragung von (18) in keinem Teilgebiet des betrachteten $\mathfrak{x}$-Bereiches $\equiv 0$ ist, so ist (18) nach 14·6 (d) ein Involutionssystem, also $f^\mu_{x_\nu} = f^\nu_{x_\mu}$ und somit 6·1 anwendbar. Jede Lösung von (18) ist dann insbesondere eine Lösung von (16). Da dann auch

$$F^{m+1} = A_{m+1}, \ldots, F^n = A_n$$

zusammen mit (16) für beliebige Konstante A_ν ein Involutionssystem ist, bekommt man statt (18) auch ein von den A_ν abhängendes System

(18a) $$p_\mu = f^\mu(\mathfrak{x}; A_{m+1}, \ldots, A_n),$$

und hieraus Integrale, die von den A_ν abhängen, und kann so zu einem vollständigen Integral des Systems (16) gelangen.

Es kommt also wesentlich darauf an, die Glen (17), d. h. die Funktionen $F^{m+1}, \ldots, F^n$ zu finden. Das kann schrittweise geschehen. Dabei wird vorausgesetzt, daß die F^μ sogar zweimal stetig differenzierbar sind. Zunächst ist $Z = F^{m+1}$ so ausfindig zu machen, daß die Integrabilitätsbedingungen

$$(F^1, Z) = 0, \ldots, (F^m, Z) = 0$$

identisch in $\mathfrak{x}, \mathfrak{p}$ erfüllt sind. Diese Glen bilden nach 14·4 (d) ein lineares homogenes DGlsSystem für Z, und zwar nach 14·6 (e) ein vollständiges System. Um eine nicht-triviale Lösung[1]) dieses Systems zu erhalten, kann man die Sätze von 6 anwenden. Hat man eine solche Lösung $Z = F^{m+1}$ gefunden, so hat man weiter die linearen Glen

$$(F^\mu, Z) = 0 \qquad (\mu = 1, \ldots, m+1)$$

zu lösen usf. Dabei ist darauf zu achten, daß schließlich die Determinantenbedingung (19) erfüllt ist.

Beispiel: In 14·6 (c) war festgestellt, daß das System

$$p_1 p_2 - x_3 x_4 = 0, \quad p_3 p_4 - x_1 x_2 = 0, \quad x_1 p_1 + x_2 p_2 - x_3 p_3 - x_4 p_4 = 0$$

vollständig ist. Löst man es nach p_1, p_2, p_3 auf, so erhält man nach 14·6 (d) und (a) ein Involutionssystem, und zwar

(*) $$p_1 = \frac{x_2 x_3}{p_4}, \quad p_2 = \frac{x_4 p_4}{x_2}, \quad p_3 = \frac{x_1 x_2}{p_4}$$

---

[1]) Man braucht nur *eine* solche Lösung.

sowie ein zweites System, das aus diesem durch Vertauschung von x_1, p_1 mit x_2, p_2 hervorgeht. Es genügt also, das obige System weiter zu behandeln. Man hat nun die linearen DGlen

$$\left(p_1 - \frac{x_2 x_3}{p_4}, Z\right) = 0, \quad \left(p_2 - \frac{x_4 p_4}{x_2}, Z\right) = 0, \quad \left(p_3 - \frac{x_1 x_2}{p_4}, Z\right) = 0$$

zu lösen. Diese lauten hier

$$Z_{x_1} + \frac{x_2 x_3}{p_4^2} Z_{x_4} + \frac{x_3}{p_4} Z_{p_2} + \frac{x_2}{p_4} Z_{p_3} = 0,$$

$$Z_{x_2} - \frac{x_4}{x_2} Z_{x_4} - \frac{x_4 p_4}{x_2^2} Z_{p_1} + \frac{p_4}{x_2} Z_{p_4} = 0,$$

$$Z_{x_3} + \frac{x_1 x_2}{p_4^2} Z_{x_4} + \frac{x_2}{p_4} Z_{p_1} + \frac{x_1}{p_4} Z_{p_2} = 0.$$

Ein Integral dieses linearen Systems ist offenbar $Z = \frac{p_4}{x_2} - A$. Nimmt man die hieraus entspringende Gl $Z = 0$ zu den drei Glen (*) hinzu, so erhält man

$$p_1 = \frac{x_3}{A}, \quad p_2 = A\, x_4, \quad p_3 = \frac{x_1}{A}, \quad p_4 = A\, x_2,$$

und hieraus schließlich das vollständige Integral

$$z = A\, x_1 x_3 + \frac{1}{A} x_2 x_4 + B$$

sowie das hieraus durch Vertauschung von x_1 und x_2 hervorgehende.

14·8. Heranziehung der Legendreschen Transformation zur Vereinfachung des Systems und Erledigung von Ausnahmefällen.

(a) Manchmal lassen sich die vorkommenden Variablen und Ableitungen bei geeigneter Numerierung so in zwei Klassen

$$x_1, \ldots, x_{k-1}, p_1, \ldots, p_{k-1} \quad \text{und} \quad x_k, \ldots, x_n, p_k, \ldots, p_n$$

einteilen, daß die Abhängigkeit der linken Seiten F^μ des Systems (16) von den $p_1, \ldots, p_{k-1}$ einfacher als von den $x_1, \ldots, x_{k-1}$, dagegen umgekehrt die Abhängigkeit von den $x_k, \ldots, x_n$ einfacher als von den $p_k, \ldots, p_n$ ist. In einem solchen Fall empfiehlt es sich, die LEGENDREsche Transformation 13·5 anzuwenden. Durch sie geht das System (16) in

$$F^\mu(X_1, \ldots, X_{k-1}, P_k, \ldots, P_n, -P_1, \ldots, -P_{k-1}, X_k, \ldots, X_n) = 0$$

über, und diese Glen hängen nun, was für ihre Lösung vorteilhaft sein kann, von den Ableitungen P_ν in einfacherer Weise als von den X_ν ab.

(b) Bei dem JACOBIschen Lösungsverfahren 14·7 war eine Voraussetzung über das Nichtverschwinden der Determinante (19) gemacht. Es kann vorkommen, daß sich das Involutionssystem zwar einigermaßen leicht durch Glen (17) zu einem Involutionssystem von n Glen ergänzen läßt, dafür aber nicht jene Voraussetzung erfüllt ist. Ist wenigstens

$$\frac{\partial(F^1, \ldots, F^m)}{\partial(p_1, \ldots, p_m)} \neq 0,$$

so läßt sich das System (16), (17) bisweilen durch die LEGENDREsche Transformation 13·5 in ein solches überführen, für das die Voraussetzung über die Determinante (19) erfüllt ist[1]).

Ist nämlich für ein geeignet gewähltes $k > m$

$$\frac{\partial(F^1, \ldots, F^n)}{\partial(p_1, \ldots, p_{k-1}, x_k, \ldots, x_n)} \neq 0,$$

so geht (16), (17) durch die LEGENDREsche Transformation 13·5 in ein Involutionssystem

$$\Phi^1(\mathfrak{X}, \mathfrak{P}) = 0, \ldots, \Phi^n(\mathfrak{X}, \mathfrak{P}) = 0$$

über, bei dem jetzt

$$\frac{\partial(\Phi^1, \ldots, \Phi^n)}{\partial(P_1, \ldots, P_n)} \neq 0$$

ist. Bei der Anwendung der Transformation ist zu beachten, daß durch die in 13·5 genannten Voraussetzungen Integrale verloren gehen können.

(c) Beispiel: $y^2 p^3 + x p + 3 y q = 0.$

Die DGl kann als ein System (16) mit $m = 1, n = 2$ angesehen werden. Nach 14·7 ist eine zweite, mit ihr in Involution befindliche Gl ausfindig zu machen. Aus den charakteristischen Glen der gegebenen DGl erhält man die Vorintegrale (vgl. 12·8)

$$y p^3 = \text{const} \quad \text{und} \quad \frac{x}{y p^2} - y = \text{const},$$

und jede dieser beiden Glen bildet mit der gegebenen nach 12·8 ein Involutionssystem.

Wählt man das erste Vorintegral, so hat man die Glen

$$p = \frac{A}{\sqrt[3]{y}}, \quad q = -\frac{A}{3} x y^{-\frac{4}{3}} - \frac{A^3}{3},$$

und erhält daraus

$$z = A x y^{-\frac{1}{3}} - \frac{A^3}{3} y + B$$

als ein vollständiges Integral der gegebenen DGl.

Wählt man das zweite Vorintegral, so hat man die Glen

$$\frac{x}{y p^2} - y = A, \quad y^2 p^3 + x p + 3 y q = 0.$$

Jetzt ist die Auflösung nach p, q unangenehmer. Führt man durch die LEGENDREsche Transformation p, q als neue unabhängige Veränderliche ein, d. h. setzt man

$$x = P, \quad p = X, \quad y = Y, \quad q = -Q, \quad z = XP - Z,$$

so wird aus den Glen

$$\frac{P}{X^2 Y} - Y = A, \quad Y^2 X^3 + XP - 3 Y Q = 0.$$

---

[1]) Vgl. A. MAYER. Math. Annalen 8 (1875) 313—318. FORSYTH, Diff. Equations V, S. 127—133. GOURSAT, Équations du premier ordre, S. 281—285.

Hieraus erhält man

$$P = X^2 Y(Y + A), \quad Q = \frac{1}{3} X^3 (2Y + A).$$

Aus der ersten Gl ergibt sich

$$Z = \frac{1}{3} X^3 Y (Y + A) + \Omega(Y),$$

und hiermit aus der zweiten Gl $\Omega'(Y) = 0$, also

$$Z = \frac{1}{3} X^3 Y(Y + A) + B, \quad x = P = X^2 Y(Y + A).$$

Die Rücktransformation führt schließlich zu

$$z = \frac{2}{3} x^{\frac{3}{2}} (y^2 + A\, y)^{-\frac{1}{2}} + B.$$

14·9. Jacobis Lösungsverfahren für das allgemeine System.

(a) Ist das allgemeine System

$$F^\mu(\mathfrak{x}, z, \mathfrak{p}) = 0 \qquad (\mu = 1, \ldots, m) \tag{12}$$

gegeben, so kann man dieses durch eine der Transformationen 12·3 in ein System überführen, bei dem die gesuchte Funktion selbst nicht vorkommt, und dann nach weiterer Vorbereitung des Systems gemäß 14·5 (c) das Verfahren 14·7 anwenden. Der Vorteil, daß die gesuchte Funktion selbst nicht auftritt, bringt den Nachteil mit sich, daß die Anzahl der unabhängigen Veränderlichen um 1 gewachsen ist.

Man kann aber die Jacobische Methode 14·7 auch unmittelbar auf Involutionssysteme (12) übertragen. Vorweg sind zwei Sonderfälle zu behandeln.

(b) Das obige System (12) sei vollständig, und es sei $m = n + 1$. Das System habe eine Lösung durch Funktionen

$$z = \psi(\mathfrak{x}), \quad p_\nu = \psi_\nu(\mathfrak{x}) \qquad (\nu = 1, \ldots, n), \tag{20}$$

die in einem Gebiet $\mathfrak{g}(\mathfrak{x})$ stetig differenzierbar sind und für die

$$\frac{\partial(F^1, \ldots, F^{n+1})}{\partial(z, p_1, \ldots, p_n)} \tag{21}$$

nach Eintragen von (20) in keinem Teilgebiet von $\mathfrak{g}$ identisch 0 ist. Dann ist ψ sogar zweimal stetig differenzierbar, und $\psi_{x_\nu} = \psi_\nu$ $(\nu = 1, \ldots, n)$, also ψ ein Integral von (12).

Für $m \leq n + 1$ gilt folgende Verallgemeinerung[1]): Das System (12) sei vollständig und habe eine Lösung durch Funktionen

$$z = \psi(\mathfrak{x}), \quad p_\mu = \psi_\mu(\mathfrak{x}, p_m, \ldots, p_n) \qquad (\mu = 1, \ldots, m - 1), \tag{22}$$

die in einem Gebiet $\mathfrak{g}(\mathfrak{x}, p_m, \ldots, p_n)$ stetig differenzierbar sind und für die

$$\frac{\partial(F^1, \ldots, F^m)}{\partial(z, p_1, \ldots, p_{m-1})}$$

[1]) C. Russyan, Communications Kharkoff (4) 8 (1934) 57—60.

nach Eintragen von (22) in keinem Teilgebiet von $\mathfrak{g}$ identisch Null ist. Dann ist $z = \psi(\mathfrak{x})$ ein Integral von (12).

(c) Das System (12) sei vollständig, und es sei $m = n$. Die Glen (12) seien durch Funktionen

$$p_\nu = f_\nu(\mathfrak{x}, z) \qquad (\nu = 1, \ldots, n) \tag{23}$$

erfüllt, die in einem Gebiet $\mathfrak{g}(\mathfrak{x}, z)$ existieren und dort stetig differenzierbar sind. Ferner sei

$$\frac{\partial(F^1, \ldots, F^n)}{\partial(p_1, \ldots, p_n)} \tag{24}$$

nach Eintragung von (23) in keinem Teilgebiet von $\mathfrak{g}$ identisch 0. Dann ist (23) nach 14·6 (d) ein Involutionssystem, und zwar einer in 7·1 behandelten speziellen Art.

(d) JACOBIS Lösungsverfahren[1]. Das System (12) sei im Gebiet $\mathfrak{G}(\mathfrak{x}, z, \mathfrak{p})$ ein Involutionssystem mit $m \leq n$. Wenn es gelingt, dieses System durch Glen

$$F^\mu(\mathfrak{x}, z, \mathfrak{p}) = 0 \quad (\mu = m+1, \ldots, n \text{ oder } n+1) \tag{25}$$

so zu ergänzen, daß im ganzen ein Involutionssystem von n oder $n+1$ Glen vorliegt, so kann man das System nach (c) oder (b) lösen, falls auch die übrigen dort angeführten Voraussetzungen erfüllt sind. Man kann dabei auch noch die Nullen auf den rechten Seiten von (25) durch beliebige Konstante ersetzen und so zu einem vollständigen Integral von (12) gelangen.

Es kommt also wesentlich darauf an, die $n - m$ oder $n - m + 1$ linken Seiten der Glen (25) zu finden. Das kann wieder schrittweise geschehen, wie in 14·7 (b) geschildert; man hat dort nur die runden Klammern durch eckige zu ersetzen.

---

[1] Vgl. FORSYTH, Diff. Equations V, S. 134—137, 146—154.

E. Einzel-Differentialgleichungen.

Vorbemerkungen.

Das bei den gewöhnlichen Differentialgleichungen (s. I C) benutzte Prinzip einer ziemlich strengen lexikographischen Anordnung ist hier nicht vorteilhaft. Es ist daher durch folgendes Prinzip ersetzt worden: Die DGlen sind zu gut unterscheidbaren Bündeln zusammengefaßt, und diese Bündel sind in leichter Anlehnung an das frühere lexikographische Prinzip geordnet; vgl. dazu das Inhaltsverzeichnis auf S. XI.

Bei den linearen DGlen ist eine IBasis (Hauptintegral), bei den nichtlinearen DGlen im allgemeinen ein vollständiges Integral angegeben. $\Omega(u_1, \ldots, u_r)$ bedeutet stets eine beliebige stetig differenzierbare Funktion. Bei den linearen und quasilinearen DGlen für Funktionen von drei unabhängigen Veränderlichen habe ich, um Indizes zu sparen, die unabhängigen Veränderlichen mit x, y, z und die gesuchte Funktion mit $w(x, y, z)$ bezeichnet. Sonst sind die unabhängigen Veränderlichen mit x, y und $x_1, \ldots, x_n$, die gesuchte Funktion mit z, ihre Ableitungen mit p, q und $p_1, \ldots, p_n$ bezeichnet.

1. $F(x, y, z, p) = 0$.

1·1 $F(x, y, z, p) = 0$

Da hier nur *eine* Ableitung vorkommt, kann die DGl als eine gewöhnliche DGl für eine Funktion $z(x, y)$ angesehen werden, in der y die Rolle eines Parameters spielt.

1·2 $p = f(x)$

$z = \int f(x)\, dx +$ beliebige stetig differenzierbare Funktion von y.

1·3 $p = f(y)$

$z = x f(y) +$ beliebige stetig differenzierbare Funktion von y.

$\boldsymbol{x\,p = y}$ 1·4

$z = y \log |x| +$ beliebige stetig differenzierbare Funktion von y.

$\boldsymbol{(a\,x + b\,y + c\,z + d)\,p = \alpha\,x + \beta\,y + \gamma\,z + \delta}$ 1·5

Nach 1·1 hat man eine gewöhnliche DGl zu lösen. Für diese s. I A 4·6 (c).

$\boldsymbol{(a\,x + b\,y + c\,z)^n\,p = 1}$; $a \neq 0$, $c \neq 0$, $n > -1$. 1·6

Gesucht ist ein Integral, das für $|x| + |y| \to 0$ ebenfalls gegen 0 strebt. Für $u(x, y) = a\,x + b\,y + c\,z(x, y)$ wird aus der DGl

$$\frac{u^n\,u_x}{a\,u^n + c} = 1.$$

Bei Berücksichtigung der Anfangsbedingungen folgt hieraus

$$\int_0^u \frac{u^n\,du}{a\,u^n + c} = x + \Phi(y), \tag{1}$$

wo $\Phi(y)$ eine beliebige stetig differenzierbare Funktion mit $\Phi(0) = 0$ ist. Für hinreichend kleine $|u|$ ergibt die Reihenentwicklung des Integranden und nachfolgende Integration

$$\frac{u^{n+1}}{(n+1)\,c} + \cdots = x + \Phi(y).$$

Daraus folgt, daß man aus (1) in der Tat Integrale der gewünschten Art erhält.

Forsyth, Diff. Equations V, S. 158—160 (dort umständlicher).

2. Lineare und quasilineare Differentialgleichungen mit zwei unabhängigen Veränderlichen.

2·1—2·12. $f(x, y)\,p + g(x, y)\,q = 0$.

$\boldsymbol{a\,p + b\,q = 0}$; vgl. D 2·4 (a). 2·1

Man kann auch die Transformation

$$z(x, y) = \zeta(\xi, \eta), \quad \xi = a\,x + b\,y, \quad \eta = b\,x - a\,y$$

vornehmen. Aus der DGl wird dann $\zeta_\xi = 0$, und hieraus folgt

$$\zeta = \Omega(\eta), \quad \text{d. h.} \quad z = \Omega(b\,x - a\,y)$$

mit einer beliebigen stetig differenzierbaren Funktion $\Omega(\eta)$.

2·2 $\boldsymbol{a\,x\,p + b\,y\,q = 0}$; vgl. D 2·4 (b), 2·5 (b).

Ein Hauptintegral ist $|x|^b\,|y|^{-a}$.

2·3 $\boldsymbol{a\,y\,p + b\,x\,q = 0}$; vgl. D 2·4 (a), 2·5 (a).

Ein Hauptintegral ist $z = b\,x^2 - a\,y^2$.

2·4 $\boldsymbol{(a_1\,x + b_1\,y + c_1)\,p + (a_2\,x + b_2\,y + c_2)\,q = 0}$

Die charakteristischen Glen sind

$$x'(t) = a_1\,x + b_1\,y + c_1, \quad y'(t) = a_2\,x + b_2\,y + c_2.$$

Für beliebige Zahlen λ, μ folgt hieraus

(1) $$\lambda\,x' + \mu\,y' = (a_1\,\lambda + a_2\,\mu)\,x + (b_1\,\lambda + b_2\,\mu)\,y + c_1\,\lambda + c_2\,\mu.$$

Die Zahlen λ, μ lassen sich so bestimmen, daß sie für eine geeignete Zahl s eine nichttriviale Lösung der Glen

(2) $$a_1\,\lambda + a_2\,\mu = s\,\lambda, \quad b_1\,\lambda + b_2\,\mu = s\,\mu$$

sind. Dann wird aus (1)

(3) $$\lambda\,x' + \mu\,y' = s(\lambda\,x + \mu\,y) + c_1\,\lambda + c_2\,\mu.$$

Die Zahl s ist dabei so zu wählen, daß sie eine Nullstelle der Determinante

(4) $$\begin{vmatrix} a_1 - s & a_2 \\ b_1 & b_2 - s \end{vmatrix}$$

ist.

(A) $(a_1 - b_2)^2 + 4\,a_2\,b_1 \neq 0$. Dann hat die Determinante (4) zwei verschiedene Nullstellen s_1, s_2, und zu jedem dieser s_ν gibt es eine eigentliche Lösung λ_ν, μ_ν von (2). Ist weiter

(Aa) $a_1\,b_2 - a_2\,b_1 \neq 0$. Dann ist $s_1 \neq 0$ und $s_2 \neq 0$, und aus (3) folgt

$$\frac{\lambda_1\,x' + \mu_1\,y'}{s_1\,(\lambda_1\,x + \mu_1\,y) + c_1\,\lambda_1 + c_2\,\mu_1} = \frac{\lambda_2\,x' + \mu_2\,y'}{s_2\,(\lambda_2\,x + \mu_2\,y) + c_1\,\lambda_2 + c_2\,\mu_2}.$$

Diese Gl kann integriert werden und führt zu einer Funktion, die längs jeder Charakteristik konstant ist. Damit erhält man das Integral

$$z = \frac{|s_1\,(\lambda_1\,x + \mu_1\,y) + \lambda_1\,c_1 + \mu_1\,c_2|^{s_2}}{|s_2\,(\lambda_2\,x + \mu_2\,y) + \lambda_2\,c_1 + \mu_2\,c_2|^{s_1}}.$$

(Ab) $a_1\,b_2 - a_2\,b_1 = 0$. Dann hat (4) die Nullstellen $s_1 = a_1 + b_2$, $s_2 = 0$, und die Glen (3) lauten

$$\lambda_1\,x' + \mu_1\,y' = s_1(\lambda_1\,x + \mu_1\,y) + \lambda_1\,c_1 + \mu_1\,c_2,$$
$$\lambda_2\,x' + \mu_2\,y' = \lambda_2\,c_1 + \mu_2\,c_2.$$

Ist $\lambda_2 c_1 + \mu_2 c_2 = 0$, so liefert die letzte Gl das Integral $z = \lambda_2 x + \mu_2 y$. 2·4
Ist $\lambda_2 c_1 + \mu_2 c_2 \neq 0$, so kann man beide Glen durch ihre rechten Seiten dividieren. Die neuen linken Seiten stimmen dann überein und liefern eine integrierbare Gl. Aus dieser erhält man das Integral

$$z = s_1 \frac{\lambda_2 x + \mu_2 y}{\lambda_2 c_1 + \mu_2 c_2} - \log |s_1(\lambda_1 x + \mu_1 y) + \lambda_1 c_1 + \mu_1 c_2|.$$

(B) $(a_1 - b_2)^2 + 4a_2 b_1 = 0$. Die Determinante (4) hat die doppelte Nullstelle $s = \frac{1}{2}(a_1 + b_2)$, und für diese bestehen die Glen (2) und (3) mit geeigneten Zahlen λ, μ, die nicht beide Null sind.

(Ba) $s \neq 0$. Man kann nun eine lineare Funktion $\alpha x + \beta y + \gamma$ so wählen, daß für jede charakteristische Grundkurve

$$\frac{d}{dt} \frac{\alpha x + \beta y + \gamma}{s(\lambda x + \mu y) + c_1 \lambda + c_2 \mu} = 1 \tag{6}$$

ist. Denn dieses ist wegen (3) der Fall, wenn

$$(\lambda x' + \mu y')(\alpha x' + \beta y') - s(\alpha x + \beta y + \gamma)(\lambda x' + \mu y')$$
$$= (\lambda x' + \mu y')[s(\lambda x + \mu y) + c_1 \lambda + c_2 \mu]$$

ist, und dieses ist richtig, wenn

$$\alpha x' + \beta y' - s(\alpha x + \beta y + \gamma) = s(\lambda x + \mu y) + c_1 \lambda + c_2 \mu$$

ist. Nach Eintragung der charakteristischen Glen ist dieses

$$\alpha(a_1 x + b_1 y + c_1) + \beta(a_2 x + b_2 y + c_2) - s(\alpha x + \beta y + \gamma)$$
$$= s(\lambda x + \mu y) + c_1 \lambda + c_2 \mu.$$

Hieraus erhält man für α, β, γ die Glen

$$\begin{cases} (a_1 - s)\alpha + a_2 \beta = \lambda s \\ b_1 \alpha + (b_2 - s)\beta = \mu s \\ c_1 \alpha + c_2 \beta - s\gamma = c_1 \lambda + c_2 \mu. \end{cases} \tag{7}$$

Da $s \neq 0$ ist, erhält man aus der letzten Gl γ, wenn die beiden vorangehenden Glen lösbar sind. Die Determinante ihrer linken Seiten ist 0, und es bestehen zwischen den Koeffizienten der linken Seiten dieselben Abhängigkeiten wie zwischen den rechten Seiten, nämlich

$$(a_1 - s)\mu = b_1 \lambda, \quad a_2 \mu = (b_2 - s)\lambda;$$

denn wegen $2s = a_1 + b_2$ sind diese beiden Glen gerade die Glen (2).

Daher lassen sich die Zahlen α, β, γ so wählen, daß sie nicht alle Null sind und die Glen (7) erfüllen, also nach (3) und (6)

$$\frac{\lambda x' + \mu y'}{s(\lambda x + \mu y) + c_1 \lambda + c_2 \mu} = \frac{d}{dt} \frac{\alpha x + \beta y + \gamma}{s(\lambda x + \mu y) + c_1 \lambda - c_2 \mu}$$

ist. Dann ist

$$z = \log |s(\lambda x + \mu y) + c_1 \lambda + c_2 \mu| - s \frac{\alpha x + \beta y + \gamma}{s(\lambda x + \mu y) + c_1 \lambda + c_2 \mu}$$

ein Integral

(Bb) $s = 0$. Dann hat die DGl als Hauptintegral ein leicht zu findendes Polynom höchstens zweiten Grades.

2·5 $\boldsymbol{x^2 p + y^2 q = 0}$

$$z = \frac{1}{y} - \frac{1}{x}.$$

2·6 $\boldsymbol{(x^2 - y^2) p + 2 x y q = 0}$

Die charakteristischen Grundkurven sind die Kreise $x^2 + y^2 = C y$. Ein Hauptintegral ist $z = \frac{x^2 + y^2}{y}$.

Mitteilung von SCHWEIZER.

2·7 $\boldsymbol{(A_0 x - A_1) p + (A_0 y - A_2) q = 0}$, $A_\nu = a_\nu + b_\nu x + c_\nu y$; s. 4·9.

2·8 $\boldsymbol{a x^m p + b y^n q = 0}$

Ein Hauptintegral ist

$$z = b(n-1)\, x^{1-m} - a(m-1)\, y^{1-n} \quad \text{für } m \neq 1,\ n \neq 1;$$

$$z = b \log|x| + \frac{a}{n-1}\, y^{1-n} \quad \text{für } m = 1,\ n \neq 1;$$

und entsprechend für $m \neq 1$, $n = 1$.

2·9 $\boldsymbol{p \cos y + q \sin x = 0}$

$$z = \cos x + \sin y.$$

2·10 $\boldsymbol{\sqrt{f(x)}\, p + \sqrt{f(y)}\, q = 0}$, $f(t) = \sum_{\nu=0}^{4} a_\nu t^\nu$ vom Grad ≤ 4; Sonderfall von 2·11, 4·12. Vgl. auch I C 1·71.

$$z = \left(\frac{\sqrt{f(x)} + \sqrt{f(y)}}{x - y}\right)^2 - a_4 (x + y)^2 - a_3 (x + y).$$

Für $z(x, y) = \zeta(\xi, \eta)$, $\xi = \frac{1}{x}$, $\eta = \frac{1}{y}$ geht die DGl in dieselbe DGl mit ξ, η, ζ statt x, y, z und mit $f(t) = a_0 t^4 + \cdots + a_4$ über. Daher ist auch

$$z = \left(\frac{x^2 \sqrt{f(y)} + y^2 \sqrt{f(x)}}{x y (x - y)}\right)^2 - a_0 \left(\frac{1}{x} + \frac{1}{y}\right)^2 - a_1 \left(\frac{1}{x} + \frac{1}{y}\right)$$

ein Integral der ursprünglichen DGl, das natürlich von dem vorigen abhängig ist.

Vgl. RICHELOT, Journal für Math. 23 (1842) 354—359.

2·11 $\boldsymbol{f(x)\, p + g(y)\, q = 0}$

$$z = \int \frac{dx}{f(x)} - \int \frac{dy}{g(y)} \quad \text{für } f \neq 0,\ g \neq 0.$$

$f_y\,p - f_x\,q = 0,\ f = f(x, y)$. 2·12

Die DGl besagt, daß diejenigen stetig differenzierbaren Funktionen gesucht sind, für welche die Funktionaldeterminante

$$\frac{\partial(z, f)}{\partial(x, y)} = 0$$

ist. Nach D 2·7 sind das die von f abhängigen Funktionen, also sicher alle Funktionen $\Omega(f(x, y))$, wo $\Omega(u)$ eine beliebige stetig differenzierbare Funktion bedeutet.

2·13—2·19. $f(x, y)\,p + g(x, y)\,q = h(x, y)$.

$a\,p + b\,q = c$, DGl der Zylinderflächen; vgl. D 5·3 (a). 2·13

$a\,p + b\,q = x^2 - y^2$ 2·14

Für die nach D 5·4 zugehörige dreigliedrige homogene DGl ist

$$b\,x - a\,y, \quad 3\,a\,b\,z - b\,x^3 + a\,y^3$$

eine IBasis. Daher sind Integrale der gegebenen unhomogenen DGl die Funktionen

$$z = \frac{1}{3\,a\,b}(b\,x^3 - a\,y^3) + \Omega(b\,x - a\,y).$$

Für die nach D 4·2 (b) zugehörige zweigliedrige homogene DGl ist $b\,x - a\,y$ ein Hauptintegral. Nimmt man nun die Transformation

$$z(x, y) = \zeta(\bar{x}, \bar{y}), \quad \bar{x} = b\,x - a\,y, \quad \bar{y} = y$$

vor, so erhält man die DGl

$$b\,\zeta_{\bar{y}} = \frac{(\bar{x} + a\,\bar{y})^2}{b^2} - \bar{y}^2,$$

also

$$b\,\zeta = \frac{(\bar{x} + a\,\bar{y})^3}{3\,a\,b^2} - \frac{\bar{y}^3}{3} + \Omega(\bar{x}),$$

und hieraus wieder das oben schon gefundene Integral.

$a\,p + b\,q = f(x)$ 2·15

Integrale sind die Funktionen

$$z = \frac{1}{a}\int f(x)\,dx + \Omega(b\,x - a\,y).$$

Das Integral, das für $x = y$ den Wert 0 hat, ist

$$z = \frac{1}{a}\int\limits_{\frac{b\,x - a\,y}{b - a}}^{x} f(t)\,dt.$$

K. Herzfeld, Zeitschrift f. angew. Math. Mech. 4 (1924) 407f.

2·16 $\boldsymbol{x p + y q = a x}$

$$z = a x + \Omega\left(\frac{y}{x}\right).$$

2·17 $\boldsymbol{x p + y q = a \sqrt{x^2 + y^2}}$, Sonderfall von 2·18.

Die Charakteristiken sind die Geraden $y = A x$, $z = a\sqrt{x^2 + y^2} + B$. IFlächen erhält man z. B. durch Schraubung einer solchen Geraden um die z-Achse:

$$z = a\sqrt{x^2 + y^2} + \Omega\left(\frac{y}{x}\right).$$

2·18 $\boldsymbol{x p + y q = \sqrt{x^2 + y^2}\, f'\left(\sqrt{x^2 + y^2}\right)}$

Die Charakteristiken sind

$$y = A x, \quad z = f\left(\sqrt{x^2 + y^2}\right) + B.$$

IFlächen sind

$$z = f\left(\sqrt{x^2 + y^2}\right) + \Omega\left(\frac{y}{x}\right).$$

Mitteilung von SCHWEIZER.

2·19 $\boldsymbol{y p - x q = y e^{x^2 + y^2}}$

Für $z(x, y) = \zeta(\xi, \eta)$, $\xi = x^2 + y^2$, $\eta = y$ wird aus der DGl

$$\zeta_\eta = \pm \frac{\eta}{\sqrt{\xi - \eta^2}} e^\xi,$$

also

$$z = x e^{x^2 + y^2} + \Omega(x^2 + y^2).$$

2·20—2·31. $\boldsymbol{f(x, y)\, p + g(x, y)\, q = h_1(x, y)\, z + h_0(x, y)}$.

2·20 $\boldsymbol{p + q = a z}$

Für die nach D 4·2 (a) zugehörige dreigliedrige DGl ist $z e^{-a x}$, $z e^{-a y}$ eine IBasis. Daher erhält man Lösungen der gegebenen unhomogenen DGl durch Auflösung von

$$\Omega(z e^{-a x}, z e^{-a y}) = 0.$$

Z. B. liefert

$$\Omega(u, v) = \frac{A}{u} + \frac{B}{v} - 1: \qquad z = A e^{a x} + B e^{a y},$$

$$\Omega(u, v) = A u + B v - 1: \quad \frac{1}{z} = A e^{-a x} + B e^{-a y}.$$

Wendet man das Verfahren 4 2 (b) an, so erhält man mit der Lösung $x - y$ der zugehörigen homogenen DGl und der Transformation

$$z(x, y) = \zeta(\bar{x}, \bar{y}), \quad \bar{x} = x - y, \quad \bar{y} = y$$

die DGl

$$\zeta_{\bar{y}} = a\,\zeta, \quad \text{also} \quad \zeta = \Omega(\bar{x})\, e^{a\bar{y}}$$

und daher

$$z = \Omega(x - y)\, e^{a y}.$$

$p - y q = - z$; Sonderfall von 2·23. 2·21

Gesucht ist die IFläche, die durch die Kurve

$$2(y + z) \operatorname{Cos} x = z^2 + y^2 + 1, \quad 2(y + z) \operatorname{Sin} x = z^2 + y^2 - 1$$

geht. Diese Anfangsbedingungen lassen sich auch in der Gestalt

$$y z = 0, \quad y + z = e^x$$

schreiben. Man sieht nun unmittelbar, daß die Aufgabe die Lösung $z = 0$ hat.

Morris-Brown, Diff. Equations, S. 275 (7), 392.

$2 p - y q = - z$; Sonderfall von 2·23. 2·22

Gesucht ist die IFläche, die durch die Kurve

(1) $$y = x z, \quad x = \log y$$

geht. Für die nach D 4·2 (a) zugehörige dreigliedrige homogene DGl ist $e^x y^2$, $e^x z^2$ eine IBasis. Lösungen der gegebenen DGl erhält man daher für geeignete Funktionen $\Omega(u, v)$ durch Auflösung der Gl

(2) $$\Omega(e^x y^2, e^x z^2) = 0$$

nach z. Diese Gl soll insbesondere für die Kurve (1) erfüllt sein, d. h. es soll

$$\Omega(y^3, y^3 \log^{-2} y) = 0$$

sein. Das ist der Fall für

$$\Omega(u, v) = -3 \sqrt{\frac{v}{u}} + \log u.$$

Aus der Gl (2) wird dann

$$z(x + 2 \log y) - 3 y = 0.$$

Hieraus erhält man die gesuchte Funktion z.

Morris-Brown, Diff. Equations, S. 275 (4), 392.

$a p + y q = b z$ 2·23

$$z = |y|^b\, \Omega(|y|^a e^{-x}).$$

2·24 $\boldsymbol{x(p-q) = y\,z}$

Für die nach D 4·2 (a) zugehörige dreigliedrige homogene DGl ist

$$x + y, \quad z \exp\left[x - (x+y)\log x\right]$$

eine IBasis. Integrale der gegebenen DGl sind daher die Funktionen

$$z = \Omega(x+y)\exp\left[(x+y)\log x - x\right].$$

2·25 $\boldsymbol{x\,p + y\,q = a\,z}$, DGl der homogenen Funktionen a-ter Ordnung von zwei unabhängigen Veränderlichen. Vgl. 4·8.

Für $a = 2$ sind Integrale die Funktionen $z = A\,x^2 + B\,x\,y + C\,y^2$, aber z. B. auch die nur einmal stetig differenzierbaren Funktionen

$$z = \begin{cases} \dfrac{x^3\,y}{x^2+y^2} & \text{für } x^2+y^2 \neq 0, \\ 0 & \text{für } x = y = 0. \end{cases}$$

2·26 $\boldsymbol{x\,p + y\,q = z - x^2 - y^2 + 1}$

Für die nach D 4·2 (a) zugehörige dreigliedrige homogene DGl ist eine IBasis

$$\frac{y}{x}, \quad \frac{z+x^2+y^2+1}{x} \quad \left(\text{oder auch } \frac{z+x^2+y^2+1}{y}\right).$$

Daher hat die gegebene DGl die Integrale

$$z = -x^2 - y^2 - 1 + x\,\Omega\left(\frac{y}{x}\right).$$

Vgl. Forsyth-Jacobsthal, DGlen, S. 388, Beisp. 2 (2), S. 823.

2·27 $\boldsymbol{(x-a)\,p + (y-b)\,q = z - c}$; DGl der Kegelflächen mit der Spitze im Punkt a, b, c. Vgl. D 5·3 (b).

2·28 $\boldsymbol{x(y+1)\,p + (y^2-x)\,q = y\,z}$; s. 4·9, Beisp. 2.

2·29 $\boldsymbol{x(2\,y - x + 1)\,p - y(2\,x - y + 1)\,q = (y-x)\,z}$

Für die nach D 4·2 (a) zugehörige dreigliedrige homogene DGl ist

$$\frac{z}{x+y-1}, \quad \frac{(x+y-1)^3}{x\,y}$$

eine IBasis. Integrale der gegebenen DGl sind daher die Funktionen

$$z = (x+y-1)\,\Omega\left(\frac{(x+y-1)^3}{x\,y}\right).$$

$x y^2 p + x^2 y q = (x^2 + y^2) z$ 2·30

Gesucht ist eine IFläche, für welche die Charakteristiken Asymptotenlinien sind. Die charakteristischen Glen sind

$$x'(t) = x y^2, \quad y'(t) = x^2 y, \quad z'(t) = (x^2 + y^2) z.$$

Für die nach D 4·2 (a) zugehörige dreigliedrige homogene DGl ist daher

$$x^2 - y^2, \quad \frac{z}{x y}$$

eine IBasis. Hieraus erhält man als gesuchte IFläche

$$z = C\, x\, y (x^2 - y^2).$$

G. JULIA, Exercices d'Analyse, S. 41 ff.

$x(x^2 + 3 y^2) p + y(y^2 + 3 x^2) q = 2 z(x^2 + y^2)$ 2·31

Gesucht ist die IFläche, die durch den Kreis $x^2 + y^2 = r^2$, $z = a$ geht. Aus den charakteristischen Glen erhält man für die nach D 4 2 (a) zugehörige dreigliedrige homogene DGl die IBasis

$$\frac{x y}{z^2}, \quad \frac{x^2 - y^2}{z}.$$

Integrale der gegebenen DGl erhält man daher durch Auflösung der Gl

$$\Omega\left(\frac{x y}{z^2}, \frac{x^2 - y^2}{z}\right) = 0.$$

Die Funktion $\Omega(u, v)$ ist dabei so zu bestimmen, daß

$$\Omega(u, v) = 0 \quad \text{für} \quad u = \frac{x y}{z^2}, \quad v = \frac{x^2 - y^2}{z}, \quad x^2 + y^2 = r^2, \quad z = a$$

ist. Man findet hieraus

$$\Omega(u, v) = 4 a^4 u^2 + a^2 v^2 - r^4.$$

Das gesuchte Integral erhält man daher durch Auflösung der folgenden Gl nach z:

$$4 a^4 x^2 y^2 + a^2 (x^2 - y^2)^2 z^2 = r^1 z^4.$$

2·32—2·43. $f(x, y)\, p + g(x, y)\, q = h(x, y, z)$.

$p + q = e^z \sin (x + y)$ 2·32

Für die nach D 5·4 zugehörige homogene DGl ist

$$x - y, \quad 2 e^{-z} - \cos (x + y)$$

eine IBasis. Integrale der gegebenen DGl erhält man daher aus

$$2 e^{-z} = \cos (x + y) + \Omega(x - y).$$

Die IFläche durch die Kurve $x + y = 0$, $e^z \cos^2 x = 1$ erhält man aus

$$e^{-z} = \cos x \cos y.$$

Nouvelles Annales Math. (6) 2 (1927) 28, 119f.

2·33 $\boldsymbol{p + 2q = 1 + \sqrt{y - x - z}}$

Für die nach D 5·4 zugehörige homogene DGl ist

$$\psi_1(x, y, z) = 2x - y, \quad \psi_2(x, y, z) = x + 2\sqrt{y - x - z}$$

eine IBasis. Integrale der homogenen DGl sind daher auch die Funktionen $\Omega(\psi_1, \psi_2)$. Ist für die gegebene DGl ein Integral $z = \chi_1(x, y)$ mit den Anfangswerten $\chi_1(x, x) = 0$ gesucht, so wird man (vgl. D 5·4, Beispiel) $\Omega(u, v)$ so bestimmen, daß

$$\Omega(u, v) = 0 \quad \text{für} \quad u = \psi_1(x, x, 0) = x, \quad v = \psi_2(x, x, 0) = x$$

ist. Eine solche Funktion ist $\Omega = v - u$. Um das gesuchte Integral zu erhalten, hat man daher

$$\psi_2 - \psi_1 = y - x + 2\sqrt{y - x - z} = 0$$

nach z aufzulösen; man erhält so

$$\chi_1(x, y) = y - x - \left(\frac{y - x}{2}\right)^2,$$

und diese Funktion ist für $x \geq y$ wirklich ein Integral der verlangten Art, obwohl die Rechnung, wie man leicht erkennt, zunächst sogar $x > y$ verlangt.

Wird ein Integral $\chi_2(x, y)$ mit den Anfangswerten $\chi_2(0, y) = y$ gesucht, so findet man ein solches durch Auflösung von $\psi_2 = 0$ nach z, und zwar erhält man

$$\chi_2(x, y) = y - x - \frac{x^2}{4} \quad \text{für } x \leq 0.$$

In beiden Fällen ist aber auch $\chi(x, y) = y - x$ ein Integral der gewünschten Art. In beiden Fällen gibt es also zwei verschiedene Integrale der verlangten Art. Das steht jedoch in keinem Widerspruch zu den allgemeinen Sätzen von D 5·4—5·6. Denn dort war verlangt, daß die Anfangswerte und die Funktion $z = \chi(x, y)$ selber einem x, y, z-Gebiet angehören, in dem die Koeffizienten der DGl stetige partielle Ableitungen erster Ordnung haben. Diese Bedingung ist hier nicht erfüllt.

Vgl. Forsyth-Jacobsthal, DGlen, S. 378f.

2·34 $\boldsymbol{p + kq = (ax + by + cz)^n}$

Für $u(x, y) = ax + by + cz(x, y)$ entsteht die DGl 2·35

$$u_x + k u_y = c u^n + a + b.$$

2·35 $\boldsymbol{ap + bq = z^n + c}$

Für die nach D 5·4 zugehörige homogene DGl ist

$$bx - ay, \quad a\int \frac{dz}{z^n + c} - x$$

eine IBasis. Ist $z = \varphi(x)$ eine stetig differenzierbare Auflösung der Gl

(1) $$a \int_0^z \frac{dz}{z^n + c} = x,$$

so ist

(2) $$z = \varphi\left(x + \Omega(b\,x - a\,y)\right)$$

eine Lösung der gegebenen DGl. Ist $m = -n$ eine gerade Zahl $\geqq 0$ und $c > 0$, so folgt aus (1), daß x eine Funktion von z ist, deren Ableitung $\neq 0$ ist und die für $z = 0$ den Wert 0 hat; mithin ist auch $\varphi(0) = 0$. Durch geeignete Wahl von Ω kann man daher aus (2) beliebig viele Integrale erhalten, die für $|x| + |y| \to 0$ gegen 0 streben.

$x\,p + y\,q = z - a\sqrt{z^2 - x^2 - y^2}$, $x^2 + y^2 < z^2$. 2·36

Aus den charakteristischen Glen

$$x'(t) = x, \quad y'(t) = y, \quad z'(t) = z - a\sqrt{z^2 - x^2 - y^2}$$

folgt $y/x = C_1$. Trägt man das in die dritte Gl ein, so entsteht für $x > 0$

$$\frac{dz}{dx} = \frac{z'(t)}{x'(t)} = \frac{z}{x} - a\sqrt{\left(\frac{z}{x}\right)^2 - 1 - C_1^2},$$

und hieraus für $z = x\,u(x)$ die DGl mit getrennten Variablen

$$x\,u' + a\sqrt{u^2 - C_1^2 - 1} = 0.$$

Aus dieser erhält man

$$x^a\left(u + \sqrt{u^2 - C_1^2 - 1}\right) = C_2.$$

Trägt man C_1 und u ein, so bekommt man für die nach D 5·4 zu der gegebenen DGl gehörige homogene DGl die IBasis

$$\psi_1 = \frac{y}{x}, \quad \psi_2 = x^{a-1}\left(z + \sqrt{z^2 - x^2 - y^2}\right).$$

Die Kurven $\psi_1 = C_1$, $\psi_2 = C_2$ sind die Charakteristiken der gegebenen DGl. Für $a = 1$ sind sie Parabeln, die den Kegel $z^2 = x^2 + y^2$ berühren, und diese Fläche selber ist auch eine IFläche der gegebenen DGl, gehört aber nicht mehr dem Gebiet $z^2 > x^2 + y^2$ an, in dem die Koeffizienten stetige partielle Ableitungen haben.

Goursat, Équations du premier ordre, S. 63.

$x^2(p - q) = (z - x - y)^2$ 2·37

Für die nach D 5·4 zugehörige homogene DGl ist

$$x + y, \quad \frac{x(z - x - y)}{z - 2x - y}$$

eine IBasis. Integrale der gegebenen DGl sind daher die Funktionen

$$z = \frac{(2x+y)\,\Omega(x+y) - x(x+y)}{\Omega(x+y) - x},$$

außerdem auch $z = 2x + y$.

G. Chrystal, Transactions Soc. Edinburgh 36 (1892) 556f.

2·38 $(x^2+1)\,p + (y^2+1)\,q = -y(y^2+1)\,z^2$

Für die nach D 5·4 zugehörige homogene DGl ist

$$\frac{x-y}{1+xy},\quad \frac{2}{z} - y^2$$

eine IBasis. Integrale der gegebenen DGl erhält man daher aus

$$\frac{2}{z} = y^2 + \Omega\left(\frac{x-y}{1+xy}\right).$$

2·39 $a\,x^2 p + b\,y^2 q = c\,z^2,\ a\,b\,c \neq 0.$

Für die nach D 5·4 zugehörige homogene DGl ist

$$\frac{1}{ax} - \frac{1}{by},\quad \frac{1}{ax} - \frac{1}{cz}$$

eine IBasis. Integrale der gegebenen DGl sind daher die Funktionen

$$z = \frac{1}{c}\left(\frac{1}{ax} + \Omega\left(\frac{1}{by} - \frac{1}{ax}\right)\right)^{-1}.$$

2·40 $(A_1 - A_0 x)\,p + (A_2 - A_0 y)\,q = f(z),\ A_\nu = a_\nu + b_\nu x + c_\nu y.$

Für die Lösung der nach D 5·4 zugehörigen homogenen DGl s. 4·11.

2·41 $x\,y^2 p + 2\,y^3 q = 2\,(y\,z - x^2)^2$

Die zugehörige homogene DGl 3·47 hat die IBasis

$$\frac{x^2}{y},\quad y \exp \frac{y}{yz - x^2}.$$

Lösungen der gegebenen DGl erhält man daher durch Auflösung von

$$\Omega\left(\frac{x^2}{y},\ y \exp \frac{y}{yz - x^2}\right) = 0$$

nach z unter den in D 5·4 angegebenen Voraussetzungen. Außerdem ist auch $z = x^2/y$ eine Lösung.

Forsyth, Diff. Equations V, S. 69f.

2·42 $(x\,y + a^2)\,(x\,p - y\,q) = a\,(x^2 + y^2)\,z^2$

Für die nach D 5·4 zugehörige homogene DGl ist

$$x\,y,\quad \frac{1}{z} + \frac{a}{2}\,\frac{x^2 - y^2}{xy + a^2}$$

eine IBasis. Integrale der gegebenen DGl erhält man daher aus

$$\frac{1}{z} = \frac{a}{2}\,\frac{y^2 - x^2}{x\,y + a^2} + \Omega(x\,y)\,.$$

Die IFläche, die durch den Kreis $x^2 + y^2 = r^2$, $z = c$ geht, ist

$$\frac{1}{z} = \frac{1}{c} + \frac{a}{2}\,\frac{y^2 - x^2}{x\,y + a^2} \pm \frac{a}{2\,(x\,y + a^2)}\sqrt{r^4 - 4\,x^2\,y^2}$$

$f p + g q = A z^2 + B z + C$, wo f, g, A, B, C gegebene Funktionen von x, y sind. 2·43

Sind $z_1, \ldots, z_4$ vier Lösungen, die verschiedene Werte haben, so ist ihr Doppelverhältnis

$$w = \frac{z_1 - z_2}{z_3 - z_2} : \frac{z_1 - z_4}{z_3 - z_4}$$

eine Lösung von

$$f\,w_x + g\,w_y = 0\,.$$

HADAMARD, Cours d'Analyse II, S. 423. JULIA, Exercices d'Analyse IV, S. 71f.

2·44—2·59. $f(x, y, z)\, p + g(x, y, z)\, q = h(x, y, z)$; f, g linear in z.

$p + z q = 0$ 2·44

Für die nach D 5·4 zugehörige homogene DGl ist $x z - y$, z eine IBasis. Lösungen der gegebenen DGl erhält man daher aus

$$\Omega(x\,z - y, z) = 0\,.$$

Z. B. bekommt man für $\Omega(u, v) = a\,v - u - b$ oder $v^2 + u$ die Integrale

$$z = \frac{y - b}{x - a}, \quad z = -\frac{x}{2} \pm \frac{1}{2}\sqrt{x^2 + 4\,y}\,.$$

$z p + q = a$ 2·45

Die Charakteristiken sind die Parabeln

$$z - a\,y = A, \quad z^2 - 2\,a\,x = B\,.$$

Integrale erhält man durch Auflösung von

$$\Omega(z^2 - 2\,a\,x,\; z - a\,y) = 0$$

nach z. Für eine lineare Funktion $\Omega(u, v)$ erhält man hieraus z. B. als vollständiges Integral die parabolischen Zylinder

$$(z + A)^2 = 2\,a\,(x + A\,y) + B\,.$$

Mitteilung von SCHWEIZER.

2·46 $\boldsymbol{z p + a q = x}$

Für die nach D 5·4 zugehörige homogene DGl ist

$$(x + z)\, e^{-\frac{y}{a}}, \quad (x - z)\, e^{\frac{y}{a}}$$

eine IBasis. Integrale der gegebenen DGl erhält man daher aus

$$\Omega\left((x + z)\, e^{-\frac{y}{a}},\ (x - z)\, e^{\frac{y}{a}}\right) = 0.$$

FORSYTH, Diff. Equations V, S. 162 (umständlicher).

2·47 $\boldsymbol{(1 - z)\, p + (1 + z)\, q = 0}$

Die Charakteristiken sind die Geraden

$$(A + 1)\, x + (A - 1)\, y = B, \quad z = A.$$

Integrale erhält man nach D 5·4 aus

$$\Omega\,(z,\, x\,(z + 1) + y\,(z - 1)) = 0$$

durch Auflösung nach z. Lösungen sind also z. B. die Funktionen

$$z = \frac{y - x + C}{y + x}.$$

Mitteilung von SCHWEIZER.

2·48 $\boldsymbol{(z + e^x)\, p + (z + e^y)\, q = z^2 - e^{x+y}}$

Für $z(x, y) = \zeta(\xi, \eta)$, $\xi = e^x$, $\eta = e^y$ erhält man die DGl 2·56

$$\xi(\zeta + \xi)\frac{\partial \zeta}{\partial \xi} + \eta(\zeta + \eta)\frac{\partial \zeta}{\partial \eta} = \zeta^2 - \xi\,\eta.$$

FORSYTH-JACOBSTHAL, DGlen, S. 426, 1 (2), S. 835.

2·49 $\boldsymbol{(b z - c y + A)\, p + (c x - a z + B)\, q = a y - b x + C}$; DGl der Schrauben- und Rotationsflächen, vgl. D 5·3 (c), (d).

2·50 $\boldsymbol{[b(x + y) - c(x + z)]\, p + [c(y + z) - a(y + x)]\, q = a(z + x) - b(z + y)}$

Für die nach D 5·4 zugehörige homogene DGl ist $a x + b y + c z$, $x y + y z + z x$ eine IBasis. Lösungen der gegebenen DGl erhält man daher durch Auflösen der folgenden Gl nach z:

$$\Omega(a x + b y + c z,\ x y + y z + z x) = 0.$$

FORSYTH-JACOBSTHAL, DGlen, S. 426, 1 (1), S. 835.

2·51 $\boldsymbol{p - 4 x z q = 2 x}$

Gesucht ist die IFläche, die durch die Hyperbel

(1) $$y + z = 5, \quad x^2 - z^2 = 9$$

geht. — Für die nach D 5·4 zugehörige homogene DGl ist $y + z^2$, $x^2 - z$ eine IBasis. Lösungen der gegebenen DGl erhält man daher aus

$$\Omega(y + z^2, x^2 - z) = 0$$

durch Auflösen nach z. Da die Kurve (1) dieser Gl genügen soll, muß

$$\Omega(z^2 - z + 5, z^2 - z + 9)$$

sein. Diese Gl ist erfüllt für $\Omega(u, v) = v - u - 4$. Die gesuchte Lösung z erhält man daher aus

$$x^2 - z^2 - y - z = 4.$$

Morris-Brown, Diff. Equations, S. 275 (6), S. 392.

$x z p + y z q = x y$ 2·52

Für die nach D 5·4 zugehörige homogene DGl ist $\frac{y}{x}$, $z^2 - x y$ eine IBasis. Integrale der gegebenen DGl erhält man daher aus

$$z^2 = x y + \Omega\left(\frac{y}{x}\right).$$

$x z p + y z q = -x^2 - y^2$ 2·53

Für die nach D 5·4 zugehörige homogene DGl ist $x^2 + y^2 + z^2$, $\frac{y}{x}$ eine IBasis. Integrale der gegebenen DGl erhält man daher aus

$$x^2 + y^2 + z^2 = \Omega\left(\frac{y}{x}\right)$$

durch Auflösen nach z.

$x z p + y z q = x^2 + y^2 + z^2$ 2·54

Gesucht ist ein Integral mit dem Anfangswert $z = y^2$ für $x = 1$.

Für die nach D 5·4 zugehörige homogene DGl ist

$$\psi_1(x, y, z) = \frac{y}{x}, \quad \psi_2(x, y, z) = \frac{1}{x^2}(z^2 - 2(x^2 + y^2)\log x)$$

eine IBasis. Um das gesuchte Integral der gegebenen Gl zu erhalten, bestimmt man nun $\Omega(u, v)$ so (vgl. D 5·4, Beisp.), daß

$$\Omega(u, v) = 0 \quad \text{für} \quad u = \psi_1(1, y, y^2) = y, \quad v = \psi_2(1, y, y^2) = y^4$$

ist. Man erhält so $\Omega(u, v) = u^4 - v$, und damit

$$z^2 x^2 = y^4 + 2\,x^2(x^2 + y^2)\log x.$$

Kamke, DGlen, S. 340f.

2·55 $2xzp + 2yzq = z^2 - x^2 - y^2$

Für die nach D 5·4 zugehörige homogene DGl ist $\frac{x^2+y^2+z^2}{x}$, $\frac{y}{x}$ eine IBasis. Lösungen der gegebenen DGl erhält man daher aus

$$x^2 + y^2 + z^2 = x\,\Omega\left(\frac{y}{x}\right).$$

Julia, Exercices d'Analyse IV, S. 85.

2·56 $x(z+x)p + y(z+y)q = z^2 - xy$

Für die nach D 5·4 zugehörige homogene DGl ist $\frac{z}{x} + \log|y|$, $\frac{z}{y} + \log|x|$ eine IBasis. Integrale der gegebenen DGl erhält man daher aus

$$\Omega\left(\frac{z}{x} + \log|y|,\ \frac{z}{y} + \log|x|\right) = 0$$

durch Auflösen nach z.

Forsyth-Jacobsthal, DGlen, S. 835, 1 (2).

2·57 $(A_0x - A_1)p + (A_0y - A_2)q = A_0z - A_3$, $A_\nu = a_\nu + b_\nu x + c_\nu y + d_\nu z$; s. 4·10.

2·58 $x^2zp + ye^xq = 0$

Für die nach D 5·4 zugehörige homogene DGl ist

$$z,\quad z\log y - \int\frac{e^x}{x^2}\,dx$$

eine IBasis. Integrale der gegebenen DGl erhält man daher durch Auflösen der folgenden Gl nach z:

$$\Omega\left(z,\ z\log y - \int\frac{e^x}{x^2}\,dx\right) = 0.$$

2·59 $x^2(y-z)p + y^2(z-x)q = z^2(x-y)$

Für die nach D 5·4 zugehörige homogene DGl ist xyz, $xy + yz + zx$ eine IBasis. Integrale der gegebenen DGl erhält man daher durch Auflösen der folgenden Gl nach z:

$$\Omega(xyz,\ xy + yz + zx) = 0.$$

Forsyth-Jacobsthal, DGlen, S. 426, 1 (3), S. 836.

2·60—2·65. $f(x, y, z)\,p + g(x, y, z)\,q = h(x, y, z)$; f, g höchstens vom Grad 2 in bezug auf z.

$$(2\,y^2 + z^2)\,x\,p - (z + 3\,x^3)\,y\,q = (3\,x^3\,z - 2\,y^2)\,z$$ 2·60

Gesucht ist die IFläche, die durch die Parabel $x = a$, $z = y^2$ geht.

Aus den charakteristischen Glen ergibt sich leicht, daß für jede Charakteristik $x^3 + y^2 - z$ konstant ist. Daher ist

$$z = x^3 + y^2 - C$$

schon ein Integral der gegebenen DGl, und zwar für $C = a^3$ gerade das gesuchte Integral.

Morris-Brown, Diff. Equations, S. 275 (5), S. 392; Druckfehler in der Aufgabe.

$$(x^2 - y^2 - z^2)\,p + 2\,x\,y\,q = 2\,x\,z$$ 2·61

Für die nach D 5·4 zugehörige homogene DGl ist $\frac{x^2+y^2+z^2}{y}$, $\frac{z}{y}$ eine IBasis. Integrale der gegebenen DGl erhält man daher durch Auflösen der folgenden Gl nach z:

$$\Omega\left(\frac{z}{y}, \frac{x^2+y^2+z^2}{y}\right) = 0.$$

Forsyth-Jacobsthal, DGlen, S. 842, Zeile 5 von unten.

$$(3\,x^2 + y^2 + z^2)\,y\,p - 2\,x(x^2 + z^2)\,q = 2\,x\,y\,z$$ 2·62

Eine IBasis u, v der nach D 5·4 zugehörigen homogenen DGl ist in 3·44 angegeben. Integrale der gegebenen DGl erhält man dann durch Auflösung der Gl $\Omega(u, v) = 0$ nach z.

$$(x\,y - y\,z - z^2)\,p + (x\,z - x\,y - y^2)\,q = x\,y + x\,z + y\,z + y^2 - x^2$$ 2·63

Für die nach D 5·4 zugehörige homogene DGl ist $x^2 + y^2 + 2\,y\,z$, $x^2 + z^2 + 2\,x\,y$ eine IBasis. Integrale der gegebenen DGl erhält man daher aus

$$\Omega(x^2 + y^2 + 2\,y\,z,\; x^2 + z^2 + 2\,x\,y) = 0$$

durch Auflösen nach z.

$$x^2\,z^2\,p + y^2\,z^2\,q = x^2\,y^2$$ 2·64

Integrale erhält man aus

$$z^3\left(\frac{1}{x} - \frac{1}{y}\right)^3 - 3\left(\frac{y}{x} - \frac{x}{y}\right) + 6\log\left|\frac{y}{x}\right| = \Omega\left(\frac{1}{x} - \frac{1}{y}\right)$$

durch Auflösen nach z. Die linke Seite der Gl und das Argument von Ω bilden eine IBasis für die nach D 5·4 zu der DGl gehörige homogene DGl.

Forsyth-Jacobsthal, DGlen, S. 824, Zeile 9ff.

2·65 $\boldsymbol{x\,y(x\,y+2\,z^2)\,p+y\,z(y\,z-x^2)\,q=z^2(y\,z-x^2)}$

Integrale erhält man aus

$$\Omega\left(\frac{z}{y},\ \frac{z^2}{x}+\frac{x\,z}{y}+y\right)=0.$$

Für die nach D 5·4 zu der gegebenen DGl gehörige homogene DGl bilden die beiden Argumente von Ω eine IBasis.

FORSYTH-JACOBSTHAL, DGlen, S. 521, 75.

2·66—2·71. $f(x, y, z)\,p+g(x, y, z)\,q=h(x, y, z)$; Rest.

2·66 $\boldsymbol{\left(1+\sqrt{z-x-y}\right)p+q=2}$

Integrale erhält man aus

$$\Omega\left(2\,y-z,\ y+2\sqrt{z-x-y}\right)=0$$

durch Auflösung nach z. Für die zu der gegebenen DGl nach D 5·4 gehörige homogene DGl bilden die beiden Argumente von Ω eine IBasis. Eine Lösung ist auch $z=x+y$.

G. CHRYSTAL, Transactions Soc. Edinburgh 36 (1892) 557; vgl. auch 2·33.

2·67 $\boldsymbol{(x^2+z^2-1)\,p+\left(x\,y+\sqrt{1-z^2}\sqrt{x^2+y^2+z^2-1}\right)q=0}$

Die Koeffizienten sind in dem Bereich

(1) $$x^2+y^2+z^2>1,\quad z^2<1$$

definiert und stetig differenzierbar. Für die nach D 5·4 zugehörige homogene DGl ist

$$\psi_1(x, y, z)=z,\quad \psi_2(x, y, z)=\frac{x\,y+\sqrt{1-z^2}\sqrt{x^2+y^2+z^2-1}}{x^2+z^2-1}$$

eine IBasis. Soll eine IFläche gefunden werden, die durch den Kreis $x=0$, $y^2+z^2=1$ geht, so ist die Anwendbarkeit des im Beispiel von 5·4 benutzten Verfahrens nicht mehr gesichert, da der Kreis dem Rande von (1) angehört. Verfährt man trotzdem nach dem Verfahren von 5·4, so erhält man, da für die Anfangsbedingungen $\psi_2=0$ erfüllt ist, aus $\psi_2=0$ für das gesuchte Integral

$$z^2=1-y^2\quad \text{für}\quad x\,y<0.$$

Eine Lösung der Aufgabe ist auch

$$z^2=1-x^2-y^2.$$

FORSYTH-MASER, Partielle DGlen 1. Ordn., S. 35.

$$p + (a z^n + b)\, q = c$$ 2·68

Integrale erhält man aus

$$\Omega\left(z - c x,\, a \frac{z^{n+1}}{n+1} + b z - c y\right) = 0$$

durch Auflösen nach z. Für die nach D 5·4 zugehörige homogene DGl bilden die beiden Argumente von Ω eine IBasis.

Für $c = b$ Diskussion von Lösungen bei S. Finsterwalder, Zeitschrift für Gletscherkunde 2 (1908) 81—103.

$(p + k q)\, (a x + b y + c z)^n = 1$, s. 2·34. 2·69

$$[y f(z) - x]\, p + y q = 0$$ 2·70

Integrale erhält man aus

$$\Omega(z,\, 2 x y - y^2 f(z)) = 0$$

durch Auflösen nach z. Für die nach D 5·4 zugehörige homogene DGl bilden die beiden Argumente von Ω eine IBasis.

$f_y(x, y, z)\, p - f_x(x, y, z)\, q = 0$, $|f_x| + |f_y| > 0$. 2·71

Integrale erhält man aus

$$\Omega(z, f(x, y, z)) = 0$$

durch Auflösen nach z. Für die nach D 5·4 zu der gegebenen DGl gehörige lineare homogene DGl bilden die beiden Argumente von Ω eine IBasis.

Man kann auch so schließen: Die DGl besagt nach D 2·7, daß $z(x, y)$ und $f(x, y, z(x, y))$ für das gesuchte Integral $z(x, y)$ voneinander abhängig sein sollen, da

$$\frac{\partial(z, f)}{\partial(x, y)} = z_x(f_y + f_z z_y) - z_y(f_x + f_z z_x) = f_y z_x - f_x z_y$$

ist. Damit erhält man wieder die obigen Integrale.

3. Lineare und quasilineare Differentialgleichungen mit drei unabhängigen Veränderlichen.

3·1—3·19. $f(x, y, z)\, w_x + g(x, y, z)\, w_y + h(x, y, z)\, w_z = 0$ [1]; f, g, h höchstens vom ersten Grade.

3·1—3·6. Eingliedrige Koeffizienten.

$$a w_x + b w_y + c w_z = 0$$ 3·1

$$b x - a y,\quad c x - a z.$$

[1]) In diesem Abschnitt 3 wird die gesuchte Funktion mit $w(x, y, z)$ bezeichnet.

3·2 $a w_x + b y w_y + c z w_z = 0$

$$y^a e^{-bx}, \quad z^a e^{-cx}.$$

3·3 $w_x + b z w_y + c y w_z = 0$

$c y^2 - b z^2$, außerdem

$(c y + A z) e^{-Ax}$ für $b c > 0$, $A = \sqrt{b c}$,

$c y \cos A x + A z \sin A x$ für $b c < 0$, $A = \sqrt{-b c}$.

3·4 $x w_x + b y w_y + c z w_z = 0$

$\frac{x^b}{y}, \frac{x^c}{z}$. Ist insbesondere $b = c = 1$, so liegt die DGl der homogenen Funktionen nullter Ordnung vor. Eine IBasis ist dann $\frac{y}{x}, \frac{z}{x}$.

3·5 $x w_x + b z w_y + c y w_z = 0$

$c y^2 - b z^2$, außerdem

$\frac{c y + \alpha z}{x^\alpha}$ für $b c > 0$, $\alpha = \sqrt{b c}$,

$x^\alpha \exp\left(- \operatorname{arc\,tg} \frac{\alpha z}{c y}\right)$ für $b c < 0$, $\alpha = \sqrt{-b c}$.

3·6 $z w_x - x w_y + y w_z = 0$

Die charakteristischen Glen sind

$$x'(t) = z, \quad y'(t) = -x, \quad z'(t) = y.$$

Die aus den Koeffizienten der rechten Seiten gebildete charakteristische Determinante ist

$$\begin{vmatrix} -s & 0 & 1 \\ -1 & -s & 0 \\ 0 & 1 & -s \end{vmatrix} = -s^3 - 1,$$

hat also die Nullstellen -1, $\frac{1}{2} \pm \frac{i}{2}\sqrt{3}$, d. h. lauter verschiedene Nullstellen. Die partielle DGl kann daher nach der Methode 3·19 gelöst werden.

3·7—3·11. Koeffizienten höchstens zweigliedrig.

3·7 $y w_x + x w_y - (x + y) w_z = 0$

$$x + y + z, \quad x^2 - y^2.$$

$$x\, w_x + (y + z)\,(w_y - w_z) = 0$$ 3·8

$$y + z, \quad x \exp\left(-\frac{y}{y+z}\right).$$

$$x\, w_x + (y + z)\, w_y + (y - z)\, w_z = 0;$$ Sonderfall von 3·19 3·9

Die charakteristischen Glen sind

$$x'(t) = x, \quad y'(t) = y + z, \quad z'(t) = y - z;$$

die mit den Koeffizienten der rechten Seite gebildete charakteristische Determinante ist daher

$$\begin{vmatrix} 1-s & 0 & 0 \\ 0 & 1-s & 1 \\ 0 & 1 & -1-s \end{vmatrix} = (1-s)\,(s^2-2)$$

und hat drei verschiedene Nullstellen. Damit erhält man die IBasis

$$\left[y + \left(\sqrt{2} - 1\right) z\right] x^{-\sqrt{2}}, \quad \left[y - \left(\sqrt{2} + 1\right) z\right] x^{\sqrt{2}}.$$

Hieraus erhält man z. B. das Integral $w = y^2 - 2\,y\,z - z^2$.

$$(y - 2\,z)\, w_x + (3\,z - x)\, w_y + (2\,x - 3\,y)\, w_z = 0$$ 3·10

$$3\,x + 2\,y + z, \quad x^2 + y^2 + z^2.$$

Morris-Brown, Diff. Equations, S. 274 (1f.), 391 (dort umständlicher).

$$b\,c\,(y - z)\, w_x + c\,a\,(z - x)\, w_y + a\,b\,(x - y)\, w_z = 0$$ 3·11

$$a\,x + b\,y + c\,z, \quad a\,x^2 + b\,y^2 + c\,z^2.$$

Morris-Brown, Diff. Equations, S. 280 (2), 393.

3·12—3·19. Koeffizienten höchstens dreigliedrig.

$$x\, w_x + (a\,x + b\,y)\, w_y + (c\,x + d\,y + f\,z)\, w_z = 0;$$ Sonderfall von 3·19. 3·12

Die charakteristischen Glen sind

$$x'(t) = x, \quad y'(t) = a\,x + b\,y, \quad z'(t) = c\,x + d\,y + f\,z.$$

Die mit den Koeffizienten der rechten Seiten gebildete charakteristische Determinante ist

$$\begin{vmatrix} 1-s & 0 & 0 \\ a & b-s & 0 \\ c & d & f-s \end{vmatrix} = (1-s)\,(b-s)\,(f-s),$$

hat also die Nullstellen $1, b, f$. Für die weitere Behandlung s. 3·19.

3·13 $c z w_x + (a x + b y) w_y + (a x + b y + c z) w_z = 0$; Sonderfall von 3·19.

Die charakteristischen Glen sind

$$x'(t) = c z, \quad y'(t) = a x + b y, \quad z'(t) = a x + b y + c z.$$

Aus ihnen folgt $x' + y' - z' = 0$. Daher ist $\psi_1 = x + y - z$ ein Integral der partiellen DGl. Für die Reduktion nach D 3·5 (c) wird $z - x - y = C$ gesetzt. Aus den obigen charakteristischen Glen werden dann die charakteristischen Glen

$$x' = c(x + y + C), \quad y' = a x + b y$$

der partiellen DGl

$$c(x + y + C)\frac{\partial w}{\partial x} + (a x + b y)\frac{\partial w}{\partial y} = 0,$$

die nach 2·4 gelöst werden kann; in die Lösung ist dann noch $C = z - x - y$ einzutragen. Auf diese Weise erhält man ein von ψ_1 unabhängiges Integral. Ist $\varrho^2 = 4 a c + (b - c)^2 \neq 0$, so findet man z. B.

$$\psi_2 = \frac{2 a c z + (b - c - \varrho)(a x + b y)}{2 a c z + (b - c + \varrho)(a x + b y)}\{a c z^2 + (b - c)(a x + b y) z - (a x + b y)^2\}^{\frac{\varrho}{b+c}}$$

für $a \neq b$;

$$\psi_2 = \{a(x + y) + c z\} \exp\left\{\left(\frac{1}{a} + \frac{1}{c}\right)\frac{c y - a x}{z - x - y}\right\}, \quad \text{falls } a = b \text{ ist.}$$

Teillösung bei Morris-Brown, Diff. Equations, S. 274 (1 e), 391.

3·14 $2(x - y) w_x - (x - y - z) w_y - (x - y - 3 z) w_z = 0$; Sonderfall von 3·19.

Die charakteristischen Glen sind

$$x'(t) = 2 x - 2 y, \quad y'(t) = -x + y + z, \quad z'(t) = -x + y + 3 z.$$

Die mit den Koeffizienten der rechten Seiten gebildete charakteristische Determinante ist

$$\begin{vmatrix} 2 - s & -2 & 0 \\ -1 & 1 - s & 1 \\ -1 & 1 & 3 - s \end{vmatrix} = -s(s - 2)(s - 4),$$

hat also drei verschiedene Nullstellen. Für die weitere Behandlung s. 3·19.

3·15 $2(y - z) w_x - (4 x - 3 y - z) w_y + (12 x - 3 y - 9 z) w_z = 0$; Sonderfall von 3·19.

$$3 x - 3 y - z, \quad \frac{(8 x - 5 y - 3 z)^2}{2 x - y - z}.$$

Julia, Exercices d'Analyse IV, S. 33—36.

$(6x - 4y + 2z)\, w_x - (4x - 10y + 6z)\, w_y + (2x - 6y + 11z)\, w_z = 0$; 3·16
Sonderfall von 3·19.

Die charakteristischen Glen sind

$$x'(t) = 6x - 4y + 2z, \quad y'(t) = -4x + 10y - 6z,$$
$$z'(t) = 2x - 6y + 11z.$$

Die aus den Koeffizienten der rechten Seiten gebildete charakteristische Determinante ist

$$\begin{vmatrix} 6-s & -4 & 2 \\ -4 & 10-s & -6 \\ 2 & -6 & 11-s \end{vmatrix} = -(s-3)(s-6)(s-18),$$

hat also lauter verschiedene Nullstellen. Für jede dieser Nullstellen s lassen sich daher Zahlen α, β, γ so bestimmen, daß aus den obigen charakteristischen Glen

$$\frac{d}{dt}(\alpha x + \beta y + \gamma z) = s(\alpha x + \beta y + \gamma z)$$

folgt. Man erhält auf diese Weise

$$\frac{2x' + 2y' + z'}{3(2x + 2y + z)} = \frac{-2x' + y' + 2z'}{6(-2x + y + 2z)} = \frac{x' - 2y' + 2z'}{18(x - 2y + 2z)}.$$

Durch Integration dieser Glen erhält man die IBasis

$$\frac{(2x + 2y + z)^2}{2x - y - 2z}, \quad \frac{(2x - y - 2z)^3}{x - 2y + 2z}.$$

FORSYTH-JACOBSTHAL, DGlen, S. 376, Beispiel 3 (8), S. 818f.

$(ax + y - z)\, w_x - (x + ay - z)\, w_y + (a - 1)(y - x)\, w_z = 0$; Sonderfall 3·17
von 3·19.

Die charakteristischen Glen sind

$$x'(t) = ax + y - z, \quad y'(t) = -x - ay + z, \quad z'(t) = (1 - a)x + (a - 1)y.$$

Die mit den Koeffizienten der rechten Seiten gebildete charakteristische Determinante ist

$$\begin{vmatrix} a-s & 1 & -1 \\ -1 & -a-s & 1 \\ 1-a & a-1 & -s \end{vmatrix} = -s\,[s^2 - (a+3)(a-1)].$$

Für die weitere Behandlung s. 3·19. Man kann auch benutzen, daß offenbar $x + y + z$ ein Integral ist, und das Reduktionsverfahren D 3·5 anwenden.

$(Ax + cy + bz)\, w_x + (cx + By + az)\, w_y + (bx + ay + Cz)\, w_z = 0$; 3·18
Sonderfall von 3·19.

Die charakteristischen Glen sind

$$x'(t) = Ax + cy + bz, \quad y'(t) = cx + By + az, \quad z'(t) = bx + ay + Cz.$$

Die mit den Koeffizienten der rechten Seiten gebildete charakteristische Determinante ist

$$\begin{vmatrix} A-s & c & b \\ c & B-s & a \\ b & a & C-s \end{vmatrix} = (A-s)(B-s)(C-s) - [a^2(A-s) + b^2(B-s) + c^2(C-s)] + 2abc.$$

Für die weitere Behandlung der DGl s. 3·19.

3·19 $(a_1 x + b_1 y + c_1 z + d_1) w_x + (a_2 x + b_2 y + c_2 z + d_2) w_y + (a_3 x + b_3 y + c_3 z + d_3) w_z = 0$

Vgl. hierzu 2·4. Die charakteristischen Glen sind

$$x'(t) = a_1 x + b_1 y + c_1 z + d_1,$$
$$y'(t) = a_2 x + b_2 y + c_2 z + d_2,$$
$$z'(t) = a_3 x + b_3 y + c_3 z + d_3.$$

Die Lösungsverhältnisse dieses Systems hängen nach I A 13 von den Nullstellen der charakteristischen Determinante

$$\begin{vmatrix} a_1 - s & b_1 & c_1 \\ a_2 & b_2 - s & c_2 \\ a_3 & b_3 & c_3 - s \end{vmatrix}$$

ab. Ist s eine Nullstelle, so kann man Zahlen α, β, γ finden, die nicht sämtlich Null sind und für die

$$\alpha a_1 + \beta a_2 + \gamma a_3 = \alpha s,$$
$$\alpha b_1 + \beta b_2 + \gamma b_3 = \beta s,$$
$$\alpha c_1 + \beta c_2 + \gamma c_3 = \gamma s$$

ist. Dann folgt aus den charakteristischen Glen

$$(1) \qquad \alpha x' + \beta y' + \gamma z' = s(\alpha x + \beta y + \gamma z) + D$$

mit

$$D = \alpha d_1 + \beta d_2 + \gamma d_3.$$

Ist $s = D = 0$, so erhält man hieraus schon ein Integral $\alpha x + \beta y + \gamma z$ der partiellen DGl.

Hat die charakteristische Determinante zwei untereinander und von 0 verschiedene Nullstellen s_1, s_2, so erhält man zwei Glen (1), aus diesen

$$\frac{\alpha_1 x' + \beta_1 y' + \gamma_1 z'}{s_1(\alpha_1 x + \beta_1 y + \gamma_1 z) + D_1} = \frac{\alpha_2 x' + \beta_2 y' + \gamma_2 z'}{s_2(\alpha_2 x + \beta_2 y + \gamma_2 z) + D_2},$$

und hieraus

$$\frac{(\alpha_1 x + \beta_1 y + \gamma_1 z + D_1/s_1)^{s_2}}{(\alpha_2 x + \beta_2 y + \gamma_2 z + D_2/s_2)^{s_1}} = \text{const},$$

also ist die linke Seite ein Integral der partiellen DGl.

Hat die charakteristische Determinante drei verschiedene Nullstellen, so kann man auf diese Weise eine IBasis erhalten. Kommen mehrfache Nullstellen vor, so kann man das Verfahren von 2·4 in sinngemäßer Übertragung auch hier anwenden oder man kann das System der charakteristischen Glen lösen und aus deren Lösungen durch Elimination von t Integrale der partiellen DGl finden.

3·20—3·41. $f(x, y, z)\, w_x + g(x, y, z)\, w_y + h(x, y, z)\, w_z = 0$; f, g, h höchstens vom zweiten Grade.

3·20—3·27. Eingliedrige Koeffizienten.

$a\, w_x + x\, z\, w_y - x\, y\, w_z = 0$ 3·20

Vgl. D 3·5 (b). Mit dem dortigen Verfahren erhält man die IBasis

$$y^2 + z^2, \quad y \sin \frac{x^2}{2a} + z \cos \frac{x^2}{2a}.$$

Das zweite Integral kann hierin auch durch $x^2 + 2a \operatorname{arc\,tg} \frac{z}{y}$ ersetzt werden.

Vgl. JULIA, Exercices d'Analyse IV, S. 27f.

$x^2\, w_x - x\, y\, w_y - y^2\, w_z = 0$ 3·21

$$x\, y, \quad 3\, x\, y\, z - y^3.$$

FORSYTH-JACOBSTHAL, DGlen, S. 376, Beispiel 3 (1), S. 817.

$a\, x^2\, w_x + b\, y^2\, w_y + c\, z^2\, w_z = 0$ 3·22

$$\frac{1}{b\, y} - \frac{1}{a\, x}, \quad \frac{1}{c\, z} - \frac{1}{b\, y}, \quad \frac{1}{a\, x} - \frac{1}{c\, z};$$

je zwei dieser Lösungen bilden eine IBasis.

$x^2\, w_x + z^2\, w_y + 2\, x\, z\, w_z = 0$ 3·23

$$\frac{x^2}{z}, \quad y - \frac{z^2}{3\, x}.$$

JULIA, Exercices d'Analyse IV, S. 40f.

$x\, y\, w_x + y\, z\, w_y + y^2\, w_z = 0$ 3·24

$$y^2 - z^2, \quad \frac{y + z}{x}.$$

3·25 $x z w_x + y z w_y + x y w_z = 0$

$$\frac{y}{x}, \quad z^2 - x y.$$

FORSYTH-JACOBSTHAL, DGlen, S. 376, Beispiel 3 (2), S. 817.

3·26 $y^2 w_x - x y w_y + 3 x z w_z = 0$

$$x^2 + y^2, \quad y^3 z.$$

MORRIS-BROWN, Diff. Equations, S. 275 (1k), 392.

3·27 $y z w_x - 2 x z w_y - 2 x y w_z = 0$

$$2 x^2 + y^2, \quad 2 x^2 + z^2.$$

MORRIS-BROWN, Diff. Equations, S. 274 (1h), 391.

3·28—3·38. Koeffizienten höchstens zweigliedrig.

3·28 $x w_x + y w_y + (x^2 + y^2) w_z = 0$

$$x^2 + y^2 - 2 z, \quad \frac{y}{x}.$$

KAMKE, DGlen 1930, S. 330, 430.

3·29 $3 z w_x - (2 x - 1) y w_y + (2 x - 1) z w_z = 0$

$$y z, \quad x^2 - x - 3 z.$$

3·30 $x y w_x + x^2 w_y - (2 x + z) y w_z = 0$

$$x^2 - y^2, \quad x^2 + x z.$$

3·31 $x y w_x + y(y - a) w_y + z(y - a) w_z = 0$

$$\frac{y}{z}, \quad \frac{y - a}{x}.$$

JULIA, Exercices d'Analyse IV, S. 37f.

3·32 $x z w_x + 2 x y w_y - (2 x + z) z w_z = 0$

$$x(x + z), \quad x y z.$$

3·33 $x z w_x - y z w_y + (y^2 - x) w_z = 0$; s. D 3·3 (b).

3·34 $2 x z w_x - 2 y z w_y + (3 y^2 - x) w_z = 0$

$$x y, \quad 2 x + 3 y^2 + 2 z^2.$$

$$x(y-z)\, w_x + y(z-x)\, w_y + z(x-y)\, w_z = 0$$ 3·35

$$x + y + z, \quad x\, y\, z.$$

$$(x\, z + y^2)\, w_x + (y\, z - 2\, x^2)\, w_y - (2\, x\, y + z^2)\, w_z = 0$$ 3·36

$$2\, x\, z - y^2, \quad x^2 + y\, z.$$

$$b\, c(x^2 - a^2)\, w_x + c(b\, x\, y + a\, c\, z)\, w_y + b(c\, x\, z + a\, b\, y)\, w_z = 0$$ 3·37

$$\frac{b\, y + c\, z}{x - a}, \quad \frac{b\, y - c\, z}{x + a}.$$

Die Charakteristiken sind die durch

$$b\, y + c\, z = C_1(x - a), \quad b\, y - c\, z = C_2(x + a)$$

gegebenen Geraden des x, y, z-Raumes.

Vgl. Forsyth-Jacobsthal, DGlen, S. 522, 78 und 81.

$$a(y^2 + z^2)\, w_x + x(b\, z - a\, y)\, w_y - x(b\, y + a\, z)\, w_z = 0$$ 3·38

$$x^2 + y^2 + z^2, \quad 2\, a \operatorname{arc\,tg} \frac{y}{z} + b \log (y^2 + z^2).$$

Julia, Exercices d'Analyse IV, S. 29f.

3·39—3·41. Koeffizienten mit mehr als zwei Gliedern.

$$x\, z\, w_x + y\, z\, w_y + (a\, x^2 + a\, y^2 + b\, z^2)\, w_z = 0$$ 3·39

Aus den charakteristischen Glen folgt

$$x\, y' - x'\, y = 0 \quad \text{und} \quad \frac{x\, x' + y\, y'}{x^2 + y^2} = \frac{z\, z'}{a\, x^2 + a\, y^2 + b\, z^2}.$$

Die zweite Gl kann man leicht integrieren, wenn man $x^2 + y^2 = u$, $z^2 = v$ setzt. Man erhält dann für die gegebene DGl die IBasis

$$\frac{y}{x}, \quad \frac{a\, (x^2 + y^2) + (b - 1)\, z^2}{(x^2 + y^2)^b}.$$

Im letzten Bruch kann der Nenner auch durch x^{2b} ersetzt werden.

Julia, Exercices d'Analyse IV, S. 30f.

$$2\, x\, z\, w_x + 2\, y\, z\, w_y + (z^2 - x^2 - y^2)\, w_z = 0;$$ Sonderfall von 3·39. 3·40

$$\frac{x^2 + y^2 + z^2}{x}, \quad \frac{x^2 + y^2 + z^2}{y}.$$

Julia, Exercices d'Analyse IV, S. 31f. Serret-Scheffers, D- u. IRechnung III, S. 547.

$$(A_0\, x - A_1)\, w_x + (A_0\, y - A_2)\, w_y + (A_0\, z - A_3)\, w_z = 0,$$ 3·41

$A_\nu = a_\nu + b_\nu\, x + c_\nu\, y + d_\nu\, z$; s. 4·9.

3·42—3·59. $f(x, y, z)\, w_x + g(x, y, z)\, w_y + h(x, y, z)\, w_z = 0$; Rest.

3·42 $y^2 z w_x + x z^2 w_y - x y^2 w_z = 0$

$$x^2 + z^2, \quad y^3 + z^3.$$

MORRIS-BROWN, Diff. Equations, S. 275 (1 j), 392.

3·43 $x(b y^2 - c z^2)\, w_x + y(c z^2 - a x^2)\, w_y + z(a x^2 - b y^2)\, w_z = 0$

$$a x^2 + b y^2 + c z^2, \quad x y z.$$

3·44 $(3 x^2 + y^2 + z^2)\, y w_x - 2(x^2 + z^2)\, x w_y + 2 x y z w_z = 0$

$$\frac{x^2 + y^2 + z^2}{z}, \quad \frac{2 x^2 + y^2}{z^2}.$$

Vgl. auch JULIA, Exercices d'Analyse IV, S. 84.

3·45 $[(x^2 + y^2 - 1)\, x + y]\, w_x + [(x^2 + y^2 - 1)\, y - x]\, w_y + 2 z w_z = 0$

Dieses Beispiel hat eine Bedeutung grundsätzlicher Art. Es ergibt sich eine kleine formale Vereinfachung, wenn man die Gl mit -1 multipliziert. Die charakteristischen Glen lauten dann

(1) $x'(t) = (1 - x^2 - y^2)\, x - y, \quad y'(t) = (1 - x^2 - y^2)\, y + x, \quad z'(t) = -2z.$

Stationärer Punkt (vgl. I A 7·1) für dieses System ist $x = y = z = 0$. Außer dieser trivialen Lösung haben die Glen (1) z. B. auch die Lösungen

$$x = y = 0, \quad z = C e^{-2t},$$

d. h. die beiden Hälften der z-Achse. Sieht man von diesen beiden Lösungen ab, so ist für jede Lösung $x^2 + y^2 \neq 0$. Führt man Polarkoordinaten ein, d. h. wählt man für jede Lösung $x(t)$, $y(t)$ der beiden ersten Glen (1) stetig differenzierbare Funktionen $r(t) > 0$, $\vartheta(t)$ so, daß

$$x = r \cos \vartheta, \quad y = r \sin \vartheta$$

ist, so wird aus dem System (1)

$$r' = (1 - r^2)\, r, \quad \vartheta' = 1, \quad z' = -2z.$$

Es kann also $\vartheta = t$ gewählt werden. Die sämtlichen Lösungen dieses Systems sind dann

$$1 - \frac{1}{r^2} = C_1 e^{-2t}, \quad z = C_2 e^{-2t}.$$

Für $C_1 = C_2 = 0$ ist das der Kreis $r = 1$, $z = 0$, und für $C_1 \neq 0$ strebt jede der Kurven diesem Kreis für $t \to \infty$ asymptotisch in Form einer Schraubenlinie oder Spirale zu, während die Kurven mit $C_1 < 0$, $C_2 > 0$ sich für $t \to -\infty$ immer mehr der positiven z-Achse nähern.

Wird aus dem ganzen x, y, z-Raum die negative z-Achse einschließlich des Nullpunkts herausgenommen, so hat die DGl keine singulären Punkte, d. h. nirgends haben alle drei Koeffizienten zugleich den Wert 0. Trotzdem hat die DGl außer den trivialen Integralen $z = \text{const}$ kein Integral, das in dem ganzen soeben angegebenen einfach zusammenhängenden Gebiet existiert. Denn jedes Integral ist längs jeder Charakteristik konstant. Hat ein Integral auf dem Kreis $r = 1$ den Wert c, so muß es, da die schrauben- und spiralförmigen Kurven diesem Kreise beliebig nahekommen, auch auf allen diesen Kurven den Wert c haben, und somit schließlich auch auf der positiven z-Achse, d. h. es hat auf allen Charakteristiken des Gebiets und somit in dem ganzen Gebiet den Wert c.

Das Beispiel stammt von E. Digel, veröffentlicht bei E. Kamke, Math. Zeitschrift 42 (1937) 288, Fußnote 4. Für ein anderes Beispiel ähnlicher Art s. T. Wazewski, Mathematica 9 (1935) 179ff.

$2\, x\, z\, w_x + y(z^2 + 1)\, w_y + x\, y(z + 1)^2\, w_z = 0$ 3·46

Man setze $w(x, y, z) = \zeta(x, s, z)$ mit $s = x\, y$. Die DGl für ζ hat dann die Lösung $z - s$, und das Reduktionsverfahren D 3·5 ergibt nun für die ursprüngliche DGl die IBasis

$$z - x\, y, \quad \frac{z - x\, y}{(z - x\, y + 1)^2} \log \frac{x\, y}{z + 1} - \frac{1}{(z + 1)\,(z - x\, y + 1)} - \frac{1}{2} \log x .$$

$x\, y^2\, w_x + 2\, y^3\, w_y + 2(y\, z - x^2)^2\, w_z = 0$ 3·47

Eine Lösung ist $\frac{x^2}{y}$. Reduziert man die DGl nach D 3·5, indem man $w(x, y, z) = v(x, \eta, z)$, $\eta = \frac{x^2}{y}$ setzt, so wird aus der DGl

$$x\, v_x + 2(z - \eta)^2\, v_z = 0$$

mit der Lösung $x^2 \exp \frac{1}{z - \eta}$. Daher hat die gegebene DGl die IBasis

$$\frac{x^2}{y}, \quad y \exp \frac{y}{z\, y - x^2} .$$

Forsyth, Diff. Equations V, S. 69f.

$x(y^3 - 2\, x^3)\, w_x + y(2\, y^3 - x^3)\, w_y + 9\, z(x^3 - y^3)\, w_z = 0$ 3·48

$$x^3\, y^3\, z, \quad \frac{x}{y^2} + \frac{y}{x^2} .$$

Forsyth-Jacobsthal, DGlen, S. 376, Beispiel 3 (6), S. 818.

3·49 $x^2(xy - z^2)\,w_x + xy(xy - z^2)\,w_y + yz(yz + 2x^2)\,w_z = 0$

$$\frac{y}{x}, \quad \frac{x^2 y + y^2 z + z^2 x}{y z}.$$

Vgl. FORSYTH-JACOBSTHAL, DGlen, S. 521, 75.

3·50 $x(z^4 - y^4)\,w_x + y(x^4 - 2z^4)\,w_y + z(2y^4 - x^4)\,w_z = 0$

$$x^4 + y^4 + z^4, \quad x^2 y z.$$

MORRIS-BROWN, Diff. Equations, S. 275 (11), 392.

3·51 $x(y^n - z^n)\,w_x + y(z^n - x^n)\,w_y + z(x^n - y^n)\,w_z = 0$

$$x y z, \quad x^n + y^n + z^n.$$

3·52 $x w_x + y w_y + a\sqrt{x^2 + y^2}\,w_z = 0$

$$\frac{y}{x}, \quad a\sqrt{x^2 + y^2} - z.$$

JULIA, Exercices d'Analyse IV, S. 26f.

3·53 $x w_x + y w_y + \left(z - a\sqrt{x^2 + y^2 + z^2}\right) w_z = 0$

Aus den beiden ersten der charakteristischen Glen

$$x'(t) = x, \quad y'(t) = y, \quad z'(t) = z - a\sqrt{x^2 + y^2 + z^2}$$

folgt $\frac{y}{x} = C_1$, also ist $\psi_1 = \frac{y}{x}$ ein Integral der partiellen DGl. Wird $y = C_1 x$ in die dritte charakteristische Gl eingetragen, so entsteht für $x > 0$

$$\frac{dz}{dx} = \frac{z'(t)}{x'(t)} = \frac{z}{x} - a\sqrt{C_1^2 + 1 + \left(\frac{z}{x}\right)^2},$$

und hieraus für $z = x\,u(x)$ die DGl mit getrennten Variablen

$$x u' + a\sqrt{u^2 + C_1^2 + 1} = 0.$$

Aus dieser erhält man

$$x^a\left(u + \sqrt{u^2 + C_1^2 + 1}\right) = C_2.$$

Trägt man C_1 und u ein, so bekommt man das Integral

$$\psi_2 = x^{a-1}\left(z + \sqrt{x^2 + y^2 + z^2}\right);$$

ψ_1 und ψ_2 bilden eine IBasis.

FORSYTH-JACOBSTHAL, DGlen, S. 376, Beispiel 3 (4), S. 817f.

$$z\sqrt{y^2+z^2}\, w_x + a\, z\sqrt{x^2+z^2}\, w_y - \left(x\sqrt{y^2+z^2} + a\, y\sqrt{x^2+z^2}\right) w_z = 0$$ 3·54

Aus den charakteristischen Glen findet man, daß

$$x\, x' + y\, y' + z\, z' = 0,$$

also

$$\varphi_1(x, y, z) = x^2 + y^2 + z^2$$

ein Integral ist. Wird nun (vgl. D 3·5 (c)) $x^2 + y^2 + z^2 = r^2$ gesetzt und z aus den charakteristischen Glen eliminiert, so erhält man

$$\frac{a\, x'}{\sqrt{r^2 - x^2}} = \frac{y'}{\sqrt{r^2 - y^2}},$$

und hieraus das Integral

$$\varphi_2 = a \arcsin\frac{x}{r} - \arcsin\frac{y}{r} \quad \text{mit} \quad r^2 = x^2 + y^2 + z^2.$$

Die beiden gefundenen Integrale bilden eine IBasis.

Julia, Exercices d'Analyse IV, S. 94f.

$$w_x - y\, w_y \operatorname{ctg} x + z\, w_z \operatorname{ctg} x = 0$$ 3·55

$$y\, z, \quad y \sin x.$$

Morris-Brown, Diff. Equations, S. 275 (1 n), 392.

$$w_x \operatorname{tg} x + w_y \operatorname{tg} y + w_z \operatorname{tg} z = 0$$ 3·56

$$\frac{\sin x}{\sin y}, \quad \frac{\sin y}{\sin z}.$$

Forsyth-Jacobsthal, DGlen, S. 376, Beispiel 3 (7), S. 818.

$$w_x \operatorname{ctg} x + w_y \operatorname{ctg} y + w_z \operatorname{ctg} z = 0$$ 3·57

$$\frac{\cos x}{\cos y}, \quad \frac{\cos y}{\cos z}.$$

Morris-Brown, Diff. Equations, S. 275 (1 i), 391. Die DGl kann offenbar in 3·56 übergeführt werden.

$$x\, w_x + y\, w_y + [z + f(x, y)]\, w_z = 0$$ 3·58

Aus den charakteristischen Glen

$$x'(t) = x, \quad y'(t) = y, \quad z'(t) = z + f(x, y)$$

erhält man zunächst $\frac{y}{x} = C_1$, also das Integral $\varphi_1(x, y, z) = \frac{y}{x}$. Hiermit wird aus der dritten charakteristischen Gl

$$z'(t) = z + f(x, C_1 x),$$

also bei Hinzunahme der ersten Gl die lineare DGl

$$\frac{dz}{dx} = \frac{z'(t)}{x'(t)} = \frac{z}{x} + \frac{f(x, C_1 x)}{x}.$$

Hieraus erhält man

$$z = C_2 x + x \int_a^x \frac{f(t, C_1 t)}{t^2}\, dt,$$

also, wenn noch C_1 eingetragen wird,

$$z = C_2 x + x \int_a^x f\left(t, \frac{y}{x} t\right) t^{-2}\, dt.$$

Die durch Auflösen dieser Gl nach C_2 entstehende Funktion $\psi_2(x, y, z)$ ist ein zweites Integral der gegebenen partiellen DGl.

Ist z. B.

$$f(x, y) = \frac{c\, x\, y}{\sqrt{(c^2 + x^2)(c^2 + y^2)}},$$

so lautet die obige Gl für $a = 0$

$$z = C_2 x + c\, y \int_0^x \frac{dt}{\sqrt{(c^2 + t^2)\left(c^2 + \frac{y^2 t^2}{x^2}\right)}}$$

oder für $t = x\xi$

$$z = C_2 x + c\, x\, y \int_0^1 \frac{d\xi}{\sqrt{(c^2 + x^2 \xi^2)(c^2 + y^2 \xi^2)}};$$

das ist ein elliptisches Integral mit festen Grenzen.

Serret-Scheffers, D- u. IRechnung III, S. 547f.

3·59 $(y - z)\sqrt{f(x)}\, w_x + (z - x)\sqrt{f(y)}\, w_y + (x - y)\sqrt{f(z)}\, w_z = 0,$

$f(t) = \sum_{\nu=0}^{6} a_\nu t^\nu$ vom Grad ≤ 6.

Ein Integral ist

$$w = \left(\frac{(y - z)\sqrt{f(x)} + (z - x)\sqrt{f(y)} + (x - y)\sqrt{f(z)}}{(y - z)(z - x)(x - y)}\right)^2 - a_6 (x + y + z)^2 - a_5 (x + y + z).$$

Für $w(x, y, z) = W(\xi, \eta, \zeta)$, $\xi = \frac{1}{x}$, $\eta = \frac{1}{y}$, $\zeta = \frac{1}{z}$ geht die DGl in dieselbe DGl mit ξ, η, ζ, W statt x, y, z, w und mit $f(t) = a_0 t^6 + \cdots + a_6$ über. Daher ist auch

$$w = \left(\frac{y^2 z^2 (y - z)\sqrt{f(x)} + z^2 x^2 (z - x)\sqrt{f(y)} + x^2 y^2 (x - y)\sqrt{f(z)}}{x\, y\, z\, (y - z)(z - x)(x - y)}\right)^2 - a_0 \left(\frac{1}{x} + \frac{1}{y} + \frac{1}{z}\right)^2 - a_1 \left(\frac{1}{x} + \frac{1}{y} + \frac{1}{z}\right)$$

ein (von dem vorigen im allgemeinen unabhängiges) Integral der DGl; $f(t)$ hat dabei wieder die ursprüngliche Bedeutung.

Richelot, Journal für Math. 23 (1842) 354—369. Vgl. auch 4·12.

3·60—3·64. Allgemeine lineare und quasilineare Differentialgleichungen.

$2\,x\,w_x + 3\,y\,w_y + 6\,z\,w_z = 6$ 3·60

Eine Lösung ist $\log|z|$. Man bekommt alle Lösungen, indem man zu dieser alle Lösungen der homogenen DGl addiert; für diese DGl ist eine IBasis

$$\frac{x^3}{z},\quad \frac{y^2}{z}.$$

$x^2\,w_x + y^2\,w_y + z^2\,w_z = x\,y\,z$ 3·61

Für die homogene DGl ist

$$\frac{1}{x}-\frac{1}{y},\quad \frac{1}{x}-\frac{1}{z}$$

eine IBasis. Damit erhält man nach D 4·2 für die gegebene DGl die Lösung

$$x\,y\,z\left(\frac{x\log x}{(x-y)\,(x-z)}+\frac{y\log y}{(y-x)\,(y-z)}+\frac{z\log z}{(z-x)\,(z-y)}\right).$$

Man bekommt alle Lösungen, indem man zu dieser alle Lösungen der homogenen DGl addiert.

$x\,w_x + y\,w_y + z\,w_z = a\,w + f(x, y, z)$ 3·62

Für die durch Verkürzung entstehende homogene DGl ist $\frac{y}{x}$, $\frac{z}{x}$ eine IBasis. Wird daher (vgl. D 4·2)

$$w(x, y, z) = W(\xi, \eta, \zeta),\quad \xi = x,\quad \eta = \frac{y}{x},\quad \zeta = \frac{z}{x}$$

gesetzt, so wird aus der gegebenen DGl

$$W_\xi - \frac{a}{\xi}\,W = \frac{1}{\xi}\,f(\xi, \xi\,\eta, \xi\,\zeta),$$

also

$$W = \xi^a\,\{\Omega(\eta, \zeta) + \int \xi^{-a-1}\,f(\xi, \xi\,\eta, \xi\,\zeta)\,d\xi\}.$$

Julia, Exercices d'Analyse IV, S. 63.

$(y + z + w)\,w_x + (z + x + w)\,w_y + (x + y + w)\,w_z = 0$ 3·63

Die nach D 5·4 zugehörige homogene DGl für $W = W(x, y, z, w)$ lautet

$$(y + z + w)\,W_x + (z + x + w)\,W_y + (x + y + w)\,W_z = 0.$$

Ihre charakteristischen Glen sind

$$x'(t) = y + z + w,\quad y'(t) = z + x + w,\quad z'(t) = x + y + w,\quad w'(t) = 0.$$

Hieraus folgt

$$-\frac{x' + y' + z' + \frac{3}{2} w'}{x + y + z + \frac{3}{2} w} = 2\,\frac{x' - y'}{x - y} = 2\,\frac{y' - z'}{y - z}.$$

Da offenbar auch $W = w$ ein Integral ist, sind Integrale der homogenen DGl die Funktionen

$$W = \Omega\left(\frac{x - y}{y - z},\ w,\ (x - y)^2 \left(x + y + z + \frac{3}{2} w\right)\right).$$

Durch Auflösen von $W = 0$ nach w erhält man Lösungen der gegebenen DGl.

3·64 $(z w - x y^2) w_x + y z w_y + z^2 w_z = z w$

Die nach D 5·4 zugehörige homogene DGl ist die DGl 4·5. Daher erhält man Integrale der gegebenen DGl aus

$$\Omega\left(\frac{w}{y},\ \frac{z}{y},\ \left(x - \frac{z w}{y^2}\right) \exp \frac{y^2}{z}\right) = 0$$

durch Auflösen nach w. Ein Integral ist auch $w = \frac{x y^2}{z}$; für dieses ist der erste Koeffizient der DGl Null.

Forsyth, Diff. Equations V, S. 68f.

4. Lineare und quasilineare Differentialgleichungen mit vier und mehr unabhängigen Veränderlichen.

4·1 $p_1 + (x_3 - x_4) p_2 + (x_1 + x_2 + x_3) p_3 + (x_1 + x_2 + x_4) p_4 = 0$

$$x_2 - x_3 + x_4, \quad (x_3 - x_4) e^{-x_1}, \quad (x_1 x_3 - x_1 x_4 - x_1 - x_2 - x_4 - 1) e^{-x_1}.$$

Morris-Brown, Diff. Equations, S. 280 (1), 393.

4·2 $x_1 p_1 + (x_3 + x_4) p_2 + (x_2 + x_4) p_3 + (x_2 + x_3) p_4 = 0$

$$x_1 (x_2 - x_3), \quad x_1 (x_2 - x_4), \quad \frac{x_2 + x_3 + x_4}{x_1^2}.$$

Forsyth-Jacobsthal, DGlen, S. 376, Beispiel 3 (9), S. 819.

4·3 $(x_2 + x_3 + x_4) p_1 + (x_1 + x_3 + x_4) p_2 + (x_1 + x_2 + x_4) p_3 + (x_1 + x_2 + x_3) p_4 = 0$

$$\frac{x_4 - x_2}{x_4 - x_1}, \quad \frac{x_4 - x_3}{x_4 - x_1}, \quad (x_4 - x_1)^3 (x_1 + x_2 + x_3 + x_4).$$

Lagrange, Oeuvres IV, S. 627f. Forsyth-Jacobsthal, DGlen, S. 376f., Beisp. 4. Vgl. auch 4·7.

$x_1 x_3 p_1 + x_2 x_3 p_2 + x_3^2 p_3 + (x_1 x_2 + a x_3 x_4) p_4 = 0$ 4·4

$$\frac{x_2}{x_1}, \quad \frac{x_3}{x_1}, \quad x_1^{1-a} \frac{x_2}{x_3} + (a-1) x_4 x_1^{-a}.$$

Forsyth-Jacobsthal, DGlen, S. 377, Beisp. 6 (2), S. 819.

$(x_3 x_4 - x_1 x_2^2) p_1 + x_2 x_3 p_2 + x_3^2 p_3 + x_3 x_4 p_4 = 0$ 4·5

Integrale sind offenbar $\frac{x_3}{x_2}, \frac{x_4}{x_2}$. Mit dem Reduktionsverfahren D 3·5 findet man weiter das Integral

$$\left(x_1 - \frac{x_3 x_4}{x_2^2}\right) \exp \frac{x_2^2}{x_3}.$$

Die drei gefundenen Integrale bilden eine IBasis.

Forsyth, Diff. Equations V, S. 68f.

$x_2 x_3 x_4 p_1 + x_3 x_4 x_1 p_2 + x_4 x_1 x_2 p_3 + x_1 x_2 x_3 p_4 = 0$ 4·6

$$x_1^2 - x_2^2, \quad x_2^2 - x_3^2, \quad x_3^2 - x_4^2.$$

Forsyth-Jacobsthal, DGlen, S. 377, Beisp. 6 (3), S. 819.

$(x_2 + x_3 + x_4 + x_5) p_1 + (x_3 + x_4 + x_5 + x_1) p_2 + (x_4 + x_5 + x_1 + x_2) p_3$ 4·7
$+ (x_5 + x_1 + x_2 + x_3) p_4 + (x_1 + x_2 + x_3 + x_4) p_5 = 0$

$$\frac{s - 5 x_\nu}{s - 5 x_{\nu+1}} \qquad (\nu = 1, 2, 3, 4)$$

mit $s = x_1 + \cdots + x_5$.

Morris-Brown, Diff. Equations, S. 280 (3), 393. Vgl. auch 4·3.

$\sum_{\nu=1}^{n} x_\nu p_\nu = a z$, DGl der homogenen Funktionen. 4·8

Die Integrale in einem Gebiet $\mathfrak{G}(x_1, \ldots, x_n)$ sind die in $\mathfrak{G}$ mit stetigen partiellen Ableitungen erster Ordnung versehenen homogenen Funktionen $z = \psi(x_1, \ldots, x_n)$ der Ordnung a. Dabei heißt eine Funktion $\psi(x_1, \ldots, x_n)$ in $\mathfrak{G}$ homogen der Ordnung a, wenn für je zwei Punkte $x_1, \ldots, x_n$ und $t x_1, \ldots, t x_n$, die nebst ihrer Verbindungsstrecke zu $\mathfrak{G}$ gehören,

$$\psi(t x_1, \ldots, t x_n) = t^a \psi(x_1, \ldots, x_n)$$

ist. Beispiel einer homogenen Funktion erster Ordnung, die kein Polynom ist: $\psi(x, y) = x \sin \frac{y}{x}$.

Vgl. Serret-Scheffers, D- u. I-Rechnung III, S. 541f.

4·9 $\sum_{\nu=1}^{m} (A_0 x_\nu - A_\nu) p_\nu = 0, \quad A_\nu = a_{\nu 0} + \sum_{\varkappa=1}^{m} a_{\nu\varkappa} x_\varkappa;$ HESSEsche DGl.

Die DGl läßt sich auf eine solche mit $m+1$ unabhängigen Veränderlichen und mit linearen Funktionen als Koeffizienten zurückführen. Wird nämlich (Einführung von homogenen Koordinaten)

$$z(x_1, \ldots, x_m) = \zeta(\xi_0, \xi_1, \ldots, \xi_m)$$

für

(1) $$x_1 = \frac{\xi_1}{\xi_0}, \ldots, x_m = \frac{\xi_m}{\xi_0}$$

gesetzt, so ist

$$\frac{\partial z}{\partial x_\nu} = \xi_0 \frac{\partial \zeta}{\partial \xi_\nu} \quad (\nu = 1, \ldots, m), \quad \sum_{\nu=1}^{m} x_\nu \frac{\partial z}{\partial x_\nu} = -\xi_0 \frac{\partial \zeta}{\partial \xi_0},$$

und daher wird aus der DGl

(2) $$\sum_{\nu=0}^{m} A_\nu^* \frac{\partial \zeta}{\partial \xi_\nu} = 0 \quad \text{mit} \quad A_\nu^* = \sum_{\varkappa=0}^{m} a_{\nu\varkappa} \xi_\varkappa.$$

Jede Lösung der ursprünglich gegebenen DGl liefert also eine Lösung dieser DGl, und zwar eine Lösung $\zeta(\xi_0, \ldots, \xi_m)$ von der speziellen Art, daß aus ζ bei Ausführung der Substitution (1) eine Funktion von $x_1, \ldots, x_m$ entsteht, d. h. eine homogene Funktion nullter Ordnung. Umgekehrt liefert auch jede Lösung ζ von (2), die diese Eigentümlichkeit aufweist, vermittels der Substitution (1) ein Integral der ursprünglichen partiellen DGl. Zur Lösung der DGl (2) vgl. 3·19.

Beispiel 1:

(3) $$(x+1) y p + (y^2 - x) q = 0.$$

Hier ist $x_1 = x$, $x_2 = y$, $A_0 = x_2$, $A_1 = -x_2$, $A_2 = x_1$, und die DGl (2) lautet

$$\xi_2 \frac{\partial \zeta}{\partial \xi_0} - \xi_2 \frac{\partial \zeta}{\partial \xi_1} + \xi_1 \frac{\partial \zeta}{\partial \xi_2} = 0.$$

Für diese ist $\xi_0 + \xi_1$, $\xi_1^2 + \xi_2^2$ eine IBasis. Integrale sind auch alle Funktionen $\zeta = \Omega(\xi_0 + \xi_1, \xi_1^2 + \xi_2^2)$. Die Funktion Ω ist nun so zu wählen, daß durch die Substitution (1) aus ζ eine Funktion von x_1, x_2 allein wird. Das ist der Fall für $\Omega(u, v) = \frac{u^2}{v}$; man erhält dann

$$\zeta = \frac{(\xi_0 + \xi_1)^2}{\xi_1^2 + \xi_2^2}, \quad \text{also} \quad z = \frac{(x+1)^2}{x^2 + y^2}.$$

Beispiel 2: $x(y+1) p + (y^2 - x) q = y z$.

Die nach 4·2 (a) zugehörige homogene DGl ist, wenn x_1, x_2, x_3 statt x, y, z geschrieben wird

(4) $$x_1(x_2+1) p_1 + (x_2^2 - x_1) p_2 + x_2 x_3 p_3 = 0,$$

also eine DGl des Typus 4·9 mit $A_0 = x_2$, $A_1 = - x_1$, $A_2 = x_1$, $A_3 = 0$. Die DGl (2) lautet hier

$$\xi_2 \frac{\partial \zeta}{\partial \xi_0} - \xi_1 \frac{\partial \zeta}{\partial \xi_1} + \xi_1 \frac{\partial \zeta}{\partial \xi_2} + 0 \cdot \frac{\partial \zeta}{\partial \xi_3} = 0.$$

Aus ihren charakteristischen Glen erhält man die IBasis

$$\zeta_1 = \xi_3, \quad \zeta_2 = \xi_1 + \xi_2, \quad \zeta_3 = \xi_0 - \xi_1 + (\xi_1 + \xi_2) \log |\xi_1|.$$

Jede stetig differenzierbare Funktion Ω von $\zeta_1, \zeta_2, \zeta_3$ ist wieder ein Integral. Es sind nun solche Funktionen Ω ausfindig zu machen, daß durch die Substitution (1) eine Funktion von x_1, x_2, x_3 allein entsteht. Das ist z. B. der Fall für

$$\frac{\zeta_1}{\zeta_2} = \frac{\xi_3}{\xi_1 + \xi_2} = \frac{x_3}{x_1 + x_2}.$$

In

$$-\frac{\zeta_3}{\zeta_2} = \frac{\xi_1 - \xi_0}{\xi_1 + \xi_2} - \log |\xi_1|$$

ist das noch nicht für das logarithmische Glied erreicht. Fügt man aber noch $\log |\zeta_2|$ hinzu, so erhält man das Integral

$$\frac{\xi_1 - \xi_0}{\xi_1 + \xi_2} + \log \left| \frac{\xi_1 + \xi_2}{\xi_1} \right| = \frac{x_1 - 1}{x_1 + x_2} + \log \left| \frac{x_1 + x_2}{x_1} \right|.$$

Damit hat man für die DGl (4) die IBasis

$$\frac{z}{x+y}, \quad \frac{x-1}{x+y} + \log \left| \frac{x+y}{x} \right|$$

und für die gegebene unhomogene DGl die Integrale

$$z = (x + y)\, \Omega \left(\frac{x-1}{x+y} + \log \left| \frac{x+y}{x} \right| \right).$$

O. Hesse, Journal für Math. 25 (1843) 171—177.

$$\sum_{\nu=1}^{m-1} (A_0 x_\nu - A_\nu)\, p_\nu = A_0 z - A_m, \quad A_\nu = a_{\nu 0} + \sum_{\varkappa=1}^{m-1} a_{\nu\varkappa} x_\varkappa + a_{\nu n} z. \qquad 4·10$$

Nach D 4·2 (a) läßt sich diese unhomogene lineare DGl in die homogene DGl 4·9 überführen.

$$\sum_{\nu=1}^{m} (A_\nu - A_0 x_\nu) \frac{\partial z}{\partial x_\nu} + \sum_{\nu=1}^{n} f_\nu(y_1, \ldots, y_n) \frac{\partial z}{\partial y_\nu} = 0, \quad A_\nu = a_{\nu 0} + \sum_{\varkappa=1}^{m} a_{\nu\varkappa} x_\varkappa. \qquad 4·11$$

Durch das Verfahren von Hesse (vgl. 4·9) läßt sich auch hier erreichen, daß die ersten Koeffizienten linear werden. Wird nämlich

$$z(x_1, \ldots, x_m, y_1, \ldots, y_n) = \zeta(\xi_0, \ldots, \xi_m, y_1, \ldots, y_n)$$

mit

$$x_1 = \frac{\xi_1}{\xi_0}, \ldots, x_m = \frac{\xi_m}{\xi_0}$$

gesetzt, so wird aus der DGl

$$\sum_{\nu=0}^{m} A_\nu^* \frac{\partial \zeta}{\partial \xi_\nu} + \sum_{\nu=1}^{n} f_\nu(y_1, \ldots, y_n) \frac{\partial \zeta}{\partial y_\nu} = 0 \quad \text{mit} \quad A_\nu^* = \sum_{\varkappa=0}^{m} a_{\nu\varkappa} \xi_\varkappa .$$

Ist insbesondere $n = 1$, $f_1 = 1$, so kann in den charakteristischen Glen $y = y_1$ als unabhängige Veränderliche gewählt werden; die charakteristischen Glen bilden dann das lineare System

$$\xi_\nu'(y) = A_\nu^* \qquad (\nu = 1, \ldots, m).$$

Für diesen Sonderfall s. FORSYTH-JACOBSTHAL, DGlen, S. 427, 6 und S. 839f. Vgl. auch P. MANSION, Équations du premier ordre, S. 53—56.

R. H. J. GERMAY, Annales Bruxelles 59 (1939) 139—144 bemerkt, daß das Reduktionsverfahren auch anwendbar ist, wenn die $a_{\nu\varkappa}$ Funktionen der y_ϱ sind.

4·12 $\sum_{\nu=1}^{n} \frac{\sqrt{f(x_\nu)}}{F'(x_\nu)} p_\nu = 0$, $f(t) = \sum_{\nu=0}^{2n} a_\nu t^\nu$, $F(t) = (t - x_1) \cdots (t - x_n)$.

Die DGl geht durch die Transformation

$$z(x_1, \ldots, x_n) = \zeta(\xi_1, \ldots, \xi_n), \quad \xi_\nu = \frac{1}{x_\nu}$$

in dieselbe DGl mit ξ_ν, ζ statt x_ν, z und mit $f(t) = a_0 t^{2n} + \cdots + a_{2n}$ über; hat man für die ursprüngliche DGl ein Integral gefunden, so erhält man daher ein zweites Integral, indem man die x_ν durch $\frac{1}{x_\nu}$ und $a_0, \ldots, a_{2n}$ durch $a_{2n}, \ldots, a_0$ ersetzt.

Integrale sind

$$z = \left(\sum_{\nu=1}^{n} \frac{\sqrt{f(x_\nu)}}{F'(x_\nu)}\right)^2 - a_{2n}\left(\sum_{\nu=1}^{n} x_\nu\right)^2 - a_{2n-1} \sum_{\nu=1}^{n} x_\nu ;$$

$$z = \sqrt{F(\alpha) F(\beta)} \sum_{\nu=1}^{n} \frac{\sqrt{f(x_\nu)}}{(x_\nu - \alpha)(x_\nu - \beta) F'(x_\nu)},$$

wenn α, β zwei Nullstellen von $f(x)$ sind;

$$z = F(C)\left(\sum_{\nu=1}^{n} \frac{\sqrt{f(x_\nu)}}{(C - x_\nu) F'(x_\nu)}\right)^2 - \frac{f(C)}{F(C)} - a_{2n} F(C)$$

für beliebiges C.

RICHELOT, Journal für Math. 23 (1842) 354—369; 25 (1843) 97—118.

5. Systeme von linearen und quasilinearen Differentialgleichungen.

5·1—5·2. Zwei unabhängige Veränderliche.

5·1 $y p = x q$, $x p + y q = z$

Durch Auflösung nach p, q erhält man

$$\frac{p}{z} = \frac{x}{x^2 + y^2}, \quad \frac{q}{z} = \frac{y}{x^2 + y^2},$$

also

$$z = C\sqrt{x^2 + y^2}.$$

Forsyth-Jacobsthal, DGlen, S. 427 (8), S. 841.

$$\begin{aligned}[x(x-a)-z-c]\,p + y(x-a)\,q &= (x-2a)\,z - c\,x,\\ x(y-b)\,p + [y(y-b)-z-c]\,q &= (y-2b)\,z - c\,y\end{aligned}$$ 5·2

Oder bei anderer Zusammenfassung:

$$(x-a)(x\,p + y\,q - 2\,z) = (z+c)(p-x),$$

$$(y-b)(x\,p + y\,q - 2\,z) = (z+c)(q-y).$$

Hieraus folgt

$$(z+c)\,[(y-b)(p-x) - (x-a)(q-y)] = 0.$$

Da $z = -c$ für $c \neq 0$ offenbar keine Lösung des Systems ist, muß die eckige Klammer Null sein, d. h.

$$(y-b)\,p - (x-a)\,q = a\,y - b\,x.$$

Das gegebene System kann daher durch seine erste und die obige Gl ersetzt werden. Es wird nun zu den nach D 7·2 zugehörigen homogenen Glen

(1) $$(y-b)\,w_x - (x-a)\,w_y + (a\,y - b\,x)\,w_z = 0,$$

(2) $$[x(x-a) - z - c]\,w_x + y(x-a)\,w_y + [(x-2a)\,z - c\,x]\,w_z = 0$$

übergegangen. Für (1) erhält man aus den charakteristischen Glen die IBasis

$$(x-a)^2 + (y-b)^2, \quad z - a\,x - b\,y.$$

Wird in Anwendung des Einengungsverfahrens von D 6 7 (b)

$$w(x,y,z) = \zeta(\xi_1,\xi_2,\xi_3), \quad \xi_1 = (x-a)^2 + (y-b)^2,$$

$$\xi_2 = z - a\,x - b\,y, \quad \xi_3 = z$$

gesetzt, so liefert (1) die Gl $\zeta_{\xi_3} = 0$. Daher wird aus (2) die Gl 2·4

$$2(\xi_1 - \xi_2 - a^2 - b^2 - c)\,\zeta_{\xi_1} + (\xi_2 - c)\,\zeta_{\xi_2} = 0.$$

Für diese erhält man leicht die IBasis

$$\frac{\xi_1 - 2\,\xi_2 - a^2 - b^2}{(\xi_2 - c)^2}.$$

Daher erhält man Lösungen des gegebenen Systems aus

$$C_1(z - a\,x - b\,y - c)^2 = C_2(2\,z - x^2 - y^2)$$

Julia, Exercices d'Analyse IV, S. 99—102 (mit anderem Lösungsverfahren).

5·3—5·9. Drei unabhängige Veränderliche.

5·3 $p_1 - p_2 = z, \quad p_1 - p_3 = z$; s. D 6·4.

5·4 $x_1 p_1 + x_2 p_2 + x_3 p_3 = 0, \quad x_2 p_1 - x_1 p_2 - x_3 p_3 = 0$

Involutionssystem. Für die erste Gl ist $\frac{x_1}{x_3}, \frac{x_2}{x_3}$ eine IBasis. Setzt man in Anwendung des Einengungsverfahrens D 6·7 (b)

$$z(x_1, x_2, x_3) = \zeta(y_1, y_2, y_3), \quad y_1 = \frac{x_1}{x_3}, \quad y_2 = \frac{x_2}{x_3}, \quad y_3 = x_3,$$

so erhält man die DGl

$$(y_2 + y_1)\,\zeta_{y_1} + (y_2 - y_1)\,\zeta_{y_2} = 0$$

mit dem Integral

$$\zeta = \operatorname{arc\,tg}\frac{y_2}{y_1} + \log\sqrt{y_1^2 + y_2^2}.$$

Daher ist für das gegebene System eine IBasis:

$$z = \operatorname{arc\,tg}\frac{x_2}{x_1} + \frac{1}{2}\log\frac{x_1^2 + x_2^2}{x_3^2}.$$

Serret-Scheffers, D- u. IRechnung III, S. 579.

5·5 $3\,x_1 p_1 + 4\,x_2 p_2 + 5\,x_3 p_3 = 0, \quad x_1 p_2 + 2\,x_2 p_3 = 0$

Vollständiges System. Für die erste DGl ist

$$x_2\, x_1^{-\frac{4}{3}}, \quad x_3\, x_1^{-\frac{5}{3}}$$

eine IBasis. Hieraus erhält man mit dem Einengungsverfahren D 6·7 (b) für das gegebene System die IBasis

$$(x_1 x_3 - x_2^2)\, x_1^{-\frac{8}{3}}.$$

E. Lindelöf, Acta Soc. Fennicae 60 (1895) 61.

5·6 $(x_2 - x_3)\, p_1 + (x_3 - x_1)\, p_2 + (x_1 - x_2)\, p_3 = 0,$
$x_2 x_3 p_1 + x_3 x_1 p_2 + x_1 x_2 p_3 = 0$

Durch Klammerbildung entsteht die weitere DGl

$$(x_2 - x_3)(x_2 + x_3 - 2\,x_1)\, p_1 + (x_3 - x_1)(x_3 + x_1 - 2\,x_2)\, p_2 + (x_1 - x_2)(x_1 + x_2 - 2\,x_3)\, p_3 = 0.$$

Die Determinante der drei Glen ist

$$3(x_1 - x_2)(x_2 - x_3)(x_3 - x_1)(x_1 x_2 + x_2 x_3 + x_3 x_1),$$

und diese ist in keinem Teilgebiet $\equiv 0$, daher ist $p_1 \equiv p_2 \equiv p_3 \equiv 0$, die gegebenen Glen haben somit nur die triviale Lösung $z = \text{const.}$

Forsyth-Jacobsthal, DGlen, S. 428 (14) S. 844.

$$(x_1 - x_2)\,p_1 - 2(x_1 - x_2)\,p_2 + 3(x_1 + x_2 + 2\,x_3)\,p_3 = 0,$$
$$(x_2 + x_3)\,p_1 + 2(2\,x_1 - 3\,x_2 - x_3)\,p_2 - 3(2\,x_1 + x_2 + 3\,x_3)\,p_3 = 0$$ 5·7

Vollständiges System. Für die erste Gl ist

$$2\,x_1 + x_2,\quad \frac{x_1 + 2\,x_2 + 3\,x_3}{(x_1 - x_2)^2}$$

eine IBasis. Wendet man das Einengungsverfahren D 6·7 (b) an, d. h. geht man mit

$$z(x_1, x_2, x_3) = \zeta(y_1, y_2),\quad y_1 = 2\,x_1 + x_2,\quad y_2 = \frac{x_1 + 2\,x_2 + 3\,x_3}{(x_1 - x_2)^2}$$

in die zweite Gl hinein, so erhält man

$$2\,\zeta_{y_1} - y_2^2\,\zeta_{y_2} = 0.$$

also

$$\zeta = y_1 - \frac{2}{y_2}$$

und somit für das gegebene System die IBasis

$$z = \frac{3\,x_1\,x_2 + 2\,x_1\,x_3 + x_2\,x_3}{x_1 + 2\,x_2 + 3\,x_3}.$$

$$x_1(x_1 + x_2)\,p_1 + (x_2\,x_3 + x_2^2 - x_1^2)\,p_3 + 2(x_1 + x_2) = 0,$$
$$x_2(x_1 + x_2)\,p_2 + (x_1\,x_3 + x_1^2 - x_2^2)\,p_3 + 2(x_1 + x_2) = 0$$ 5·8

Vollständiges System. Jede der nach D 6·8 zugehörigen homogenen Glen läßt sich leicht lösen. Wendet man dann das Einengungsverfahren D 6·7 (b) an, so erhält man für das homogene System die IBasis

$$\frac{(x_1 + x_2 + x_3)\,(x_1 + x_2)}{x_1\,x_2}.$$

Reduziert man nun das gegebene System durch die Transformation D 6·8

$$z(x_1, x_2, x_3) = \zeta(y_1, y_2, y_3),\quad y_1 = x_1,\quad y_2 = x_2,\quad y_3 = \frac{(x_1 + x_2 + x_3)\,(x_1 + x_2)}{x_1\,x_2},$$

so erhält man das System

$$y_1\,\zeta_{y_1} + 2 = 0,\quad y_2\,\zeta_{y_2} + 2 = 0,$$

und hieraus $\zeta = -\log(y_1^2\,y_2^2)$. Die Lösungen des gegebenen Systems sind somit

$$z = -\log(x_1^2\,x_2^2) + \text{Lösungen des homogenen Systems.}$$

$$x_1\,p_1 + x_2\,p_2 - x_3\,p_3 + z = 0,\quad x_2\,p_1 - x_1\,p_2 + z\,p_3 + x_3 = 0$$ 5·9

Das nach D 7·2 zugehörige homogene System für $w(x_1, x_2, x_3, x_4)$ mit $x_4 = z$ ist das vollständige System

$$x_1\,w_{x_1} + x_2\,w_{x_2} - x_3\,w_{x_3} - x_4\,w_{x_4} = 0,\quad x_2\,w_{x_1} - x_1\,w_{x_2} + x_4\,w_{x_3} - x_3\,w_{x_4} = 0;$$

d. i. abgesehen von den Bezeichnungen das System 5·12. Für dieses ist somit eine IBasis

$$x_1 x_3 + x_2 x_4, \quad - x_2 x_3 + x_1 x_4.$$

Lösungen des gegebenen Systems erhält man nun durch Auflösen von

$$\Omega(x_1 z - x_2 x_3, x_2 z + x_1 x_3) = 0$$

nach z.

Forsyth, Diff. Equations V, S. 99.

5·10—5·17 Vier unabhängige Veränderliche; zwei Gleichungen.

5·10 $\boldsymbol{p_1 + p_2 - 2 p_3 = 0, \quad x_1 p_1 + x_2 p_2 - (x_1 + x_2) p_3 + x_4 p_4 = 0}$; s. D 6·7 (a).

5·11 $\boldsymbol{x_1 p_1 + x_2 p_2 = 0, \quad p_1 + p_2 + x_1 (p_3 + p_4) = 0}$

Durch Klammerbildung entsteht die Gl

$$p_1 + p_2 - x_1 (p_3 + p_4) = 0.$$

Durch lineare Kombination der drei Glen erhält man

$$p_1 + p_2 = 0, \quad x_1 p_1 + x_2 p_2 = 0$$

und für $x_1 \neq 0$ außerdem

$$p_3 + p_4 = 0.$$

Aus den beiden ersten Glen folgt $p_1 = p_2 = 0$ für $x_1 \neq x_2$, d. h. die gesuchte Lösung ist von x_1, x_2 unabhängig. Die dritte Gl läßt sich leicht lösen. Man erhält damit als Lösungen des gegebenen Systems

$$z = \Omega(x_3 - x_4).$$

Serret-Scheffers, D- u. IRechnung III, S. 568f.

5·12 $\boldsymbol{x_1 p_1 - x_2 p_2 + x_3 p_3 - x_4 p_4 = 0, \quad x_3 p_1 + x_4 p_2 - x_1 p_3 - x_2 p_4 = 0}$

Involutionssystem. Für die erste Gl ist $x_1 x_2$, $x_2 x_3$, $x_3 x_4$ eine IBasis. Wird in Anwendung des Einengungsverfahrens D 6·7 (b)

$$z(x_1, \ldots, x_4) = \zeta(y_1, \ldots, y_4), \quad y_1 = x_1 x_2, \quad y_2 = x_2^2 x_3, \quad y_3 = x_3 x_4, \quad y_4 = x_4$$

gesetzt, so wird aus der ersten Gl $\zeta_{y_4} = 0$ und aus der zweiten

$$(y_2^2 + y_1 y_3)(\zeta_{y_1} - \zeta_{y_3}) + y_2 (y_3 - y_1) \zeta_{y_2} = 0.$$

Für diese Gl erhält man die IBasis

$$y_1 + y_3, \quad \frac{y_1 y_3}{y_2} - y_2.$$

Das gegebene System hat daher die IBasis

$$x_1 x_2 + x_3 x_4, \quad x_1 x_4 - x_2 x_3.$$

Collet, Annales École Norm. 7 (1870) 57; dort wird die weniger einfache IBasis $(x_1^2 + x_3^2)(x_2^2 + x_4^2)$, $\dfrac{x_1 x_2 + x_3 x_4}{x_1 x_4 - x_2 x_3}$ angegeben.

$$-x_1 p_1 + x_2 p_2 + x_4 p_3 + x_3 p_4 = 0, \quad 2(x_3 + x_4) p_2 + x_2(p_3 + p_4) = 0$$ 5·13

Involutionssystem. Für die zweite Gl ist x_1, $x_3 - x_4$, $x_2^2 - 4 x_3 x_4$ eine IBasis. Wendet man das Einengungsverfahren D 6·7 (b) an, d. h. geht man mit dem Ansatz

$z(x_1, \ldots, x_4) = \zeta(y_1, y_2, y_3), \quad y_1 = x_1, \quad y_2 = x_3 - x_4, \quad y_3 = x_2^2 - 4 x_3 x_4$

in die erste DGl hinein, so erhält man

$$y_1 \zeta_{y_1} + y_2 \zeta_{y_2} + (4 y_2^2 - 2 y_3) \zeta_{y_3} = 0$$

mit der IBasis $\dfrac{y_2}{y_1}$, $y_1^2(y_3 - y_2^2)$. Damit erhält man für das ursprüngliche System die IBasis

$$\frac{x_3 - x_4}{x_1}, \quad x_1^2 [x_2^2 - (x_3 + x_4)^2].$$

Forsyth-Jacobsthal, DGlen, S. 525 (92).

$$x_3 p_1 + x_4 p_2 - x_1 p_3 - x_2 p_4 = 0, \quad x_4 p_1 + x_3 p_2 - x_2 p_3 - x_1 p_4 = 0$$ 5·14

Involutionssystem. Eine IBasis ist

$$x_1 x_2 + x_3 x_4, \quad x_1^2 + x_2^2 + x_3^2 + x_4^2.$$

Forsyth-Jacobsthal, DGlen, S. 429 (18 β), S. 847—849.

$$(x_1 x_4 + x_2 x_3) p_1 + (x_3 x_4 - x_1 x_2) p_3 - (x_2^2 + x_4^2) p_4 = 0,$$ 5·15
$$(x_1 x_4 + x_2 x_3) p_2 - (x_1^2 + x_3^2) p_3 + (x_3 x_4 - x_1 x_2) p_4 = 0$$

Multipliziert man die erste Gl mit x_1, die zweite mit $-x_2$ und addiert man dann beide Glen, so erhält man, abgesehen von dem Faktor $x_1 x_4 + x_2 x_3$, die erste der Glen 5·12. Entsprechend ergibt sich die zweite der Glen 5·12 Das obige System kann also durch 5·12 ersetzt werden.

Collet, Annales École Norm. 7 (1870) 57.

$$(x_4^2 - x_3^2) p_1 + (x_1 x_3 - x_2 x_4) p_3 + (x_2 x_3 - x_1 x_4) p_4 = 0,$$ 5·16
$$(x_4^2 - x_3^2) p_2 + (x_2 x_3 - x_1 x_4) p_3 + (x_1 x_3 - x_2 x_4) p_4 = 0$$

Für $x_4^2 - x_3^2 \neq 0$ ist das System gleichwertig mit 5·14.

Collet, Annales École Norm. 7 (1870) 57. Forsyth-Jacobsthal, DGlen, S. 429 (18 α), S. 847—849; dort Integrale in umständlicherer Form.

5·17 $p_1 + (x_2 + x_4 - 3\,x_1)\,p_3 + (x_1\,x_2 + x_1\,x_4 + x_3)\,p_4 = 0,$
$p_2 + (x_3\,x_4 - x_2)\,p_3 + (x_1\,x_3\,x_4 + x_2 - x_1\,x_2)\,p_4 = 0$

Klammerbildung ergibt nach Fortlassung eines überflüssigen Faktors

(1) $$p_3 + x_1\,p_4 = 0.$$

Hiermit lassen sich die gegebenen Glen zu

(2) $$p_2 + x_2\,p_4 = 0, \quad p_1 + (3\,x_1^2 + x_3)\,p_4 = 0$$

vereinfachen. Die drei Glen (1), (2) bilden das System 5·18.

Imschenetsky, Archiv Math. 50 (1869) 410–413. Forsyth-Jacobsthal, DGlen, S. 426, Beisp. 3 (1), S. 834.

5·18–5·23. Vier unabhängige Veränderliche; drei Gleichungen.

5·18 $p_1 + (3\,x_1^2 + x_3)\,p_4 = 0, \quad p_2 + x_2\,p_4 = 0, \quad p_3 + x_1\,p_4 = 0$

Involutionssystem. Die Anwendung der A. Mayerschen Transformation

$$x_1 = u\,u_1, \quad x_2 = u\,u_2, \quad x_3 = u\,u_3$$

ergibt für $z(x_1, \ldots, x_4) = Z(u, u_1, u_2, u_3, u_4)$ die lineare DGl

$$Z_u + (3\,u^2\,u_1^3 + 2\,u\,u_1\,u_3 + u\,u_2^2)\,Z_{x_4} = 0$$

mit den Integralen

$$\Omega\left(u^3\,u_1^3 + u^2\,u_1\,u_3 + \frac{1}{2}\,u^2\,u_2^2 - x_4\right).$$

Daher hat das gegebene System die Integrale

$$\Omega\left(x_1^3 + x_1\,x_3 + \frac{1}{2}\,x_2^2 - x_4\right).$$

Für Literaturangaben s. 5·17. Vgl. auch D 6·7 (c).

5·19 $x_1\,p_1 - x_2\,p_2 + x_3\,p_3 - x_4\,p_4 = 0, \quad x_3\,p_1 - x_1\,p_3 = 0, \quad x_4\,p_2 - x_2\,p_4 = 0$

Involutionssystem. Für die erste Gl ist $x_1\,x_2$, $x_2\,x_3$, $x_3\,x_4$ eine IBasis. Setzt man in Anwendung des Einengungsverfahrens D 6·7 (b)

$$z(x_1, \ldots, x_4) = \zeta(y_1, \ldots, y_4), \quad y_1 = x_1, \quad y_2 = x_1\,x_2, \quad y_3 = x_2\,x_3, \quad y_4 = x_3\,x_4,$$

so wird aus der ersten DGl $\zeta_{y_1} = 0$, und aus den beiden andern Glen

$$y_3^2\,\zeta_{y_2} - y_2\,y_3\,\zeta_{y_3} - y_2\,y_4\,\zeta_{y_4} = 0, \quad y_2\,y_4\,\zeta_{y_2} + y_3\,y_4\,\zeta_{y_3} - y_3^2\,\zeta_{y_4} = 0.$$

Für die erste dieser beiden Glen ist $y_2^2 + y_3^2$, $\frac{y_3}{y_4}$ eine IBasis. Wendet man nochmals das Einengungsverfahren an, so erhält man schließlich für das gegebene System die IBasis

$$(x_1^2 + x_3^2)\,(x_2^2 + x_4^2)$$

Forsyth, Diff. Equations V, S. 95f.

$$2x_1p_1+3x_2p_2+4x_3p_3+5x_4p_4=0,\quad p_1+4x_1p_3+5x_2p_4=0,\quad x_2p_3+(2x_3-4x_1^2)p_4=0$$ 5·20

Vollständiges System. Für die zweite DGl läßt sich leicht eine IBasis (die nachfolgenden Ausdrücke y_2, y_3, y_4) finden. Setzt man in Anwendung des Einengungsverfahrens D 6·7 (b)

$$z(x_1,\ldots,x_4)=\zeta(y_1,\ldots,y_4),\quad y_1=x_1,\quad y_2=x_2,\quad y_3=x_3-2x_1^2,\quad y_4=x_4-5x_1,x_2,$$

so wird aus der zweiten Gl $\zeta_{y_1}=0$, und aus den beiden andern

$$3y_2\zeta_{y_2}+4y_3\zeta_{y_3}+5y_4\zeta_{y_4}=0,\quad y_2\zeta_{y_3}+2y_3\zeta_y=0,$$

d. h. das System 5·5 mit ζ, y_ν statt z, $x_{\nu-1}$.

E. LINDELÖF, Acta Soc. Fennicae 60 (1895), S. 61.

$$x_1p_1+x_2p_2+x_3p_3+x_4p_4=0,\quad x_2p_2+2x_3p_3+3x_4p_4=0,\quad 3x_1^2p_2+10x_1x_2p_3+(15x_1x_3+10x_2^2)p_4=0$$ 5·21

Vollständiges System. Für die erste Gl ist $\frac{x_2}{x_1}$, $\frac{x_3}{x_1}$, $\frac{x_4}{x_1}$ eine IBasis. Setzt man in Anwendung des Einengungsverfahrens D 6·7 (b)

$$z(x_1,\ldots,x_4)=\zeta(y_1,\ldots,y_4),\quad y_1=x_1,\quad y_2=\frac{x_2}{x_1},\quad y_3=\frac{x_3}{x_1},\quad y_4=\frac{x_4}{x_1},$$

so wird aus der ersten Gl $\zeta_{y_1}=0$, und aus den beiden andern Glen

$$y_2\zeta_{y_2}+2y_3\zeta_{y_3}+3y_4\zeta_{y_4}=0,\quad 3\zeta_{y_2}+10y_2\zeta_{y_3}+(15y_3+10y_2^2)\zeta_{y_4}=0.$$

Für die letzte Gl ist $3y_3-5y_2^2$, $9y_4-45y_2y_3+40y_2^3$ eine IBasis. Man wende nochmals das Einengungsverfahren an und setze

$$\zeta=u(s_2,s_3,s_4),\quad s_2=y_2,\quad s_3=3y_3-5y_2^2,\quad s_4=9y_4-45y_2y_3+40y_2^3.$$

Aus der letzten Gl wird dann $u_{s_2}=0$, und aus der vorletzten

$$2s_3u_{s_3}+3s_4u_{s_4}=0$$

mit dem Integral $\frac{s_4^2}{s_3^3}$. Damit erhält man für das gegebene System die IBasis

$$\frac{(9x_1^2x_4-45x_1x_2x_3+40x_2^3)^2}{(3x_1x_3-5x_2^2)^3}.$$

E. LINDELÖF, Acta Soc. Fennicae 20 (1895), Nr. 1, S. 51f.

$$2x_2x_4^2p_1+x_3^2x_4p_4=x_3^2,\quad 2x_2p_2-x_4p_4=1,\quad x_2x_4^2p_3+x_1x_3x_4p_4=x_1x_3.$$ 5·22

Vgl. 5·23.

$$2x_2x_4^2p_1+x_3^2x_4p_4=x_3^2z,\quad 2x_2p_2-x_4p_4=z,\quad x_2x_4^2p_3+x_1x_3x_4p_4=x_1x_3z$$ 5·23

Vollständiges System. Für $u(x_1,\ldots,x_4)=\log|z|$ geht es über in das System 5·22 mit u statt des dortigen z. Für die Lösung des Systems in jeder der beiden Formen steht, nachdem es in eine explizite Form übergeführt ist, die A. MAYERsche Methode D 6 4 der Reduktion auf eine einzige DGl zur Verfügung. Bei COLLET und MANSION ist das System in der Gestalt 5·22 mit JACOBIS Methode der Vorintegrale gelöst. Wird das gegebene System nach D 7·2 in ein homogenes System übergeführt, so erhält man 5·30 mit z, w_z statt x_5, p_5; die Lösungen des ursprünglichen Systems erhält man aus $w(x_1, \ldots, x_4, z) = 0$ durch Auflösung nach z, also

$$z = x_2 x_4 \Omega(x_1 x_3^2 - x_2 x_4^2).$$

COLLET, Annales École Norm. 7 (1870) 53—56. MANSION, Équations du premier ordre, S. 201—205.

5·24—5·29. Fünf unabhängige Veränderliche; zwei Gleichungen.

5·24 $x_1^2 p_1 - 2 x_5 p_2 + (x_1^2 x_4 - 2 x_5) p_3 - 2 x_1 x_4 p_4 = 0, \quad 2 x_5 p_4 + x_1^2 p_5 = 0$

Klammerbildung führt zu der Gl

$$x_1 p_2 + x_1(1 - x_5) p_3 + 2 x_5 p_4 + x_1^2 p_5 = 0,$$

wobei ein gemeinsamer Faktor $2 x_1$ fortgelassen ist. Diese Gl kann nach der zweiten der gegebenen Glen durch $p_2 + (1 - x_5) p_3 = 0$, und somit das ganze System durch

$$x_1^2 p_1 + (x_1^2 x_4 - 2 x_5^2) p_3 - 2 x_1 x_4 p_4 = 0, \quad 2 x_5 p_4 + x_1^2 p_5 = 0,$$
$$p_2 + (1 - x_5) p_3 = 0$$

ersetzt werden. Die Klammerbildung führt jetzt nur zu *einer* wesentlich neuen Gl, nämlich zu $p_3 = 0$. Also muß auch $p_2 = 0$ sein, und es bleiben die Glen

$$x_1 p_1 - 2 x_4 p_4 = 0, \quad 2 x_5 p_4 + x_1^2 p_5 = 0,$$

die ein Involutionssystem bilden und die IBasis $x_1^2 x_4 - x_5^2$ haben.

GRAINDORGE, Mémoires Liège (2) 5 (1873) 85—87. FORSYTH-JACOBSTHAL, DGlen, S. 426, Beisp. 3 (2), S. 835.

5·25 $[(x_1 x_4 + x_2 x_5) x_5 + x_2] p_1 - [(x_1 x_4 + x_2 x_5) x_4 + x_1] p_2$
$+ (x_2 x_4 - x_1 x_5) p_3 = 0, \quad x_2 p_4 - x_1 p_5 = 0$

Durch Klammerbildung erhält man

$$(x_1 x_4 + x_2 x_5)(x_1 p_1 + x_2 p_2) - (x_1^2 + x_2^2) p_3$$
$$- [(x_1 x_4 + x_2 x_5) x_4 + x_1] p_4 - [(x_1 x_4 + x_2 x_5) x_5 + x_2] p_5 = 0.$$

Das aus diesen drei Glen bestehende System ist vollständig. Für die erste Gl kann man durch die übliche Methode eine IBasis finden, nämlich

$$x_1 x_4 + x_2 x_5 - x_3, \quad (x_1 x_4 + x_2 x_5)^2 + x_1^2 + x_2^2,$$

und diese ist, wie leicht nachzurechnen ist, zugleich IBasis für das ganze System.

$$\begin{gathered}x_1 p_1 + x_2 p_2 + (x_1 x_4 + x_2 x_5) p_3 = 0,\\ [(x_1 x_4 + x_2 x_5) x_4 + x_1] p_4 + [(x_1 x_4 + x_2 x_5) x_5 + x_2] p_5 = 0\end{gathered}$$ 5·26

Durch Klammerbildung ergibt sich bei Berücksichtigung der zweiten Gl $p_3 = 0$. Die Glen $p_3 = 0$, $x_1 p_1 + x_2 p_2 = 0$ und die zweite der gegebenen Glen bilden nun ein vollständiges System, dessen Glen sich einzeln lösen lassen. Man erhält so für das System die IBasis

$$\frac{x_1}{x_2}, \quad \frac{(x_2 x_4 - x_1 x_5)^2}{x_4^2 + x_5^2 + 1}.$$

$$\begin{gathered}[(x_1 x_5 - x_2 x_4) x_5 + x_3 x_4 + x_1] p_1 + [(x_2 x_4 - x_1 x_5) x_4 + x_3 x_5 + x_2] p_2\\ + [(x_4^2 + x_5^2) x_3 + x_1 x_4 + x_2 x_5] p_3 = 0,\\ (x_3 x_4 + x_1) p_4 + (x_3 x_5 + x_2) p_5 = 0\end{gathered}$$ 5·27

Klammerbildung und Addition der mit $2 x_3$ multiplizierten ersten Gl sowie der mit $-(x_4^2 + x_5^2 + 1)$ multiplizierten zweiten Gl liefert

$$\begin{gathered}[(x_2 x_4 - x_1 x_5) x_2 + (x_3 x_4 + x_1) x_3] p_1 + [(x_1 x_5 - x_2 x_4) x_1\\ + (x_3 x_5 + x_2) x_3] p_2 - [(x_1 x_4 + x_2 x_5) x_3 + x_1^2 + x_2^2] p_3 = 0.\end{gathered}$$

Das aus diesen drei Glen bestehende System ist vollständig, die IBasis besteht also aus zwei Funktionen. Für die zweite Gl findet man leicht das Integral

$$\frac{x_3 x_4 + x_1}{x_3 x_5 + x_2},$$

und dieses genügt auch der ersten und somit der dritten Gl. Wendet man nun das Reduktionsverfahren 6·7 (a) an, so findet man noch das Integral

$$\frac{x_1 x_5 - x_2 x_4}{x_3 x_5 + x_2}.$$

Die beiden Integrale bilden eine IBasis.

$$\begin{gathered}(x_3 x_5 + x_2) p_1 - (x_3 x_4 + x_1) p_2 + (x_2 x_4 - x_1 x_5) p_3 = 0,\\ [x_4(x_2 x_4 - x_1 x_5) + x_3 x_5 + x_2] p_4 - [x_5(x_1 x_5 - x_2 x_4) + x_3 x_4 + x_1] p_5 = 0\end{gathered}$$ 5·28

Durch Klammerbildung und Subtraktion der mit $(x_1 x_5 - x_2 x_4)$ multiplizierten ersten Gl erhält man

$$\begin{gathered}(x_3 x_4 + x_1) x_3 p_1 + (x_3 x_5 + x_2) x_3 p_2 + (x_2 x_4 - x_1 x_5)(x_2 p_1 - x_1 p_2)\\ - [x_1^2 + x_2^2 + (x_1 x_4 + x_2 x_5) x_3] p_3 - (x_4^2 + x_5^2 + 1) [(x_3 x_4 + x_1) p_4\\ + (x_3 x_5 + x_2) p_5] = 0.\end{gathered}$$

Das aus diesen drei Glen bestehende System ist vollständig. Für die erste Gl findet man leicht die Lösungen

$$x_1^2 + x_2^2 + x_3^2, \quad x_1 x_4 + x_2 x_5 - x_3,$$

und für die zweite Gl

$$\frac{(x_1 x_4 + x_2 x_5 - x_3)^2}{x_4^2 + x_5^2 + 1},$$

diese Lösung genügt auch der ersten Gl. Daher hat das System die IBasis

$$x_1^2 + x_2^2 + x_3^2, \quad \frac{(x_1 x_4 + x_2 x_5 - x_3)^2}{x_4^2 + x_5^2 + 1}.$$

5·29 $\boldsymbol{x_2 p_1 - x_1 p_2 + 2 x_4 p_3 + (x_5 - x_3) p_4 - 2 x_4 p_5 = 0,}$

$$\boldsymbol{x_1 x_2 p_1 + (x_2^2 + 1) p_2 + (2 x_1 x_4 + x_2 x_3) p_3 + (2 x_2 x_4 + x_1 x_5) p_4 + 3 x_2 x_5 p_5 = 0}$$

Klammerbildung ergibt die Gl

$$(x_1^2 + 1) p_1 + x_1 x_2 p_2 + 3 x_1 x_3 p_3 + (2 x_1 x_4 + x_2 x_3) p_4 + (2 x_2 x_4 + x_1 x_5) p_5 = 0.$$

Das aus diesen drei Glen bestehende System ist vollständig. Für die erste Gl ist

$$x_1^2 + x_2^2, \quad x_3 + x_5, \quad x_3 x_5 - x_4^2, \quad x_1^2 x_3 + 2 x_1 x_2 x_4 + x_2^2 x_5$$

eine IBasis. Wendet man das Verengungsverfahren D 6·7 (b) an und setzt man

$$z(x_1, \ldots, x_5) = \zeta(y_1, \ldots, y_5),$$

$$y_1 = x_1, \quad y_2 = x_1^2 + x_2^2, \quad y_3 = x_3 + x_5, \quad y_4 = x_3 x_5 - x_4^2, \quad y_5 = x_1^2 x_3 + 2 x_1 x_2 x_4 + x_2^2 x_5,$$

so wird aus den drei Glen $\zeta_{y_1} = 0$ und

(1) $$2 x_2 (y_2 + 1) \zeta_{y_2} + [2(x_1 x_4 + x_2 x_5) + x_2 y_3] \zeta_{y_3} + 4 x_2 y_4 \zeta_{y_4} + [2(x_1 x_4 + x_2 x_5)(y_2 + 1) + 3 x_2 y_5] \zeta_{y_5} = 0,$$

(2) $$2 x_1 (y_2 + 1) \zeta_{y_2} + [2(x_1 x_3 + x_2 x_4) + x_1 y_3] \zeta_{y_3} + 4 x_1 y_4 \zeta_{y_4} + [2(x_1 x_3 + x_2 x_4)(y_2 + 1) + 3 x_1 y_5] \zeta_{y_5} = 0.$$

Erstens multipliziere man (1) mit x_1, (2) mit $-x_2$ und addiere dann beide Glen; zweitens multipliziere man (1) mit x_2, (2) mit x_1 und addiere dann wieder die Glen. Man erhält

(3) $$\zeta_{y_3} + (y_2 + 1) \zeta_{y_5} = 0$$

und, wenn von der zweiten Gl noch das $2 y_5$-fache der Gl (3) subtrahiert wird,

(4) $$2(y_2 + 1) \zeta_{y_2} + y_3 \zeta_{y_3} + 4 y_4 \zeta_{y_4} + 3 y_5 \zeta_{y_5} = 0.$$

Für (4) erhält man leicht die IBasis

$$\frac{y_3^2}{y_2 + 1}, \quad \frac{y_4}{(y_2 + 1)^2}, \quad \frac{y_5^2}{(y_2 + 1)^3},$$

und hieraus mit Hilfe des Einengungsverfahrens D 6·7 (b) für das System (3), (4) die IBasis

$$\frac{y_4}{(y_2+1)^2}, \quad \frac{y_3(y_2+1)-y_5}{\sqrt{(y_2+1)^3}},$$

also für das gegebene System die IBasis

$$\frac{x_3 x_5 - x_4^2}{(x_1^2+x_2^2+1)^2}, \quad \frac{(x_1^2+1)x_5+(x_2^2+1)x_3-2x_1x_2x_4}{\sqrt{(x_1^2+x_2^2+1)^3}}.$$

E. Lindelöf, Acta Soc. Fennicae 20 (1895), Nr. 1, S. 53f.

5·30—5·32. Fünf unabhängige Veränderliche; drei und vier Gleichungen.

$\mathbf{2x_1p_1 - x_3p_3 = 0, \quad 2x_2p_2 - x_4p_4 + x_5p_5 = 0,}$ 5·30
$\mathbf{2x_2x_4^2p_1 + x_3^2x_4p_4 + x_3^2x_5p_5 = 0}$

Vollständiges System. Für das aus den beiden ersten Glen bestehende Teilsystem erhält man mit den charakteristischen Glen die IBasis $x_1x_3^2$, $x_2x_4^2$, x_4x_5. Geht man nun (Einengungsverfahren) mit dem Ansatz

$$z = \zeta(y_1, y_2, y_3), \quad y_1 = x_1x_3^2, \quad y_2 = x_2x_4^2, \quad y_3 = x_4x_5$$

in die dritte Gl hinein, so entsteht

$$y_2(\zeta_{y_1} + \zeta_{y_2}) + y_3\zeta_{y_3} = 0$$

mit der IBasis $y_1 - y_2$, $\frac{y_3}{y_2}$. Daher ist für das ursprünglich gegebene System eine IBasis

$$x_1x_3^2 - x_2x_4^2, \quad \frac{x_5}{x_2x_4}.$$

$\mathbf{2x_2x_4^2p_1 + x_3^2x_4p_4 + x_3^2x_5p_5 = 0, \quad 2x_2p_2 - x_4p_4 + x_5p_5 = 0,}$ 5·31
$\mathbf{x_2x_4^2p_3 + x_1x_3x_4p_4 + x_1x_3x_5p_5 = 0}$

Vollständiges System. Durch lineare Kombination der ersten und dritten Gl läßt es sich in 5·30 überführen.

Goursat, Équations du premier ordre, S. 96 (1) nennt Collet als Verfasser der Aufgabe.

$\mathbf{p_1 + 2x_1p_2 + 3x_2p_3 + 4x_3p_4 + 5x_4p_5 = 0,}$ 5·32
$\mathbf{x_1p_1 + 2x_2p_2 + 3x_3p_3 + 4x_4p_4 + 5x_5p_5 = 0,}$
$\mathbf{x_1p_2 + 3x_1^2p_3 + (7x_1x_2 - x_3)p_4 + (8x_1x_3 - 2x_4 + 4x_2^2)p_5 = 0,}$
$\mathbf{p_2 + 3x_1p_3 + (4x_2 + 2x_1^2)p_4 + 5(x_3 + x_1x_2)p_5 = 0}$

Vollständiges System. Für die erste Gl kann man leicht eine IBasis finden (die nachfolgenden Ausdrücke $y_2, \ldots, y_5$). Man kann nun das

Einengungsverfahren D 6·7 (b) anwenden. Setzt man

$$z(x_1, \ldots, x_5) = \zeta(y_1, \ldots, y_5), \quad y_1 = x_1, \quad y_2 = x_2 - x_1^2,$$
$$y_3 = x_3 - 3\,x_1\,x_2 + 2\,x_1^3, \quad y_4 = x_4 - 4\,x_1\,x_3 + 6\,x_1^2\,x_2 - 3\,x_1^4,$$
$$y_5 = x_5 - 5\,x_1\,x_4 + 10\,x_1^2\,x_3 - 10\,x_1^3\,x_2 + 4\,x_1^5,$$

so wird aus der ersten Gl $\zeta_{y_1} = 0$, und aus den übrigen, wenn die Glen noch durch lineare Kombination vereinfacht werden,

$$2\,y_2\,\zeta_{y_2} + 3\,y_3\,\zeta_{y_3} + 4\,y_4\,\zeta_{y_4} + 5\,y_5\,\zeta_{y_5} = 0,$$
$$\zeta_{y_3} + 4\,y_2\,\zeta_{y_4} + 5\,y_3\,\zeta_{y_5} = 0, \quad y_3\,\zeta_{y_4} + (2\,y_4 - 4\,y_2^2)\,\zeta_{y_5} = 0,$$

d. h. das System 5·20.

E. Lindelöf, Acta Soc. Fennicae 20 (1895) 60f.

5·33—5·36. Rest.

5·33 $$(x_1 - x_6)\,p_1 + (x_5 - x_1)\,p_2 + (x_6 - x_5)\,p_5 = 0,$$
$$(x_2 - x_6)\,p_1 + (x_5 - x_2)\,p_2 + (x_6 - x_5)\,p_6 = 0,$$
$$(x_3 - x_6)\,p_1 + (x_5 - x_3)\,p_2 + (x_6 - x_5)\,p_4 = 0,$$
$$(x_4 - x_6)\,p_1 + (x_5 - x_4)\,p_2 + (x_6 - x_5)\,p_3 = 0$$

Vollständiges System. Eine IBasis ist

$$x_1 + \cdots + x_6, \quad x_1\,x_5 + x_2\,x_6 + x_3\,x_4.$$

5·34 $$x_1\,p_1 + x_2\,p_2 + x_3\,p_3 + x_4\,p_4 + x_5\,p_5 + x_6\,p_6 = 0,$$
$$x_1\,p_2 + 2\,x_2\,p_3 + 3\,x_3\,p_4 + 4\,x_4\,p_5 + 5\,x_5\,p_6 = 0,$$
$$x_2\,p_2 + 2\,x_3\,p_3 + 3\,x_4\,p_4 + 4\,x_5\,p_5 + 5\,x_6\,p_6 = 0,$$
$$x_1\,x_2\,p_3 + 3\,x_2^2\,p_4 + (7\,x_2\,x_3 - x_1\,x_4)\,p_5 + (8\,x_2\,x_4 - 2\,x_1\,x_5 + 4\,x_3^2)\,p_6 = 0$$

Nur die zweite und vierte Gl führen durch Klammerbildung zu einer wesentlich neuen Gl, nämlich zu

$$x_1^2\,p_3 + 3\,x_1\,x_2\,p_4 + (4\,x_1\,x_3 + 2\,x_2^2)\,p_5 + (5\,x_1\,x_4 + 5\,x_2\,x_3)\,p_6 = 0.$$

Das aus diesen fünf Glen bestehende System ist vollständig. Man kann das System durch wiederholte Anwendung des Einengungsverfahrens D 6·7 (b) lösen. Für die erste Gl ist $\frac{x_\nu}{x_1}$ ($\nu = 2, \ldots, 6$) eine IBasis. Demgemäß wird

$$z(x_1, \ldots, x_6) = \zeta(y_1, \ldots, y_6), \quad y_\nu = \frac{x_\nu}{x_1} \;(\nu = 2, \ldots, 6), \quad y_1 = x_1$$

gesetzt. Dann wird aus dem System $\zeta_{y_1} = 0$ und

$$\zeta_{y_2} + 2\,y_2\,\zeta_{y_3} + 3\,y_3\,\zeta_{y_4} + 4\,y_4\,\zeta_{y_5} + 5\,y_5\,\zeta_{y_6} = 0,$$
$$y_2\,\zeta_{y_2} + 2\,y_3\,\zeta_{y_3} + 3\,y_4\,\zeta_{y_4} + 4\,y_5\,\zeta_{y_5} + 5\,y_6\,\zeta_{y_6} = 0,$$

$$y_2\zeta_{y_2}+3\,y_2^2\zeta_{y_4}+(7\,y_2y_3-y_4)\zeta_{y_5}+(8\,y_2y_4-2\,y_5+4\,y_3^2)\zeta_{y_6}=0,$$
$$\zeta_{y_3}+3\,y_2\zeta_{y_4}+(4\,y_3+2\,y_2^2)\zeta_{y_5}+(5\,y_4+5\,y_2y_3)\zeta_{y_6}=0,$$

d. h. 5·32.

E. LINDELÖF, Acta Soc. Fennicae 20 (1895) 60f.

$$\sum_{\nu=1}^{n}p_\nu=0,\quad \sum_{\nu=1}^{n}x_\nu^2p_\nu=0 \qquad 5{\cdot}35$$

Durch Klammerbildung entsteht das System 5·36.

$$\sum_{\nu=1}^{n}p_\nu=0,\quad \sum_{\nu=1}^{n}x_\nu p_\nu=0,\quad \sum_{\nu=1}^{n}x_\nu^2p_\nu=0 \qquad 5{\cdot}36$$

Vollständiges System. Für die erste Gl ist eine IBasis $x_\nu-x_n$ $(\nu=1,\ldots,n-1)$. Wird in Anwendung des Einengungsverfahrens D6·7 (b)

$$z(x_1,\ldots,x_n)=u(y_1,\ldots,y_{n-1}),\quad y_\nu=x_\nu-x_n$$

gesetzt, so erfüllt z von selbst die erste Gl, und aus der zweiten Gl wird

$$\sum_{\nu=1}^{n-1}y_\nu u_{y_\nu}=0$$

mit der IBasis y_ν/y_{n-1} $(\nu=1,\ldots,n-2)$. Damit hat man für die beiden ersten Glen eine IBasis gefunden, nämlich

$$\frac{x_\nu-x_n}{x_{n-1}-x_n}\qquad(\nu=1,\ldots,n-2).$$

Wird jetzt

$$z(x_1,\ldots,x_n)=\zeta(\xi_1,\ldots,\xi_{n-2}),\quad \xi_\nu=\frac{x_\nu-x_n}{x_{n-1}-x_n}$$

gesetzt, so erfüllt z die beiden ersten Glen, und aus der dritten wird

$$\sum_{\nu=1}^{n-2}\xi_\nu(\xi_\nu-1)\,\zeta_{\xi_\nu}=0.$$

Für diese Gl ist

$$\frac{\xi_\nu-1}{\xi_\nu}\,\frac{\xi_{n-2}}{\xi_{n-2}-1}\qquad(\nu=1,\ldots,n-3)$$

eine IBasis. Für das gegebene System bilden somit die Doppelverhältnisse

$$\frac{x_\nu-x_{n-1}}{x_\nu-x_n}:\frac{x_{n-2}-x_{n-1}}{x_{n-2}-x_n}\qquad(\nu=1,\ldots,n-3)$$

eine IBasis.

SERRET-SCHEFFERS, D- u. IRechnung III, S. 579. Vgl. auch G. PFEIFFER, Giornale Mat. 69 (1931) 232–236. Wird noch eine Gl $\sum x_\nu^3p_\nu=0$ hinzugefügt, so hat das System nur die triviale Lösung $z=\text{const}$.

6. Nichtlineare Differentialgleichungen mit zwei unabhängigen Veränderlichen.

6·1—6·13. $a p^2 + \cdots$.

6·1 $\boldsymbol{p^2 = a q + b}$; Typus $F(p, q) = 0$.

$$z = A x + \frac{A^2 - b}{a} y + B.$$

Für die Gewinnung weiterer Integrale aus dem vollständigen Integral s. D 9·5. Z. B. ist im Falle $a = 1$, $b = 0$ die IFläche, die durch die Parabel $z = x^2$, $y = 0$ geht,

$$z = \frac{x^2}{1 - 4y} \quad \text{für} \quad y < \frac{1}{4}.$$

6·2 $\boldsymbol{p^2 + q + z + x = 0}$

Für $z + x$ als gesuchte Funktion ist die DGl vom Typus D 11·3. Macht man daher den Ansatz

$$x + z(x, y) = \zeta(\xi), \quad \xi = x + 2 A y,$$

so erhält man die gewöhnliche DGl

$$\zeta' = 1 - A \pm \sqrt{A^2 - 2A - \zeta},$$

und hieraus zur Bestimmung eines vollständigen Integrals die Gl

$$R + (A - 1) \log |1 - A + R| + \frac{x}{2} + A y = B \text{ mit } R^2 = A^2 - 2A - z - x$$

6·3 $\boldsymbol{p^2 + a q = b x + c y}$; DGl mit getrennten Variablen.

Ein vollständiges Integral ist

$$z = \pm \frac{2}{3b} (b x + A)^{\frac{3}{2}} + \frac{c y^2}{2a} - \frac{A}{a} y + B \quad \text{für } b \neq 0,$$

$$z = A x + \frac{c y^2}{2a} - \frac{A^2}{a} y + B \quad \text{für } b = 0.$$

6·4 $\boldsymbol{p^2 = a x q + b x y}$; DGl mit getrennten Variablen.

$$z = \pm \frac{2x}{3} \sqrt{A x} + \frac{2 A y - b y^2}{2a} + B.$$

Sonderfall bei Morris-Brown, Diff. Equations, S. 293 (24), 394.

6·5 $\boldsymbol{p^2 + x p = q}$; DGl mit getrennten Variablen.

$$z = \frac{A^2}{4} y - \frac{x^2}{4} \pm \frac{x}{4} \sqrt{x^2 + A^2} \pm \frac{A^2}{4} \operatorname{Ar Sin} \frac{x}{A} + B$$

und für $|x| > A > 0$

$$z = -\frac{A^2}{4} y - \frac{x^2}{4} \pm \frac{x}{4} \sqrt{x^2 - A^2} \mp (\operatorname{sgn} x) \frac{A^2}{4} \operatorname{Ar Cos} \left|\frac{x}{A}\right| + B,$$

wobei Ar Cos positiv zu wählen ist.

$p^2 + x p - y q + 2 z = 0$ 6·6

Aus den charakteristischen Glen erhält man das Vorintegral $p = 2 A y^3$; daraus folgt $z = 2 A x y^3 + \varphi(y)$. Trägt man das in die gegebene DGl ein, so bekommt man φ und damit

$$z = 2 A x y^3 + A^2 y^6 + B y^2.$$

Ein vollständiges Integral ist auch

$$z = A y^2 - \left(x + \frac{B}{y}\right)^2.$$

Zu dem letzten Integral s. MANSION, Équations du premier ordre, S. 250.

$3 p^2 + x p + (y + 2) q = z$; CLAIRAUTsche DGl. 6·7

Ein vollständiges Integral ist

$$z = A x + B y + 3 A^2 + 2 B.$$

Ein Integral ist auch

$$z = -\frac{x^2}{12} + B(y + 2).$$

Ein singuläres Integral ist hier nicht vorhanden.

$p^2 + a y p + b q = c$; Typus D II·4. 6·8

$$z = A x + \frac{c - A^2}{b} y - \frac{a A}{2 b} y^2 + B.$$

J. GRAINDORGE, Mémoires Liège (2) 5 (1873) 52.

$p^2 + a y^2 q + a y z + b y^4 = 0$ 6·9

Für $u(x, y) = y z(x, y)$ erhält man die DGl mit getrennten Veränderlichen

$$u_x^2 = - a y^3 u_y - b y^6,$$

und hieraus das vollständige Integral

$$y z = -\frac{b}{4 a} y^4 + A x + \frac{A^2}{2 a y^2} + F$$

Ein vollständiges Integral ist auch

$$y z = -\frac{b}{4 a} y^4 - \frac{a}{2} y^2 (x + A)^2 + B.$$

Für einen Sonderfall bei MORRIS-BROWN, Diff. Equations, S. 293 (40), 395.

$p^2 + a y^2 q = b$; DGl mit getrennten Veränderlichen. 6·10

$$z = A x + \frac{A^2 - b}{a y} + B.$$

J. GRAINDORGE, Mémoires Liège (2) 5 (1873) 52.

6·11 $p^2 - y^3 q = x^2 - y^2$; DGl mit getrennten Veränderlichen.

Ein vollständiges Integral ist

$$z = \pm\left(\frac{x}{2}\sqrt{x^2+A} + \frac{A}{2}\varphi(x)\right) - \frac{A}{2y^2} + \log|y| + B$$

mit

$$\varphi(x) = \begin{cases} \mathfrak{Ar\,Sin}\,\frac{x}{\sqrt{A}} & \text{für } A > 0, \\ \operatorname{sgn} x \cdot \mathfrak{Ar\,Cof}\,\frac{|x|}{\sqrt{-A}} & \text{für } A < 0 \text{ und } |x| > |A|, \\ 0 \text{ für } A = 0; \end{cases}$$

dabei ist in der ersten Zeile unter $\mathfrak{Ar\,Cof}\,u$ der positive Zweig zu verstehen.

Vgl. Forsyth-Jacobsthal, DGlen, S. 385, Beisp. 2 (5), S. 822.

6·12 $p^2 + a z q = b z^2$; Typus D II·3.

$$z = B \exp[(x + A y) R] \quad \text{mit} \quad R = -\frac{aA}{2} \pm \frac{1}{2}\sqrt{a^2 A^2 + 4b}.$$

Ein Integral ist auch

$$z = A e^{\frac{b}{a} y}.$$

6·13 $p^2 + a z(y q - z) = 0$

Für $\log|z(x, y)| = \zeta(x, \eta)$, $\eta = \log|y|$ wird aus der DGl die DGl D II·2

$$\zeta_x^2 + a(\zeta_\eta - 1) = 0$$

mit dem vollständigen Integral

$$\zeta = A x + \left(1 - \frac{A^2}{a}\right)\eta + B.$$

Vgl. auch Julia, Exercices d'Analyse IV, S. 196.

6·14—6·20. $f(x, y, z)\, p^2 + \cdots$.

6·14 $x p^2 = q$, DGl mit getrennten Variablen

$$z = 2\sqrt{A x} + A y + B.$$

6·15 $x^2 p^2 - y^2 q = z$; Typus D II·6.

Für $z = u(x) + v(y)$ erhält man

$$x^2 u'^2 - u = y^2 v' + v.$$

Diese Gl ist erfüllt, wenn die linke und die rechte Seite Null ist. Damit erhält man das vollständige Integral

$$z = A \exp \frac{1}{y} + \frac{1}{4} (\log x + B)^2.$$

$(x p + z)^2 = q$ 6·16

Für $w(x, y) = x z$ entsteht die DGl 6·14

$$x w_x^2 = w_y,$$

also ist

$$z = 2 \sqrt{\frac{A}{x}} + \frac{A y + B}{x}$$

ein vollständiges Integral. — Geht man mit dem Ansatz

$$z = u(x) + v(y)$$

in die DGl hinein, so erhält man

$$v'(y) = [x u'(x) + u(x) + v(y)]^2.$$

Diese Gl ist erfüllt für

$$x u' + u = 0, \quad v' = v^2.$$

Damit erhält man das vollständige Integral

$$z = \frac{A}{x} - \frac{1}{y + B}.$$

Forsyth-Jacobsthal, DGlen, S. 822, Zeile 4ff.

$x^2 p^2 + a y z q = b z^2$; gleichgradige DGl. 6·17

Für $z(x, y) = \zeta(\xi, \eta)$, $\xi = \log x$, $\eta = \log y$ entsteht die DGl 6·12

$$\zeta_x^2 + a \zeta \zeta_\eta = b \zeta^2.$$

$x(x + 1) p^2 - 2 x z p - y^2 q + z^2 = 0$ 6·18

Bei anderer Zusammenfassung lautet die DGl

$$(x p - z)^2 + x p^2 - y^2 q = 0,$$

ist also vom Typus D 11·17. Mit der Eulerschen Transformation D 11·15 wird aus ihr die quasilineare DGl

$$X^2 Z_X + Y^2 Z_Y = - Z^2.$$

Lösungen dieser DGl erhält man aus

$$\frac{1}{Z} = - \frac{1}{X} + \Omega \left(\frac{1}{X} - \frac{1}{Y} \right)$$

für eine beliebige stetig differenzierbare Funktion $\Omega(u)$. Damit erhält man für die Integrale z der ursprünglichen DGl die Parameterdarstellung

$$z = x X - Z, \quad x = \frac{Z^2}{X^2}\left\{\Omega'\left(\frac{1}{X}-\frac{1}{y}\right)-1\right\}, \quad \frac{1}{Z} = -\frac{1}{X}+\Omega\left(\frac{1}{X}-\frac{1}{y}\right).$$

Für $\Omega(u) = (A+1)\,u + B$ erhält man hieraus das vollständige Integral

$$\left(\frac{A+1}{y} - B\right) z = \left(1 \pm \sqrt{|A x|}\right)^2.$$

Vgl. Forsyth-Jacobsthal, DGlen, S. 388, Beisp. 4, S. 825.

6·19 $\boldsymbol{y(y^2+1)\,(x p - z)^2 + x(p^2+1) = (y^2+1)\,q}$

Mit der Eulerschen Transformation D 11·15 wird aus der DGl die quasilineare DGl

$$(X^2+1)\,Z_X + (Y^2+1)\,Z_Y = -\,Y(Y^2+1)\,Z^2.$$

Aus den Lösungen

$$\frac{2}{Z} = Y^2 + \Omega\left(\frac{X-Y}{1+XY}\right)$$

dieser DGl erhält man Lösungen der ursprünglichen DGl in der Parameterdarstellung

$$x = -\,\frac{Z^2\,(1+y^2)}{2\,(1+X y)^2}\,\Omega'(u), \quad z = x X - Z,$$

mit

$$Z = \frac{2}{y^2+\Omega(u)}, \quad u = \frac{X-y}{1+X y}.$$

6·20 $\boldsymbol{z^2 p^2 + a z q = b x + c y}$

Für $u(x, y) = z^2$ entsteht die DGl mit getrennten Variablen

$$u_x^2 - 4\,b\,x = 4\,c\,y - 2\,a\,v_y.$$

Aus dieser erhält man das vollständige Integral

$$z^2 = \frac{1}{6b}\,(4\,b\,x + A)^{\frac{3}{2}} + \frac{c}{a}\,y^2 - \frac{A}{2a}\,y + B.$$

Für einen Sonderfall bei Morris-Brown, Diff. Equations, S. 293 (42), 395.

6·21—6·33. $a p q + \cdots$.

6·21 $\boldsymbol{p q = a}$

Die Charakteristiken sind gerade Linien. Ein vollständiges Integral ist

$$z = a A x + \frac{y}{A} + B.$$

Vgl Courant-Hilbert, Methoden math. Physik II, S. 77f.

$p q = a x y + b$ 6·22

Aus den charakteristischen Glen erhält man die Vorintegrale $p^2 - a y^2$, $q^2 - a x^2$. Für $q^2 - a x^2 = A$ ergibt sich weiter

$$z = y \sqrt{a x^2 + A} + b \int \frac{dx}{\sqrt{a x^2 + A}} + B.$$

Für $b = 0$ vgl. auch D 9·6, Beisp. 2.

$p q = z^a$; Typus D 11·3. 6·23

Ein vollständiges Integral ist

$$z = \left(\frac{2-a}{2A}(A^2 x + y + B)\right)^{\frac{2}{2-a}} \quad \text{für } a \neq 2,$$

$$z = B \exp\left(A x + \frac{y}{A}\right) \qquad \text{für } a = 2.$$

Für den Fall $a = 1$ s. auch D 9·2 (c), 9·3, 9·5 (c).

$p q = A x^a y^b z^c$; gleichgradige DGl. 6·24

Für $z(x, y) = \zeta(\xi, \eta)$ und

$$\xi = \begin{cases} \dfrac{x^{a+1}}{a+1} & \text{für } a \neq -1, \\ \log x & \text{für } a = -1, \end{cases} \qquad \eta = \begin{cases} \dfrac{y^{b+1}}{b+1} & \text{für } b \neq -1, \\ \log y & \text{für } b = -1 \end{cases}$$

wird $p = x^a \zeta_\xi$, $q = y^b \zeta_\eta$ und somit aus der DGl der Typus D 11·3

$$\zeta_\xi \zeta_\eta = A \zeta^c.$$

Ist weiter $c \neq 2$, so geht diese DGl für $\zeta = u^{\frac{2}{2-c}}$ in die DGl 6·21

(1) $$u_\xi u_\eta = A\left(1 - \frac{c}{2}\right)^2$$

über. Ist $c = 2$, so entsteht aus der DGl für $u = \log \zeta$ die DGl (1) mit A als rechter Seite.

$p q + a p = b z$; Typus D 11·3. 6·25

Für $z(x, y) = \zeta(\xi)$, $\xi = x + A y$ erhält man die gewöhnliche DGl

$$2 A \zeta' = -a \pm \sqrt{4 A b \zeta + a^2},$$

und daher ein vollständiges Integral aus

$$b(x + A y) + B = R + a \log|R - a| \quad \text{mit} \quad R^2 = 4 A b z + a^2.$$

$p q = a p + b q$; Typus $F(p, q) = 0$. 6·26

$$z = A x + B y + C \quad \text{mit} \quad A B = a A + b B.$$

6·27 $pq = xp + yq$

Aus den charakteristischen Glen erhält man z. B. die Vorintegrale

$$\frac{q}{p},\quad p^2 - 2yp,\quad q^2 - 2xq,\quad (p \pm q)^2 \pm 2(x \pm y)(p \pm q),$$

und hieraus vollständige Integrale in den verschiedenen Formen

$$z = \frac{(x + Ay)^2}{2A} + B,\quad z = xy + x\sqrt{y^2 + A} + B,$$

$$z = xy + y\sqrt{x^2 + A} + B,$$

$$z = xy + \frac{1}{2}\int\sqrt{\xi^2 + A}\,d\xi + \frac{1}{2}\int\sqrt{\eta^2 + A}\,d\eta + B$$

mit $\xi = x + y,\ \eta = x - y.$

Forsyth-Jacobsthal, DGlen, S. 427, 7 (3), S. 840f.

6·28 $pq + xp + yq = z$; Clairautsche DGl.

Ein vollständiges Integral ist

$$z = ax + by + ab,$$

singuläres Integral ist $z = -xy$.

6·29 $pq + ayp + bxq = 0,\quad ab \neq 0.$

Man kann auf verschiedene Arten vollständige Integrale finden.

(a) In der DGl lassen sich die Variablen trennen. Man kommt so zu dem Ansatz

$$\frac{p + bx}{bx} = A,\quad \frac{q + ay}{ay} = \frac{1}{A}$$

und zu dem Integral

$$z = \frac{A - 1}{2}\left(bx^2 - \frac{a}{A}y^2\right) + B.$$

(b) Wird die DGl in der Gestalt

$$\frac{p}{x}\frac{q}{y} + a\frac{p}{x} + b\frac{q}{y} = 0$$

geschrieben, so erkennt man, daß sie gleichgradig ist. Für

$$z(x, y) = \zeta(\xi, \eta),\quad \xi = x^2,\quad \eta = y^2$$

wird aus ihr die DGl 6·26

$$2\zeta_\xi\zeta_\eta + a\zeta_\xi + b\zeta_\eta = 0$$

Damit erhält man das vollständige Integral

$$z = A\left(x^2 - \frac{a}{b + 2A}y^2\right) + C,$$

d. h. wieder das in (a) gefundene.

(c) Wenn $a\,b > 0$ ist, kann man Zahlen α, β so bestimmen, daß $a = \pm\alpha^2$, $b = \pm\beta^2$ ist, wobei beide Male die oberen oder beide Male die unteren Vorzeichen gelten. Wird

$$z(x, y) = \zeta(\xi, \eta), \quad \xi = \beta\,x + \alpha\,y, \quad \eta = \beta\,x - \alpha\,y$$

gesetzt, so erhält man die DGl 6·85

$$\zeta_\xi^2 \pm \xi\,\zeta_\xi = \zeta_\eta^2 \pm \eta\,\zeta_\eta.$$

Auf diese Weise wird man zu einem anderen vollständigen Integral geführt.

Vgl. FORSYTH-JACOBSTHAL, DGlen, S. 427, 7 (3), S. 841.

$(p + a)\,(q + b\,z) = c$; Typus D II·3. 6·30

Man kann auch benutzen, daß q/p ein Vorintegral ist und weiter nach D 9·3 verfahren.

$p(q - \sin y) = \sin x$; DGl mit getrennten Veränderlichen. 6·31

$$z = A \cos x - \cos y - \frac{y}{A} + B.$$

MORRIS-BROWN, Diff. Equations, S. 293 (26), 394.

$2(p\,q + y\,p + x\,q) + x^2 + y^2 = 0$ 6·32

Man erhält das Vorintegral $p + q + x + y$ aus den charakteristischen Glen und kann nun D 9·3 anwenden. — Wendet man die Transformation

$$\zeta(\xi, \eta) = z + \frac{x^2}{2} + \frac{y^2}{2}, \quad \xi = \frac{x - y}{\sqrt{2}}, \quad \eta = \frac{x + y}{\sqrt{2}}$$

an, so erhält man die DGl 6·74

$$\zeta_\xi^2 - \zeta_\eta^2 = 2\,\xi^2.$$

FORSYTH-JACOBSTHAL, DGlen, S. 395, Beisp. 2 (2), S. 827.

$p(k\,q + a\,x + b\,y + c\,z) = 1, \quad c \neq 0$. 6·33

Für $u(x, y) = -\frac{b\,k}{c} + a\,x + b\,y + c\,z(x, y)$ entsteht die DGl 6·30

$$(u_x - a)\,(c\,u + k\,u_y) = c^2.$$

Vgl. auch FORSYTH, Diff. Equations V, S. 160f.

6·34—6·42. $f(x, y)\,p\,q + \cdots$.

$2\,x\,p\,q - z\,q = a$ 6·34

$$z^2 = 2(y - A)\,(B\,x - a).$$

FORSYTH, Diff. Equations V, S. 161.

6·35 $\boldsymbol{2xpq - zq + ap = 0}$

Aus den charakteristischen Glen erhält man das Vorintegral pq. Löst man $pq = A$ und die gegebene Gl nach p, q auf, so ergibt sich

$$ap = -Ax + \sqrt{aAz + A^2x^2}, \quad zq = Ax + \sqrt{aAz + A^2x^2}.$$

Diese Glen lassen sich leicht lösen, wenn $z = x^2 u(x, y)$ und weiter $v^2 = aAu + A^2$ gesetzt wird. Man erhält

$$(aAz + A^2x^2)^{\frac{3}{2}} - \frac{3}{2} aA^2(xz + ay) = A^3x^3 + B.$$

Vgl. auch FORSYTH, Diff. Equations V, S. 161f.

6·36 $\boldsymbol{ypq - zp + aq = 0}$, $a \neq 0$.

Lösungen sind offenbar die Funktionen $z = \text{const}$. Um die von diesen trivialen verschiedenen Lösungen zu erhalten, kann man gerade bei dieser DGl verschiedene Methoden anwenden.

(a) Die charakteristischen Glen sind

$$(1) \quad \begin{cases} x'(t) = yq - z, & y'(t) = yp + a, \\ z'(t) = 2ypq - zp + aq, & p'(t) = p^2, \quad q'(t) = 0. \end{cases}$$

Aus ihnen erhält man das Vorintegral q. Wird $q = A$ gesetzt, hiermit aus der gegebenen DGl p berechnet und dann integriert, so erhält man das vollständige Integral

$$(2) \quad z = Ay \pm \sqrt{2aAx + B}.$$

(b) Wendet man die LEGENDREsche Transformation D 11·14 an, so wird aus der DGl

$$Z_X - \frac{Z}{X} = \frac{aY}{X^2}.$$

Das ist eine gewöhnliche lineare DGl für Z, wenn Y als Parameter angesehen wird. Damit findet man Z und sodann durch Rücktransformation für z die Parameterdarstellung

$$(3) \quad x = \Omega(Y) + \frac{aY}{2X^2}, \quad y = X\Omega'(Y) - \frac{a}{2X}, \quad z = XY\Omega'(Y) + \frac{aY}{2X}$$

mit willkürlichem Ω. Hierbei ist $X \neq 0$, d. h. $z_x \neq 0$ vorausgesetzt. Ist für eine Lösung $z_x = 0$ in einem gewissen Gebiet, so folgt aus der DGl auch $z_y = 0$, man erhält also die triviale Lösung $z = \text{const}$. Weiter ist bei der LEGENDREschen Transformation

$$\frac{\partial(z_x, z_y)}{\partial(x, y)} \neq 0, \quad \text{d. h.} \quad z_{xx} z_{yy} - z_{xy}^2 \neq 0$$

vorauszusetzen. Ist in einem gewissen Gebiet $z_{xx} z_{yy} - z_{xy}^2 = 0$, so folgt 6·36
aus der gegebenen DGl durch Differentiation nach x und y

$$z_{xx}(y z_y - z) + z_{xy}(y z_x + a) = z_x^2,$$
$$z_{xy}(y z_y - z) + z_{yy}(y z_x + a) = 0,$$

und hieraus $z_x^2 z_{yy} = 0$, $z_x^2 z_{xy} = 0$. Ist in einem Gebiet $z_x = 0$, so hat man den schon vorher behandelten Sonderfall. Ist dagegen $z_x^2 \neq 0$, so folgt $z_{yy} = z_{yx} = 0$ und daher $z_y = \text{const}$, also $z = A\,y + \varphi(x)$. Trägt man dieses in die DGl ein, so kann man φ bestimmen und erhält wieder das vollständige Integral (2).

Wählt man in (3) etwa $\Omega(Y) = \frac{A}{2}\,Y + B$, so kann man aus (3) die Parameter X, Y eliminieren und erhält das vollständige Integral

$$z = \frac{x - B}{A}\left(y \pm \sqrt{y^2 + a\,A}\right).$$

(c) Die Eulersche Transformation D 11·15 führt in den beiden Formen

(c_1) $\quad x = Z_X, \quad y = Y, \quad z = X Z_X - Z, \quad z_x = X, \quad z_y = -Z_Y$

und

(c_2) $\quad x = X, \quad y = Z_Y, \quad z = Y Z_Y - Z, \quad z_x = -Z_X, \quad z_y = Y$

zum Ziel.

(c_1) Durch die Transformation wird aus der DGl die lineare DGl

$$X^2 Z_X + (X\,Y + a)\,Z_Y = X\,Z$$

mit den Integralen

$$Z = X\,\Omega\left(\frac{2\,X\,Y + a}{X^2}\right).$$

Durch Rücktransformation gewinnt man für die ursprüngliche DGl die Integrale in der Parameterdarstellung

$$x = \Omega(u) - \left(u + \frac{a}{X^2}\right)\Omega'(u), \quad z = x\,X - X\,\Omega(u) \text{ mit } u = \frac{2\,y\,X + a}{X^2}.$$

Untersucht man, welche Integrale durch die erforderlichen Voraussetzungen $X \neq 0$, d. h. $z_x \neq 0$ und durch $z_{xx} \neq 0$ verloren gegangen sind, so findet man, daß das nur die trivialen Integrale $z = \text{const}$ sind.

Wählt man insbesondere $\Omega(u) = A\,u + B$, so erhält man wieder das vollständige Integral (2).

Vgl. auch Serret-Scheffers, D- u. IRechnung III, S. 634f.

(c_2) In diesem Fall wird aus der DGl

$$Z\,Z_X = a\,Y, \quad \text{also} \quad Z^2 = 2\,a\,X\,Y + 2\,\Omega(Y).$$

Rücktransformation führt zu der Parameterdarstellung

$$(z - y\,Y)^2 = 2\,a\,x\,Y + 2\,\Omega(Y), \quad y^2 = \frac{[a\,x + \Omega'(Y)]^2}{2\,a\,x\,Y + 2\,\Omega(Y)}.$$

Wählt man $\Omega(u) = A u - B$, so erhält man das vollständige Integral

$$z = \frac{B y}{a x + A} - \frac{a x + A}{2 y}.$$

(d) Um eine IFläche durch einen gegebenen Anfangsstreifen zu erhalten, kann man für die charakteristischen Glen (1) die Lösungen bestimmen, die für $t = 0$ das Integralelement $x_0, y_0, z_0, p_0 \neq 0, q_0$ enthalten. Aus den beiden letzten charakteristischen Streifen und der gegebenen DGl erhält man

(4) $$q = q_0, \quad \frac{1}{p} = \frac{1}{p_0} - t, \quad y p q - z p + a q = 0.$$

Trägt man dies in die beiden ersten charakteristischen Glen ein, so entstehen die Glen

$$x' = \frac{a q_0}{p_0}(p_0 t - 1), \quad y' + \frac{p_0 y}{p_0 t - 1} = a.$$

Hiermit wird

(5) $$x = x_0 + a q_0 \left(\frac{t^2}{2} - \frac{t}{p_0}\right), \quad y = -\frac{2 p_0 y_0 + a}{2 p_0 (p_0 t - 1)} + \frac{a}{2 p_0}(p_0 t - 1).$$

Aus der dritten Gl (4) erhält man weiter

(6) $$z = -\frac{q_0}{2 p_0}\left(\frac{2 y_0 p_0 + a}{p_0 t - 1} + a(p_0 t - 1)\right).$$

Damit sind die charakteristischen Glen integriert. Will man eine IFläche durch den Anfangsstreifen

$$x = \omega_1(s), \quad y = \omega_2(s), \quad z = \omega_3(s), \quad p = \omega_4(s), \quad q = \omega_5(s)$$

haben, so sind diese Funktionen so zu wählen, daß sie die partielle DGl und die Streifenbedingung

$$\omega_3' = \omega_4 \omega_1' + \omega_5 \omega_2'$$

erfüllen. Trägt man nun in (5), (6)

$$x_0 = \omega_1, \quad y_0 = \omega_2, \quad z_0 = \omega_3, \quad p_0 = \omega_4, \quad q_0 = \omega_5$$

ein, so liefern (5), (6) die IFläche in einer Parameterdarstellung mit den Parametern s, t.

Serret-Scheffers, a. a. O., S. 626—629; dort noch weitere Umformungen der Parameterdarstellung.

6·37 $p(k y q + a x + b y + c z) = 1, \quad k \neq 0.$

Aus den charakteristischen Glen folgt

$$\frac{y'}{k y} + \frac{q'}{(k + c) q + b} = 0.$$

Das hieraus sich ergebende Vorintegral sieht verschieden aus, je nachdem $k + c \neq 0$ oder $= 0$ ist.

(a) $k + c \neq 0$. Dann wird

$$q = -\frac{b}{k+c} + A\,y^{-1-\frac{c}{k}},$$

also

$$z = -\frac{b}{k+c}\,y - \frac{k}{c}\,A\,y^{-\frac{c}{k}} + \varphi(x).$$

Trägt man dies in die gegebene DGl ein, so erhält man

(I) $$(c\varphi + a\,x)\,\varphi' = 1,$$

also für $u(x) = c\varphi + a\,x$ die DGl

$$\frac{u\,u'}{a\,u + c} = 1,$$

bei der die Fälle $a \neq 0$ und $a = 0$ zu unterscheiden sind.

(b) $k + c = 0$, also $k = -c$. Dann wird

$$q = \frac{b}{c}\log y + A,$$

also

$$z = \frac{b}{c}\,y\,(\log y - 1) + A\,y + \varphi(x),$$

und für φ erhält man wieder die DGl (I).

Ist $k + c \neq 0$, so läßt sich die DGl durch die Transformation

$$a\,x + \frac{b\,c}{k+c}\,y + c\,z = \zeta(\xi, \eta), \quad \xi = x, \quad \eta = \log y$$

auch auf den Typus 6·30

$$(\zeta_\xi - a)\,(k\,\zeta_\eta + c\,\zeta) = c^2$$

zurückführen.

Vgl. Forsyth, Diff. Equations V, S. 161.

$(x - y)\,p\,q + (x - z)\,p + (z - y)\,q = 0$ 6·38

Durch die Legendresche Transformation D II·14 entsteht die DGl 2·29

$$X(2\,Y - X + 1)\,\frac{\partial Z}{\partial X} - Y(2\,X - Y + 1)\,\frac{\partial Z}{\partial Y} = (Y - X)\,Z$$

mit den Integralen

(I) $$Z = (X + Y - 1)\,\Omega(u), \quad u = \frac{(X + Y - 1)^2}{X\,Y}$$

für eine willkürliche stetig differenzierbare Funktion Ω. Hieraus erhält man für die ursprüngliche DGl die Integrale in der Parameterdarstellung

$$z = x\,X + y\,Y - Z, \quad x = \Omega(u) + \frac{u}{X}\,(2\,X - Y + 1)\,\Omega'(u),$$

$$y = \Omega(u) + \frac{u}{Y}\,(2\,Y - X + 1)\,\Omega'(u),$$

wozu noch (I) kommt.

6·39 $\boldsymbol{x y p q = 1}$

Für $z(x, y) = \zeta(\xi, \eta)$, $\xi = \log x$, $\eta = \log y$ entsteht die DGl 6·21 $\zeta_\xi \zeta_\eta = 1$. Damit erhält man das vollständige Integral

$$z = A \log x + \frac{\log y}{A} + B.$$

Die DGl läßt sich auch als eine DGl mit getrennten Veränderlichen behandeln.

6·40 $\boldsymbol{x y p q = z^2}$; gleichgradige DGl.

Für $z = \pm e^{\zeta(\xi, \eta)}$, $\xi = \log x$, $\eta = \log y$ erhält man die DGl 6·21 $\zeta_\xi \zeta_\eta = 1$.

6·41 $\boldsymbol{(x^2 + 1) p (q - 1) + x y^2 q = 0}$

In der DGl lassen sich die Veränderlichen trennen:

$$\frac{x^2 + 1}{x} p = \frac{y^2 q}{1 - q}.$$

Damit erhält man das vollständige Integral

$$z = \pm \frac{A^2}{2} \log (x^2 + 1) + B + \begin{cases} A \operatorname{arc\,tg} \frac{y}{A} & \text{bei oberem Vorzeichen,} \\ A \operatorname{Ar\,Tg} \frac{y}{A} \quad \text{oder} \quad A \operatorname{Ar\,Ctg} \frac{y}{A} & \\ \quad \text{bei unterem Vorzeichen.} & \end{cases}$$

6·42 $\boldsymbol{[(1 - x)^2 - y]\,[(1 - x)(1 - p) - z]\, q = a (1 - x)^2}$

Für $z = (1 - x) Z(u)$, $u = \frac{y}{(1 - x)^2}$ erhält man eine gewöhnliche DGl für $Z(u)$. Daher ist ein Integral, das an der Stelle $x = 0$, $y = 0$ regulär ist und für $y = 0$ den Wert 0 hat,

$$z = (1 - x) \int_0^u \frac{1}{4u} \left(1 - \sqrt{1 - \frac{8 a u}{1 - u}}\right) du.$$

O. Perron, Math. Zeitschrift 5 (1919) 157f.

6·43—6·48. $f(z)\, p q + \cdots$.

6·43 $\boldsymbol{z p q = a p + b z}$; Typus D II·3.

$$-a \log \left| a \pm \sqrt{4 A b z^2 + a^2} \right| \pm \sqrt{4 A b z^2 + a^2} = 2 b (x + A y + B).$$

$\boldsymbol{z\,p\,q = x\,p + y\,q}$ 6·44

Aus den charakteristischen Glen erhält man das Vorintegral $\frac{p}{q}$ und hiermit nach D 9·3 das vollständige Integral

$$z^2 = \frac{1}{A\,B}(A\,x + B\,y)^2 + C.$$

$\boldsymbol{z\,p\,q + x^2\,y\,p + x\,y^2\,q = x\,y\,z}$ 6·45

Für $z^2 = \zeta(\xi, \eta)$, $\xi = x^2$, $\eta = y^2$ erhält man die Clairautsche DGl D 11·12

$$\zeta = \xi\,\zeta_\xi + \eta\,\zeta_\eta + \zeta_\xi\,\zeta_\eta,$$

und hieraus das vollständige Integral

$$z^2 = A\,x^2 + B\,y^2 + A\,B.$$

Singuläres Integral ist $z = 0$.

Morris-Brown, Diff. Equations, S. 293 (35), 395.

$\boldsymbol{(z + a)\,p\,q = b\,z^2}$; Typus D 11·3. 6·46

Für $z(x, y) = \zeta(\xi)$, $\xi = x + A\,y$ erhält man die gewöhnliche DGl

$$A(\zeta + a)\,\zeta'^2 = b\,\zeta^2$$

und hieraus

$$\xi + B = \pm\sqrt{\frac{A}{b}}\int\frac{\sqrt{\zeta + a}}{\zeta}\,d\zeta.$$

Das Integral läßt sich mittels der Substitution $\zeta + a = u^2$ leicht auswerten. Eine Lösung ist auch $z = 0$.

$\boldsymbol{(a + b)\,z\,p\,q + a\,x\,q + b\,y\,p = 0}$; gleichgradige DGl. 6·47

Für

$$z(x, y) = \zeta(\xi, \eta), \quad \xi = \frac{x^2}{2}, \quad \eta = \frac{y^2}{2}$$

entsteht die DGl D 11·3

$$(a + b)\,\zeta\,\zeta_\xi\,\zeta_\eta + a\,\zeta_\eta + b\,\zeta_\xi = 0.$$

Aus dieser erhält man als vollständiges Integral

$$z^2 = C - \frac{a\,B + b\,A}{(a + b)\,A\,B}(A\,x^2 + B\,y^2).$$

$\boldsymbol{z^2\,p\,q = x\,y + a}$ 6·48

Für $2\,u(x, y) = z^2$ entsteht die DGl 6·22

$$u_x\,u_y = x\,y + a.$$

Zur Lösung der gegebenen DGl kann man auch benutzen, daß sie die Vorintegrale

$$z^2 p^2 - y^2, \quad z^2 q^2 - x^2, \quad (x p - y q) z$$

hat.

JULIA, Exercices d'Analyse IV, S. 144—150.

6·49—6·54. $(\cdot\cdot)\, p^2 + (\cdot\cdot)\, p q + \cdots = 0$.

6·49 $a p^2 + b p q = c z^2$; Typus D II·3.

$$z = C \exp[(A x + B y) R] \quad \text{mit} \quad R^2 = \frac{c}{A(a A + b B)}.$$

6·50 $x p^2 - p q + a y^2 = 0$

Aus den charakteristischen Glen erhält man das Vorintegral $p e^{-y}$. Hiermit und mit der gegebenen Gl bekommt man das System

$$p = A e^y, \quad q = \frac{a}{A} y^2 e^{-y} + A x e^y,$$

und hieraus schließlich das vollständige Integral

$$z = A x e^y - \frac{a}{A}(y^2 + 2 y + 2) e^{-y} + B.$$

6·51 $x p^2 + y p q = 1$; DGl mit getrennten Veränderlichen.

Aus

$$x p - \frac{1}{p} = A, \quad y q = -A$$

erhält man das vollständige Integral

$$z = \sqrt{4 x + A^2} + A \log\left|\frac{\sqrt{4 x + A^2} - A}{y}\right| + B.$$

6·52 $a x p^2 - (a y + b) p q + c y (a y + b)^2 = 0$

Aus den charakteristischen Glen erhält man das Vorintegral $p/(a y + b)$. Hiermit und mit der gegebenen Gl erhält man für z das System

$$p = A(a y + b), \quad q = a A x + \frac{c}{A} y$$

und daraus das vollständige Integral

$$z = A x (a y + b) + \frac{c y^2}{2 A} + B.$$

6·53 $(z^2 + 1) y p^2 + x z p q = 4 x^2 y$; gleichgradige DGl.

Für $z(x, y) = \zeta(\xi, \eta)$, $\xi = x^2$, $\eta = y^2$ entsteht die DGl D II·3

$$(\zeta^2 + 1) \zeta_\xi^2 + \zeta \zeta_\xi \zeta_\eta = 1.$$

$p^2 + z^2 p q = z^2$; Typus D II·3. 6·54

Für $z(x, y) = \zeta(\xi)$, $\xi = A x + B y$ erhält man die gewöhnliche DGl

$$(A^2 + A B \zeta^2) \zeta'^2 = \zeta^2,$$

und hieraus das vollständige Integral

$$\pm (A x + B y + C) = R + A \log \frac{R - A}{z} \quad \text{mit} \quad R^2 = A B z^2 + A^2.$$

6·55—6·68. $a p^2 + b q^2 = f(x, y)$, $f(x, y, z)$.

$p^2 + q^2 = a^2$; Sonderfall von 6·56. 6·55

Integrale sind z. B. die Ebenen

$$z = A x + B y + C \quad \text{mit} \quad A^2 + B^2 = a^2.$$

Die Charakteristiken durch jeden Punkt ξ, η, ζ bilden einen geraden Kreiskegel, dessen Achse parallel zur z-Achse ist und der selber eine IFläche ist.

Ist die IFläche gesucht, welche für ein festes ξ die Kurve

$$x = \xi, \quad y = \eta, \quad z = \omega(\eta) \quad \text{für} \quad -\infty < \eta < +\infty$$

enthält, so ist $z(\xi, \eta) = \omega(\eta)$, also $z_\eta(\xi, \eta) = \omega'(\eta)$, es muß also $|\omega'(\eta)| \leq a$ sein; nach der DGl ist dann $z_x(\xi, \eta) = \pm \sqrt{a^2 - \omega'^2}$. Aus den charakteristischen Glen

$$x'(t) = 2 p, \quad y'(t) = 2 q, \quad z'(t) = 2 p^2 + 2 q^2, \quad p'(t) = 0, \quad q'(t) = 0$$

findet man daher

$$p = \pm \sqrt{a^2 - \omega'^2}, \quad q = \omega',$$

$$x = \xi \pm 2 t \sqrt{a^2 - \omega'^2}, \quad y = \eta + 2 t \omega', \quad z = \omega(\eta) + 2 a^2 t.$$

Die drei letzten Glen können als Parameterdarstellung des gesuchten Integrals angesehen werden.

Durch Flimination von t und η erhält man für

$$\omega(\eta) = c: \qquad z = c \pm a(x - \xi);$$

$$\omega(\eta) = \alpha + \beta \eta: \qquad z = \alpha + \beta y \pm (x - \xi) \sqrt{a^2 - \beta^2};$$

$$\omega(\eta) = \gamma + \frac{a}{\beta} \sqrt{1 + (\alpha + \beta \eta)^2}: \quad z = \gamma + \frac{a}{\beta} \sqrt{[1 + \beta(x - \xi)]^2 + (\alpha + \beta y)^2}.$$

Zur näheren Diskussion der DGl und zu ihrer Bedeutung für die geometrische Optik vgl. COURANT-HILBERT, Methoden math. Physik II, S. 74ff. HAMILTON-PRANGE, Strahlenoptik, S. 204.

6·56 $a p^2 + b q^2 = c$; Typus D 11·1.

Ein vollständiges Integral ist

$$z = A x + B y + C \quad \text{mit} \quad a A^2 + b B^2 = c$$

oder auch

$$\frac{z^2}{c} = \frac{(x-A)^2}{a} + \frac{(y-B)^2}{b}.$$

6·57 $p^2 + q^2 = a y + b$; Sonderfall von 6·74.

$$z = A x + \frac{2}{3a}(a y + b - A^2)^{\frac{3}{2}} + B.$$

Für das Auftreten der DGl bei Bewegungen unter dem Einfluß der Schwerkraft s. DARBOUX, Théorie des surfaces II, 2. Aufl., S. 462.

6·58 $p^2 + q^2 = x + y$; Sonderfall von 6·74.

$$z = \frac{2}{3}(x + A)^{\frac{3}{2}} + \frac{2}{3}(y - A)^{\frac{3}{2}} + B.$$

FORSYTH-JACOBSTHAL, DGlen, S. 384f.

6·59 $p^2 + q^2 = x^2 + y^2$; Sonderfall von 6·74.

$$2z = x\sqrt{x^2 \pm A^2} \pm A^2 \,{\mathfrak{Ar\,Sin} \atop \mathfrak{Ar\,Cof}}\, \frac{x}{A} + y\sqrt{y^2 \mp A^2} \mp A^2 \,{\mathfrak{Ar\,Cof} \atop \mathfrak{Ar\,Sin}}\, \frac{y}{A} + B,$$

wobei das bei $\mathfrak{Ar\,Cof}$ stehende Argument > 1 angenommen ist.

6·60 $p^2 + q^2 = x^2 + x y + y^2$

Für $z(x, y) = \zeta(\xi, \eta)$, $2\xi = x + y$, $2\eta = x - y$ entsteht die DGl mit getrennten Veränderlichen

$$\zeta_\xi^2 - 6\xi^2 = 2\eta^2 - \zeta_\eta^2.$$

Hieraus erhält man das vollständige Integral

$$z = \int \sqrt{6\xi^2 + A}\, d\xi + \int \sqrt{2\eta^2 - A}\, d\eta + B.$$

Die Integrale lassen sich mittels der hyperbolischen Funktionen noch auswerten.

FORSYTH-JACOBSTHAL, DGlen, S. 427, 7 (1), S. 840.

6·61 $p^2 + q^2 = a x^m + b y^n + c$; Sonderfall von 6·74.

$$z = \pm \int \sqrt{a x^m + A}\, dx \pm \int \sqrt{b y^n + c - A}\, dy.$$

Vgl. auch DARBOUX, Théorie des surfaces II, 2. Aufl., S. 469f.

$$p^2 + q^2 = \frac{a}{\sqrt{x^2 + y^2}} + b$$ 6·62

Für $z(x, y) = \zeta(\varrho, \vartheta)$, $x = \varrho \cos \vartheta$, $y = \varrho \sin \vartheta$ erhält man die DGl mit getrennten Veränderlichen

$$\varrho^2 \zeta_\varrho^2 - b\,\varrho^2 - a\,\varrho = -\zeta_\vartheta^2,$$

und hieraus das vollständige Integral

$$z = \pm \int \sqrt{b + \frac{a}{\varrho} - \frac{A^2}{\varrho^2}}\, d\varrho + A\,\vartheta + B.$$

Courant-Hilbert, Methoden math. Physik II, S. 15f.

$p^2 + q^2 = f(x)$; Sonderfall von 6·74. 6·63

$$z = A\,y + B \pm \int \sqrt{f(x) - A^2}\, dx.$$

Für das Auftreten der DGl in der DGeometrie s. Darboux, Théorie des surfaces III, 1. Aufl., S. 29f.

$p^2 + q^2 = f(x^2 + y^2)$ 6·64

Hamiltonsche Gl für die ebene Bewegung eines Punktes unter dem Einfluß einer Zentralkraft. Vgl. I C 9·26. Aus den charakteristischen Glen folgt

$$(x\,q)' - (y\,p)' = 0, \quad \text{also} \quad x\,q - y\,p = A.$$

Aus dieser Gl und der gegebenen Gl folgt für $r^2 = x^2 + y^2$

$$p = -\frac{A\,y}{r^2} \pm \frac{x}{r^2}\sqrt{r^2 f(r^2) - A^2}, \quad q = \frac{A\,x}{r^2} \pm \frac{y}{r^2}\sqrt{r^2 f(r^2) - A^2},$$

also für $e^\varrho = r^2$

$$z = -A \operatorname{arc\,tg} \frac{x}{y} \pm \frac{1}{2}\int \sqrt{e^\varrho f(e^\varrho) - A^2}\, d\varrho + B.$$

$p^2 + q^2 = f(x, y)$; Typus D 11·13. 6·65

Schreibt man die DGl in der Gestalt

(1) $$\frac{p^2 + q^2}{2} + U(x, y) = C,$$

so hat man die Hamiltonsche Gl für die ebene Bewegung eines Punktes.

Die charakteristischen Glen ohne die mittlere Gl, d. h. ohne die Streifenbedingung lauten

$$x'(t) = p, \quad y'(t) = q, \quad p'(t) = -U_x, \quad q'(t) = -U_y.$$

Aus diesen folgt

$$x''(t) = -U_x(x, y), \quad y''(t) = -U_y(x, y).$$

Es lassen sich also $x = x(t)$, $y = y(t)$ als die Glen für die Bewegung eines Punktes mit der Masse 1 ansehen, und zwar einer Bewegung, die unter dem Einfluß einer Potentialfunktion $U(x, y)$ erfolgt. Aus den charakteristischen Glen folgt

$$\frac{p^2+q^2}{2} + U(x, y) = C.$$

Es ist also $\frac{p^2+q^2}{2}$ die kinetische Energie, und die obige Gl ist der Ausdruck für den Energiesatz. Hat man eine einparametrige Schar von Integralen $z = \psi(x, y, A)$ der DGl (I) mit $|\psi_{Ax}| + |\psi_{Ay}| > 0$ gefunden, so sind die Bahnkurven der Bewegung nach D II·13 die Kurven, die der Gl $\psi_A = \text{const}$ genügen.

Bieberbach, DGlen, S. 290f. Allgemeiner bei Whittaker, Analyt. Dynamik, S. 335.

Die DGl ist auch für die geometrische Optik von Bedeutung. Liegt ein unhomogenes (aber isotropes) Medium mit dem Brechungsindex $f(x, y)$ an der Stelle x, y vor, so sind die Charakteristiken der DGl die Wege der Lichtstrahlen, und $z = \text{const}$ gibt die Wellenfronten an. Vgl. Courant-Hilbert, Methoden math. Physik II, S. 74.

6·66 $a p^2 + b q^2 = c z$; Typus D II·3.

$$z = \frac{c}{4(aA^2+bB^2)}(Ax+By+C)^2 \quad \text{sowie} \quad z = 0.$$

6·67 $p^2 + q^2 = (x^2+y^2) z$; gleichgradige DGl.

Für $u(x, y) = 2\sqrt{z}$ erhält man die DGl mit getrennten Veränderlichen

$$u_x^2 - x^2 = y^2 - u_y^2,$$

also

$$u = \int \sqrt{x^2+A}\, dx + \int \sqrt{y^2-A}\, dy + B;$$

die Integrale können ausgewertet werden.

6·68 $p^2 + q^2 = a z^2 + b$; Typus D II·3.

Für $z(x, y) = \zeta(\xi)$, $\xi = Ax + By$ erhält man

$$\pm\sqrt{A^2+B^2}\int\frac{d\zeta}{\sqrt{a\zeta^2+b}} = \xi.$$

Für $a = 1$, $b = 0$ wird insbesondere

$$z = C \exp\frac{Ax+By}{\sqrt{A^2+B^2}}.$$

Für Sonderfälle s. Julia, Exercices d'Analyse IV, S. 113f., 135–140.

6·69—6·74. $f(x, y)\,p^2 + g(x, y)\,q^2 = h(x, y, z)$.

$x\,p^2 - y\,q^2 = x + y$; Sonderfall von 6·74. 6·69

$$z = \pm\left(\sqrt{x(x+A)} + \frac{A}{2}\log\left|\frac{\sqrt{|x+A|}+\sqrt{|x|}}{\sqrt{|x+A|}-\sqrt{|x|}}\right|\right) \pm\left(\sqrt{y(A-y)} - A\,\operatorname{arc\,tg}\sqrt{\frac{A-y}{y}}\right) + B$$

für $x(x+A) > 0$, $y(A-y) > 0$; die Vorzeichen vor den Klammern können unabhängig voneinander gewählt werden.

$a\,x^2 p^2 + b\,y^2 q^2 = z^c$; gleichgradige DGl. 6·70

Für $z(x, y) = \zeta(\xi, \eta)$, $\xi = \log x$, $\eta = \log y$ wird aus der DGl

$$a\,\zeta_\xi^2 + b\,\zeta_\eta^2 = \zeta^c$$

und aus dieser für

$$\zeta = \begin{cases} u^{\frac{2}{2-c}} & \text{bei } c \neq 2, \\ e^u & \text{bei } c = 2 \end{cases}$$

die DGl 6·56

$$a\,u_\xi^2 + b\,u_\eta^2 = \begin{cases} \left(\frac{2-c}{2}\right)^2 & \text{für } c \neq 2 \\ & \text{für } c = 2. \end{cases}$$

$(x + a_1)(x + a_2)\,p^2 - (y + a_1)(y + a_2)\,q^2$ 6·71
$= a\sqrt{x + a_1} + b\sqrt{y + a_2} + c(x - y)$; DGl mit getrennten Veränderlichen

Ein vollständiges Integral ist

$$z = \int\sqrt{\frac{A + c\,x + a\sqrt{x + a_1}}{(x + a_1)(x + a_2)}}\,dx + \int\sqrt{\frac{A + c\,y - b\sqrt{y + a_2}}{(y + a_1)(y + a_2)}}\,dy + B.$$

Die DGl mit $2a = m_1 + m_2$, $2b = m_1 - m_2$ und mit λ_1, λ_2 statt x, y ergibt sich, wenn man die Hamiltonsche Gl 6·65

$$\frac{p^2 + q^2}{4} + U(x, y) = c, \qquad U = -\frac{m_1}{r_1} - \frac{m_2}{r_2}$$

für die Bewegung eines Punktes der Masse 1 in der x, y-Ebene unter dem Einfluß der Gravitationskräfte, die von den in $x = \pm 1$, $y = 0$ befindlichen Massen m_1, m_2 ausgeübt werden, auf elliptische Koordinaten transformiert. Einem Punkt x, y werden dabei als

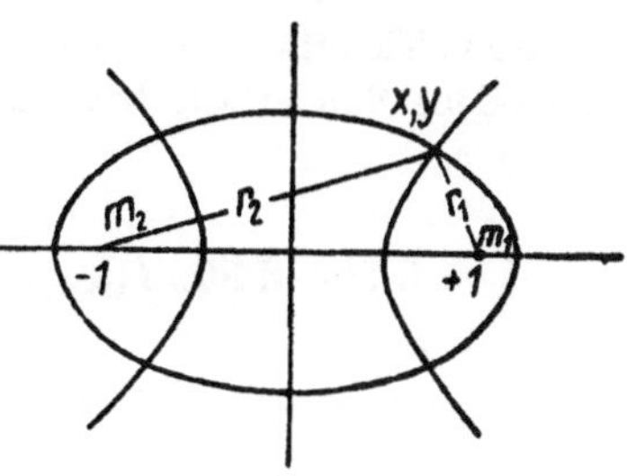

Fig. 16.

elliptische Koordinaten die Parameter λ_1, λ_2 $(\lambda_1 < \lambda_2)$ zugeordnet, welche die beiden durch x, y gehenden Kegelschnitte

$$\frac{x^2}{a_1+\lambda} + \frac{y^2}{a_2+\lambda}$$

bei festem $a_1 > a_2 > 0$, $a_1 - a_2 = 1$ bestimmen.

Vgl. Bieberbach, DGlen, S. 291—294.

6·72 $\mathbf{4\,y(a-x)\,(b-x)\,(c-x)\,p^2 - 4\,x(a-y)\,(b-y)\,(c-y)\,q^2 = (x-y)\,x\,y}$

Dividiert man die DGl durch $x\,y$, so lassen sich die Variablen trennen. Man bekommt dann das vollständige Integral

$$z = \frac{1}{2}\int\sqrt{\frac{x\,(x+A)}{N\,(x)}}\,dx + \frac{1}{2}\int\sqrt{\frac{y\,(y+A)}{N\,(y)}}\,dy + B$$

mit

$$N(x) = (a-x)\,(b-x)\,(c-x).$$

Die DGl tritt bei der Berechnung der geodätischen Linien eines Ellipsoids mit den Halbachsen a, b, c auf. Vgl. Courant-Hilbert, Methoden math. Physik II, S. 94f.

6·73 $\mathbf{(p^2-1)\sin^2 x + q^2 = 0}$; Sonderfall von 6·74.

Ein vollständiges Integral ist

$$z = A\,y + B \pm \int\sqrt{1 - \frac{A^2}{\sin^2 x}}\,dx.$$

Für das Auftreten der DGl bei der Einführung orthogonal-geodätischer Parameterlinien auf der Einheitskugel vgl. Knoblauch, Differentialgeometrie, S. 459.

6·74 $\mathbf{f(x)\,p^2 + g(y)\,q^2 = \varphi(x) + \psi(y)}$; DGl mit getrennten Veränderlichen.

$$z = \int\sqrt{\frac{\varphi + A}{f}}\,dx + \int\sqrt{\frac{\psi - A}{g}}\,dy + B.$$

Für das Auftreten der DGl in der DGeometrie (Liouvillesche Flächen) s. Darboux, Théorie des surfaces III, 1. Aufl., S. 9f.; dort werden anschließend auch verschiedene Sonderfälle behandelt.

6·75—6·80. $f(x, y, z)\,p^2 + g(x, y, z)\,q^2 = h(x, y, z)$.

6·75 $\mathbf{a\,p^2 + b\,z\,q^2 = c^2}$; Typus D II·3.

$$b\,B^2\,z = -\,a\,A^2 + \left(\frac{3\,b\,c\,B^2}{2}\,(A\,x + B\,y + C)\right)^{\frac{2}{3}}.$$

$\boldsymbol{z\,(p^2 - q^2) = x - y}$ 6·76

Für $z(x, y) = \zeta(\xi, \eta)$, $\xi = x - y$, $\eta = x + y$ erhält man die DGl

$$4\,\zeta\,\zeta_\xi\,\zeta_\eta = \xi,$$

und aus dieser mit dem Ansatz $\zeta = u(\xi)\, v(\eta)$ für die ursprüngliche DGl das vollständige Integral

$$8\,z^3 = [3\,(x - y)^2 + A]\,[3\,(x + y) + B].$$

$\boldsymbol{x\,z\,p^2 - y\,z\,q^2 = x + y}$; gleichgradige DGl. 6·77

Für

$$u(x, y) = \frac{2}{3}\, z^{\frac{3}{2}}$$

erhält man die DGl 6·69 mit getrennten Veränderlichen

$$x\,(u_x^2 - 1) = y\,(u_y^2 + 1).$$

$\boldsymbol{z^2(p^2 + q^2) = x^2 + y^2}$; gleichgradige DGl. 6·78

Für $2\,u(x, y) = z^2$ entsteht die DGl 6·59

$$u_x^2 + u_y^2 = x^2 + y^2.$$

Forsyth-Jacobsthal, DGlen, S. 385, Beisp. 2 (1), S. 821.

$\boldsymbol{z^2(a\,p^2 + b\,q^2) = z^2 + c}$; Typus D II·3. 6·79

Die Anwendung von D II·3 führt zu dem vollständigen Integral

(1) $$(a\,A^2 + b\,B^2)\,(z^2 + c) = (A\,x + B\,y + C)^2.$$

Macht man den Ansatz $z^2 = u(x) + v(y)$, so lassen sich die Variablen trennen, und man erhält ein vollständiges Integral in der Gestalt

(2) $$z^2 = -\,c + \frac{(x - A)^2}{a} + \frac{(y - B)^2}{b}.$$

Ist $a = -1$, $b = -1$, $c = -r^2 < 0$, so werden aus (1) Zylinderflächen und aus (2) die Kugeln

$$(x - A)^2 + (y - B)^2 + z^2 = r^2;$$

Integrale sind dann auch die (wenn vorhanden) Hüllflächen zu solchen dieser Kugeln, deren Mittelpunkt sich in der x, y-Ebene längs einer Kurve bewegt (hierbei können Rückkehrkanten auftreten), d. h. man erhält Röhren- oder Kanalflächen.

Mansion, Équations du premier ordre, S. 83f. Goursat, Équations du premier ordre, S. 139f. Julia, Exercices d'Analyse IV, S. 106f. Courant-Hilbert, Methoden math. Physik II, S. 80f.

6·80 $z^2(y^2 p^2 + x^2 q^2) = a^2 x^2 y^2$; gleichgradige DGl.

Für $2\zeta(\xi, \eta) = z^2, \quad 2\xi = x^2, \quad 2\eta = y^2$

entsteht die DGl 6·55

$$\zeta_\xi^2 + \zeta_\eta^2 = a^2.$$

Julia, Exercices d'Analyse IV, S. 163—169.

6·81—6·88. $(\cdot\cdot)\,p^2 + (\cdot\cdot)\,q^2$ + lineare Glieder in p, q.

6·81 $p^2 + q^2 + x p + y q = z - 1$; Clairautsche DGl.

Ein vollständiges Integral ist

$$z = A x + B y + A^2 + B^2 + 1;$$

singuläres Integral ist

$$4z + x^2 + y^2 = 4.$$

Morris-Brown, Diff. Equations, S. 293 (29), 395.

6·82 $p^2 + q^2 - 2xp - 2yq + 2xy = 0$

Man erhält das Vorintegral $p + q - x - y$ aus den charakteristischen Glen und damit das vollständige Integral

$$2z = x^2 + y^2 + A(x+y) \pm (x-y)\sqrt{\frac{(x-y)^2}{2} - \frac{A^2}{4}} \mp \frac{A^2}{2\sqrt{2}} \operatorname{Ar}\mathfrak{Cof}\frac{|x-y|\sqrt{2}}{A} + B,$$

wobei $|x - y| > \frac{A}{\sqrt{2}}$ ist und $\operatorname{Ar}\mathfrak{Cof}$ das Vorzeichen von $x - y$ hat.

Nimmt man die Transformation

$$\zeta(\xi, \eta) = z - \frac{x^2}{2} - \frac{y^2}{2}, \quad \xi = \frac{x-y}{\sqrt{2}}, \quad \eta = \frac{x+y}{\sqrt{2}}$$

vor, so erhält man die DGl mit getrennten Veränderlichen

$$\zeta_\xi^2 + \zeta_\eta^2 = 2\xi^2,$$

und hieraus wieder das obige vollständige Integral.

Forsyth-Jacobsthal, DGlen, S. 394f. (Druckfehler).

6·83 $p^2 + q^2 - 2yp - 2xq = 1 - x^2 - y^2$

Oder $(p - y)^2 + (q - x)^2 = 1.$

Aus den charakteristischen Glen erhält man die Vorintegrale $p - y$ und $q - x$ und damit das vollständige Integral

$$z = xy + Ax + By + C \quad \text{mit} \quad A^2 + B^2 = 1.$$

$p^2 + q^2 = 4(x\,p + y\,q - z)$; CLAIRAUTsche DGl. 6·84

Ein vollständiges Integral ist

$$z = A\,x + B\,y - \frac{A^2 + B^2}{4},$$

singuläres Integral ist

$$z = x^2 + y^2.$$

Weitere Integrale sind

$$x^2 + B\,y - \frac{B^2}{4}, \quad y^2 + A\,x - \frac{A^2}{4}, \quad \frac{(A\,x + B\,y)^2}{A^2 + B^2}.$$

$a\,p^2 + b\,q^2 + 2\,c\,x\,p + 2\,d\,y\,q = k$; $a\,b > 0$; DGl mit getrennten Veränderlichen. 6·85

Ein vollständiges Integral ist

$$z = u(x) + v(y) + B,$$

wo u, v die gewöhnlichen DGlen

$$a\,u'^2 + 2\,c\,x\,u' = A, \quad b\,v'^2 + 2\,d\,y\,v = k - A$$

erfüllen.

Für $A = 0$ ist $u = 0$ oder $u = \frac{c}{a}\,x^2$ oder aus diesen beiden Kurven zusammengesetzt.

Für $c = 0$ muß das Vorzeichen von A so gewählt werden, daß $a\,A > 0$ ist; dann ist $u = x\sqrt{\frac{A}{a}}$.

Für $A \neq 0$, $c \neq 0$ ist

$$u = -\frac{c}{2\,a}\,x^2 \pm \frac{c}{a}\int\sqrt{x^2 + \frac{a\,A}{c^2}}\,dx;$$

die Auswertung des Integrals erfolgt für $\alpha > 0$ nach

$$\int\sqrt{x^2 + \alpha^2}\,dx = \frac{x}{2}\sqrt{x^2 + \alpha^2} + \frac{\alpha^2}{2}\,\mathfrak{Ar\,Sin}\,\frac{x}{\alpha},$$

$$\int\sqrt{x^2 - \alpha^2}\,dx = \frac{x}{2}\sqrt{x^2 - \alpha^2} - \frac{\alpha^2}{2}\,\frac{|x|}{x}\,\mathfrak{Ar\,Cof}\,\frac{|x|}{\alpha} \quad \text{für} \quad |x| > \alpha;$$

dabei ist unter $\mathfrak{Ar\,Cof}\,u$ für $u > 0$ der positive Zweig dieser Funktion zu verstehen.

Die DGl für v wird in entsprechender Weise gelöst.

Ein Sonderfall bei FORSYTH-JACOBSTHAL, DGlen, S. 395, Beisp. 2 (1), S. 826f.

$p^2 - q^2 - 2\,z\,p + z^2 = 1$; Typus D II·3. 6·86

Für $z(x, y) = \zeta(\xi)$, $\xi = A\,x + B\,y$ erhält man die gewöhnliche DGl

$$(A^2 - B^2)\,\zeta' = A\,\zeta \pm \sqrt{B^2\,\zeta^2 + A^2 - B^2}$$

und somit ein vollständiges Integral aus

$$A x + B y + C = \int \frac{A^2 - B^2}{A z \pm \sqrt{B^2 z^2 + A^2 - B^2}} dz.$$

MORRIS-BROWN, Diff. Equations, S. 292 (21), 394.

6·87 $(x^2 - 1)[x^2(x p - z)^2 - x^2 p^2 - q^2] + x^2 z^2 = 0$

Für $z = u(x, y)\sqrt{|x^2 - 1|}$ wird aus der DGl

$$x^2(x^2 - 1) u_x^2 - u_y^2 = 0.$$

Für $x^2 < 1$ muß $u_x = u_y = 0$ sein, und man erhält das Integral

$$z = C\sqrt{1 - x^2}.$$

Für $x^2 > 1$ läßt sich die DGl als zerfallende DGl

$$\left(x\sqrt{x^2 - 1}\, u_x + u_y\right)\left(x\sqrt{x^2 - 1}\, u_x - u_y\right) = 0$$

schreiben. Jeder der beiden Faktoren liefert eine lineare DGl. Man erhält für sie als IBasis

$$\operatorname{arc\,tg} \sqrt{x^2 - 1} \mp y,$$

also für die gegebene DGl die Integrale

$$z = \sqrt{x^2 - 1}\, \Omega\left(\operatorname{arc\,tg}\sqrt{x^2 - 1} \pm y\right).$$

6·88 $(z p + x)^2 + (z q + y)^2 - a^2 z^2(p^2 + q^2 + 1) = 0$

Aus den charakteristischen Glen erhält man die Vorintegrale $z p + x$, $z q + y$. Diese liefern zwei Glen, die nicht nur mit der gegebenen, sondern auch untereinander in Involution sind. Daher kann man D 9·2 anwenden und erhält als vollständiges Integral die Schar der Halbkugeln

$$(x - A)^2 + (y - B)^2 + z^2 = \frac{A^2 + B^2}{a^2} \qquad (z \gtrless 0).$$

Für $a^2 > 1$ ist ein singuläres Integral vorhanden:

$$(a^2 - 1) z^2 = x^2 + y^2.$$

FORSYTH-JACOBSTHAL, DGlen, S. 364f.

6·89—6·111. $(\cdot\cdot) p^2 + (\cdot\cdot) q^2 + (\cdot\cdot) p q + \cdots$

6·89 $p^2 + q^2 = a p q$; Typus D 11·2.

$$z = A x + B y + C \quad \text{mit} \quad A^2 + B^2 = a A B.$$

$x p^2 + y q^2 = 2 p q$ 6·90

Aus den charakteristischen Glen erhält man das Vorintegral $\frac{1}{q}-\frac{1}{p}$. Setzt man dieses gleich $\frac{1}{A}$, so erhält man aus dieser und der gegebenen Gl

$$\frac{p}{A}=\frac{1-x}{x}\pm\frac{1}{x}\sqrt{1-xy},\quad \frac{q}{A}=\frac{y-1}{y}\pm\frac{1}{y}\sqrt{1-xy}$$

und damit das vollständige Integral

$$z=A(y-x)+A\log\left|\frac{x}{y}\right|\pm A\left(2\sqrt{1-xy}+\log\left|\frac{1-\sqrt{1-xy}}{1+\sqrt{1-xy}}\right|\right)+B.$$

Forsyth-Jacobsthal, DGlen, S. 398, Beisp. 2, S. 828f.

$z(p-q)^2+a(p+q)^2=b$; Typus D II·3. 6·91

$$z=-a\left(\frac{A+B}{A-B}\right)^2+\sqrt[3]{b}\left(\frac{3(Ax+By+C)}{2(A-B)}\right)^{\frac{2}{3}}\quad \text{für } A\neq B.$$

$(p^2+4q^2)\operatorname{Cof}^2 y-4pq\operatorname{Cof} y\cdot\operatorname{Sin} y=1$ 6·92

Bei Auflösung nach p erhält man die DGl mit getrennten Veränderlichen

$$p=2q\operatorname{Tg} y\pm\frac{\sqrt{1-4q^2}}{\operatorname{Cof} y},$$

und hieraus das vollständige Integral

$$z=Ax+\frac{A}{2}\log\operatorname{Cof} y\pm\frac{1}{2}\sqrt{1-A^2}\operatorname{arc\,tg}\operatorname{Sin} y+B.$$

$(yp-xq)^2+a(xp+yq)=b$ 6·93

Aus den charakteristischen Glen erhält man die Vorintegrale $xp+yq$ und $yp-xq$. Setzt man etwa $yp-xq=A$, so kann man aus dieser und der gegebenen Gl p, q erhalten und daraus ein vollständiges Integral:

$$z=\frac{b-A^2}{2a}\log(x^2+y^2)-A\operatorname{arc\,tg}\frac{y}{x}+B.$$

Nimmt man die Transformation

$$z(x,y)=\zeta(\varrho,\vartheta),\quad x=\varrho\cos\vartheta,\quad y=\varrho\sin\vartheta$$

vor, so erhält man die DGl mit getrennten Veränderlichen

$$\zeta_\vartheta^2=-a\varrho\zeta_\varrho+b,$$

und hieraus

$$\zeta=A\vartheta+\frac{b-A^2}{a}\log\varrho+B,$$

also wieder die vorher gefundene Lösung.

Nouvelles Annales Math. (6) 2 (1927) 116. Julia, Exercices d'Analyse IV, S. 186.

6·94 $(y p - x q)^2 + a z(x p + y q - z) = 0$

Für $z(x, y) = \zeta(\varrho, \vartheta)$, $x = \varrho \cos\vartheta$, $y = \varrho \sin\vartheta$ entsteht die DGl 6·13

$$\zeta_\vartheta^2 + a\zeta(\varrho\zeta_\varrho - \zeta) = 0.$$

JULIA, Exercices d'Analyse IV, S. 195f.

6·95 $(y p - x q)^2 = p^2 + q^2 + 1$

Aus den charakteristischen Glen erhält man das Vorintegral $p^2 + q^2$. Man kann auch

$$z(x, y) = \zeta(\varrho, \vartheta), \quad x = \varrho \cos\vartheta, \quad y = \varrho \sin\vartheta$$

setzen und erhält dann die DGl mit getrennten Veränderlichen

$$\zeta_\vartheta^2 = \frac{\varrho^2}{\varrho^2 - 1}(\zeta_\varrho^2 + 1)$$

und aus dieser das vollständige Integral

$$\zeta = \sigma - A \operatorname{arc\,tg} \frac{\sigma}{A} + A\vartheta + B \quad \text{mit} \quad \sigma^2 = \varrho^2(A^2 - 1) - A^2.$$

JULIA, Exercices d'Analyse IV, S. 141—144.

6·96 $(y p - x q)^2 = a(x^2 + y^2)(p^2 + q^2 + 1)$

Für $z(x, y) = \zeta(\varrho, \vartheta)$, $x = \varrho \cos\vartheta$, $y = \varrho \sin\vartheta$

entsteht die DGl mit getrennten Veränderlichen

$$\frac{1-a}{a}\zeta_\vartheta^2 = \varrho^2(\zeta_\varrho^2 + 1),$$

die DGl ist also nur für $0 \leq a < 1$ lösbar. Wird der triviale Fall $a = 0$ unberücksichtigt gelassen und linke und rechte Seite $= A^2$ gesetzt, so erhält man das vollständige Integral

$$\zeta = A\sqrt{\frac{a}{1-a}}\,\vartheta + \sigma + \frac{A}{2}\log\left|\frac{\sigma - A}{\sigma + A}\right| + B \quad \text{mit} \quad \sigma^2 = A^2 - \varrho^2$$

(es muß also notwendig $\varrho^2 < A^2$ sein).

JULIA, Exercices d'Analyse IV, S. 152—155.

6·97 $(x p + y q)^2 = (1 - z^2)(p^2 + q^2)$

Singuläre Integrale sind $z = \text{const}$ und die beiden Halbkugeln

$$x^2 + y^2 + z^2 = 1 \qquad (z \gtrless 0).$$

Die DGl hat deshalb ein Interesse grundsätzlicher Art, weil man zwar leicht ein Vorintegral, nämlich p/q finden kann, aber die Methode D 9·3 trotzdem nicht zu einem vollständigen Integral führt. Die in D 9·3 angegebene Bedingung für die Funktionaldeterminante ist nämlich nicht erfüllt, da die DGl in p, q homogen ist, es fallen hier daher bei Eintragung von $p = A q$ *beide* Ableitungen heraus. Immerhin erhält man durch dieses Verfahren noch die Integralschar

$$z^2 = 1 - \frac{(A x + B y)^2}{A^2 + B^2}.$$

Um ein vollständiges Integral zu erhalten, kann man die Transformation

$$z(x, y) = \zeta(\varrho, \vartheta), \quad x = \varrho \cos\vartheta, \quad y = \varrho \sin\vartheta$$

vornehmen. Man erhält dann die DGl

$$(1 - \zeta^2)\,\zeta_\vartheta^2 = \varrho^2(\zeta^2 + \varrho^2 - 1)\,\zeta_\varrho^2.$$

Nach der gegebenen DGl muß $z^2 \leqq 1$, also $\zeta^2 \leqq 1$, und daher nach der obigen DGl $\zeta^2 + \varrho^2 - 1 \geqq 0$ sein. Daher zerfällt die obige DGl in die beiden quasilinearen DGlen

$$\sqrt{1 - \zeta^2}\,\zeta_\vartheta \pm \varrho \sqrt{\zeta^2 + \varrho^2 - 1}\,\zeta_\varrho = 0.$$

Für die nach D 5·4 zugehörige homogene DGl erhält man die Integrale

$$\Omega\left(\zeta, \frac{1}{\sqrt{1-\zeta^2}}\left(\operatorname{arc\,tg}\sqrt{\frac{\varrho^2}{1-\zeta^2} - 1} - \vartheta\right)\right).$$

Integrale der ursprünglichen DGl erhält man also durch Auflösung von

$$\Omega\left(z, \frac{1}{\sqrt{1 - z^2}}\left(\operatorname{arc\,tg}\sqrt{\frac{x^2 + y^2}{1 - z^2} - 1} - \operatorname{arc\,tg}\frac{y}{x}\right)\right) = 0$$

nach z.

Teillösung und geometrische Interpretation der DGl und Charakteristiken bei Goursat, Équations du premier ordre, S. 248.

$(x p + y q)^2 = z^2(p q + 1)$ 6·98

Aus den charakteristischen Glen findet man das Vorintegral q/p; man kann nun weiter nach D 9·3 verfahren.

Setzt man

$$z(x, y) = \zeta(\xi), \quad \xi = A x + B y,$$

so wird aus der DGl

$$\xi^2 \zeta'^2 = \zeta^2(A B \zeta'^2 + 1).$$

Das ist eine homogene DGl im Sinne von I A 4·6 (b). Man erhält aus ihr

$$\log\left|\zeta\left(\xi \pm \sqrt{\xi^2 - A B \zeta^2}\right)\right| = C - \frac{\xi}{\xi \pm \sqrt{\xi^2 - A B \zeta^2}},$$

und hieraus durch Eintragen von x, y, z und Auflösen nach z ein vollständiges Integral.

6·99 $(xp + yq)^2 - z(xp + yq) = pq$

Durch die LEGENDREsche Transformation D 11·14 erhält man die quasilineare DGl 2·52

$$X Z Z_X + Y Z Z_Y = X Y.$$

Integrale dieser DGl erhält man aus

$$Z^2 = X Y + \Omega\left(\frac{Y}{X}\right)$$

mit willkürlichem Ω. Integrale der ursprünglichen DGl sind daher durch die Parameterdarstellung gegeben:

$$z = -\frac{1}{Z}\,\Omega\left(\frac{Y}{X}\right), \quad 2xZ = Y - \frac{Y}{X^2}\,\Omega'\left(\frac{Y}{X}\right), \quad 2yZ = X + \frac{1}{X}\,\Omega'\left(\frac{Y}{X}\right),$$
$$Z^2 = X\,Y + \Omega\left(\frac{Y}{X}\right).$$

FORSYTH-JACOBSTHAL, DGlen, S. 388, Beisp. 2 (1), S. 823.

6·100 $(xp + yq)^2 - a^2(p^2 + q^2 + 1) = 0$

Aus den charakteristischen Glen erhält man das Vorintegral q/p. Wird $q = p \operatorname{tg} A$ gesetzt, so erhält man aus der gegebenen DGl

$$\frac{p}{\cos A} = \frac{q}{\sin A} = \pm \frac{a}{\sqrt{(x \cos A + y \sin A)^2 - a^2}},$$

also

$$z = a \operatorname{Ar} \operatorname{Cof} \frac{x \cos A + y \sin A}{a} + B.$$

Man kann auch $z(x, y) = \zeta(\varrho, \vartheta)$, $x = \varrho \cos\vartheta$, $y = \varrho \sin\vartheta$ setzen und erhält dann die DGl mit getrennten Veränderlichen

$$\frac{\varrho^2}{a^2}\left[(\varrho^2 - a^2)\,\zeta_\varrho^2 - a^2\right] = \zeta_\vartheta^2.$$

Werden linke und rechte Seite gleich A^2 gesetzt, so ergibt sich

$$\zeta = a \log \sqrt{\frac{\sigma+1}{\sigma-1}} - A \operatorname{arc\,tg} \frac{a\sigma}{A} + A\vartheta + B \quad \text{mit} \quad \sigma^2 = \frac{\varrho^2 + A^2}{\varrho^2 - a^2}$$

JULIA, Exercices d'Analyse IV, S. 116—118.

6·101 $(xp + yq)^2 + p^2 + q^2 - z(xp + yq) = 0$

Mit der LEGENDREschen Transformation D 11·14 erhält man die lineare DGl 2·53

$$X Z Z_X + Y Z Z_Y = -X^2 - Y^2.$$

Aus den Lösungen

(1) $$X^2 + Y^2 + Z^2 = \Omega(u), \quad u = \frac{Y}{X}$$

dieser Gl, wo $\Omega(u)$ eine beliebige stetig differenzierbare Funktion mit $\Omega\left(\frac{Y}{X}\right) > X^2 + Y^2$ in einem gewissen X, Y-Bereich ist, erhält man für die ursprüngliche DGl die Lösungen in der Parameterdarstellung

$$z = x\,Y + y\,Y - Z, \quad x = -\frac{X}{Z} - \frac{Y}{2\,X^2 Z}\,\Omega'(u), \quad y = -\frac{Y}{Z} + \frac{1}{2\,X\,Z}\,\Omega'(u),$$

wozu noch (I) kommt. Außerdem sind noch die Funktionen $z = \text{const}$ Integrale.

$(x\,p + y\,q - z)^2 = p\,q$ 6·102

Die DGl zerfällt in die beiden CLAIRAUTschen DGlen

$$z = x\,p + y\,q \pm \sqrt{p\,q}$$

mit den vollständigen Integralen

$$z = A\,x + B\,y \pm \sqrt{A\,B}, \quad A\,B \geq 0.$$

Singuläre Integrale sind nicht vorhanden.

MORRIS-BROWN, Diff. Equations, S. 293 (31), 395.

$(x\,p + y\,q - z)^2 = a\,p^2 + b\,q^2 + c$ 6·103

Die DGl zerfällt in die beiden CLAIRAUTschen DGlen

$$z = x\,p + y\,q \pm \sqrt{a\,p^2 + b\,p^2 + c}$$

mit den vollständigen Integralen

$$z = A\,x + B\,y \pm \sqrt{a\,A^2 + b\,B^2 + c}.$$

Die singulären Integrale erhält man aus

$$\frac{x^2}{a} + \frac{y^2}{b} + \frac{z^2}{c} = 1.$$

FORSYTH-JACOBSTHAL, DGlen, S. 386, Beisp. 1 (3), S. 822.

$(x\,p + y\,q - z)^2 = x\,p^2 + y\,q^2$ 6·104

Durch die LEGENDREsche Transformation erhält man die quasilineare DGl 2·39

(I) $$X^2\,Z_X + Y^2\,Z_Y = Z^2.$$

Lösungen dieser DGl sind die Funktionen

$$Z = \left[\frac{1}{X} + \Omega\left(\frac{X - Y}{X\,Y}\right)\right]^{-1}$$

bei willkürlichem, stetig differenzierbarem Ω. Damit erhält man für die ursprüngliche DGl die Lösungen in einer Darstellung mit den Parametern X, Y:

$$z = [u\,\Omega'(u) - \Omega(u)]\,Z^2, \quad x = \frac{Z^2}{X^2}\,[1 - \Omega'(u)], \quad y = \frac{Z^2}{Y^2}\,\Omega'(u)$$

mit

$$u = \frac{X - Y}{X Y}, \quad Z = \left[\frac{1}{X} + \Omega(u)\right]^{-1}.$$

Behandelt man die DGl als gleichgradige DGl nach D 11·10, d. h. setzt man

$$Z(X, Y) = \zeta(\xi, \eta), \quad \xi = \frac{1}{X}, \quad \eta = \frac{1}{Y},$$

so entsteht die DGl D 11·3

$$\zeta_\xi + \zeta_\eta + \zeta^2 = 0.$$

Man erhält damit für (1) das vollständige Integral

$$\frac{1}{Z} = \frac{A}{X} + \frac{B}{Y} + C \quad \text{mit} \quad A + B = 1$$

und hieraus für die ursprüngliche DGl das vollständige Integral

$$\sqrt{-Cz} = \sqrt{Ax} + \sqrt{By} - 1.$$

Teillösung bei FORSYTH-JACOBSTHAL, DGlen, S. 388, Beisp. 2 (3), S. 824.

6·105 $(xp + yq - z)^2 = [a^2(x^2 + y^2 + z^2 + 1) - 1]\,(p^2 + q^2 + 1)$

Geht man nach D 12·3 (a) zu einer DGl über, welche die gesuchte Funktion selbst nicht enthält, d. h. bestimmt man $z(x, y)$ aus einer Gl $w(x, y, z) = 0$, so erhält man für w die DGl 7·20

$$(x w_x + y w_y + z w_z)^2 = [a^2(x^2 + y^2 + z^2 + 1) - 1]\,(w_x^2 + w_y^2 + w_z^2).$$

Vgl. auch JULIA, Exercices d'Analyse IV, S. 159—162.

6·106 $(xp + yq - z)^2 = a^2(x^2 + y^2 + z^2)^2\,(p^2 + q^2 + 1)$

Ein vollständiges Integral erhält man aus

$$(x - A)^2 + (y - B)^2 + (z - C)^2 = \frac{1}{4a^2}$$

mit

$$A^2 + B^2 + C^2 = \frac{1}{4a^2}.$$

Singuläres Integral ist $x^2 + y^2 + z^2 = \frac{1}{a^2}$.

FORSYTH-JACOBSTHAL, DGlen, S. 426, 2, S. 836.

6·107 $(xp + yq - z)^2 = f(x^2 + y^2)\,(p^2 + q^2)$

Aus den charakteristischen Glen erhält man $(yp - xq)/z$ als **Vorintegral** im weiteren Sinne. Setzt man dieses gleich A, so kann man mit Benutzung der gegebenen Gl p, q berechnen und dann durch Integration z finden. Vgl. dazu 9·3, Beispiel 2.

Setzt man $\log|z(x, y)| = \zeta(\varrho, \vartheta)$, $x = \varrho\cos\vartheta$, $y = \varrho\sin\vartheta$, so wird aus der DGl

$$(\varrho\,\zeta_\varrho - 1)^2 = f(\varrho^2)\left(\zeta_\varrho^2 + \frac{1}{\varrho^2}\,\zeta_\vartheta^2\right).$$

Hierin lassen sich die Variablen trennen.

JULIA, Exercices d'Analyse IV, S. 198ff.

$x^2(x\,p + y\,q - z)^2 = y^2\,q$; Typus D II·7. 6·108

Aus den charakteristischen Glen erhält man das Vorintegral $\left(\frac{y}{x}\right)^2 q$. Setzt man dies gleich A^2 (auf Grund der gegebenen Gl muß $q \geq 0$ sein), so erhält man mit Benutzung der gegebenen Gl die Glen

$$q = \left(\frac{A\,x}{y}\right)^2, \quad x\,p + \frac{A\,x^2}{y} - z = A,$$

und hieraus durch Integration

$$z = -\frac{A^2\,x^2}{y} + A + B\,x;$$

das sind Kegel, deren Scheitel auf der z-Achse liegen.

JULIA, Exercices d'Analyse IV, S. 174—176.

$(x^2 + y^2 - 1)\,[(x\,p + y\,q - z)^2 - (p^2 + q^2)] + z^2 = 0$ 6·109

Für $\zeta(\varrho, \vartheta) = z(x, y)$, $x = \varrho\cos\vartheta$, $y = \varrho\sin\vartheta$ erhält man die DGl 6·87

$$(\varrho^2 - 1)\,[\varrho^2(\varrho\,\zeta_\varrho - \zeta)^2 - \varrho^2\,\zeta_\varrho^2 - \zeta_\vartheta^2] + \varrho^2\,\zeta^2 = 0.$$

Vgl. auch FORSYTH, Diff. Equations V, S. 188f.

$f(x, y)\,p^2 + g(x, y)\,p\,q + h(x, y)\,q^2 = k(x, y)$ 6·110

In der DGeometrie tritt die DGl in folgender Gestalt auf:

$$E\left(\frac{\partial\vartheta}{\partial v}\right)^2 - 2\,F\,\frac{\partial\vartheta}{\partial u}\,\frac{\partial\vartheta}{\partial v} + G\left(\frac{\partial\vartheta}{\partial u}\right)^2 = E\,G - F^2;$$

dabei sind die Fundamentalgrößen E, F, G gegeben. Ist $\vartheta = \vartheta(u, v)$ eine Lösung, so sind die durch $\vartheta = \text{const}$ gegebenen Kurven geodätisch parallel, und es ist ϑ der von einer festen Kurve $\vartheta = \vartheta_0$ an gerechnete Bogen der orthogonalen geodätischen Linien.

Vgl. BIANCHI, DGeometrie, S. 160.

$(f_x\,p + f_y\,q - f_z)^2 = (f_x^2 + f_y^2 + f_z^2 - 1)\,(p^2 + q^2 + 1)$, $f = f(x, y, z)$. 6·111

Für eine geometrische Interpretation der Aufgabe s. S. LIE, Math. Annalen 5 (1872) 198f.

6·112—6·127. Gleichungen dritten und vierten Grades in p, q.

6·112 $p^3 = a q + b x$; DGl mit getrennten Veränderlichen.

$$z = \frac{3}{4b}(b x + A)^{\frac{4}{3}} + \frac{A}{a} y + B.$$

6·113 $5 p^3 + (x - 2) p + (y - 1) q = z$; CLAIRAUTsche DGl.

Ein vollständiges Integral ist

$$z = A x + B y + 5 A^3 - 2 A - B.$$

Integrale sind auch

$$z = -10\left(\frac{2 - x}{15}\right)^{\frac{3}{2}} + C(y - 1).$$

Ein singuläres Integral gibt es nicht.

6·114 $p^3 - y^3 q = x^2 - y^2$; DGl mit getrennten Veränderlichen.

$$z = \log|y| - \frac{A}{2 y^2} + \int \sqrt[3]{x^2 + A}\, dx + B.$$

6·115 $p^3 = z q$; Typus D 11·3.

$$z = \frac{A}{4}(x + A y + B)^2.$$

6·116 $p^3 = a z^2 q$; Typus D 11·3.

$$z = B \exp\left[\pm \sqrt{a A}\,(x + A y)\right].$$

6·117 $p^3 = q^2$; Typus D 11·2.

$$z = A^2 x + A^3 y + B.$$

6·118 $y^2 p^3 + x p + 3 y q = 0$, s. D 14·8 (c).

6·119 $p^2 q = x^2 y$; DGl mit getrennten Veränderlichen.

$$z = \frac{A x^2}{2} + \frac{y^2}{2 A^2} + B.$$

MORRIS-BROWN, Diff. Equations, S. 293 (25), 394.

6·120 $(p^2 + a) q = (b z + c) p$; Typus D 11·3.

$$z = \frac{b}{4 A B}(A x + B y + C)^2 + \frac{a B - A c}{A b}.$$

G. IMSCHENETSKY, Arch. Math. 50 (1869) 309—311. FORSYTH-JACOBSTHAL, DGlen, S. 383, Beisp. 2 (3), S. 821.

$p^2(q+a) = (bz+c)\,q$; Typus D 11·3. 6·121

$$bB(Ax+By+C) = AR + aA^2\log|R-aA| \quad \text{mit} \quad R^2 = 4bB^2z + a^2A^2 + 4cB^2.$$

$(xp+yq+z)\,q^2 + p^2 = 0$ 6·122

Aus den charakteristischen Glen erhält man das Vorintegral p/q. Wird dieses gleich A gesetzt, so erhält man mit der gegebenen DGl die Glen

$$p = -A\frac{z+A^2}{Ax+y}, \quad q = -\frac{z+A^2}{Ax+y}$$

und hieraus das vollständige Integral

$$z = -A^2 + \frac{B}{Ax+y}.$$

Julia, Exercices d'Analyse IV, S. 109f.

$(xp+yq-z)^3 + 27pq = 0$ 6·123

Das ist die Clairautsche DGl

$$z = xp + yq + 3\sqrt[3]{pq}.$$

Ein vollständiges Integral ist

$$z = Ax + By + 3\sqrt[3]{AB},$$

singuläres Integral ist $xyz = 1$.

Forsyth-Jacobsthal, DGlen, S. 386, Beisp. 2 (4), S. 822.

$(xp+yq)\,pq - xp^2 - yq^2 - (x+y+z-1)\,pq + z(p+q) = 0$ 6·124

Die DGl läßt sich als Clairautsche DGl

$$z = xp + yq + \frac{pq}{pq-p-q}$$

schreiben, falls der Nenner $\neq 0$, d. h. die trivialen Integrale $z = C$ ausgeschlossen sind. Damit erhält man das vollständige Integral

$$z = Ax + By + \frac{AB}{AB-A-B}$$

oder bei anderer Bezeichnung der Konstanten

$$z = (A+B-1)\left(\frac{x}{A} + \frac{y}{B} - 1\right).$$

Singuläres Integral ist

$$z = \left(\sqrt{x} + \sqrt{y} + 1\right)^2.$$

6·125 $9(p^2 - 2z)^2 = 4q^3$; Typus D II·3.

Die DGl läßt sich auch mit dem Ansatz $z = u(x) + v(y)$ lösen. Man erhält das vollständige Integral

$$z = \frac{(x+A)^2}{2} + \frac{(y+B)^3}{3}.$$

Singuläre Integrale sind $z = 0$ und $z = \frac{(x+A)^2}{2}$.

GOURSAT, Équations du premier ordre, S. 234f.

6·126 $z^2 p^2 q^2 = y^2 p^2 + x^2 q^2$; gleichgradige DGl.

Für
$$z(x, y) = \zeta(\xi, \eta), \quad \xi = x^2, \quad \eta = y^2$$
entsteht die DGl D II·3
$$4\zeta^2 \zeta_\xi^2 \zeta_\eta^2 = \zeta_\xi^2 + \zeta_\eta^2.$$
Hieraus erhält man $z = C$ und das vollständige Integral
$$z^2 = \frac{\sqrt{A^2+1}}{A}(x^2 + A y^2) + B.$$

6·127 $(xp + yq - z)^2 (xp^2 + yq^2) = p^2 q^2$

Durch die LEGENDREsche Transformation D II·13 entsteht die quasilineare DGl 2·64
$$X^2 Z^2 Z_X + Y^2 Z^2 Z_Y = X^2 Y^2.$$
Integrale dieser DGl erhält man aus
$$Z^3 \left(\frac{1}{X} - \frac{1}{Y}\right)^3 - 3\left(\frac{Y}{X} - \frac{X}{Y}\right) + 6 \log\left|\frac{Y}{X}\right| = \Omega\left(\frac{1}{X} - \frac{1}{Y}\right),$$
wo Ω eine beliebige stetig differenzierbare Funktion ist. Diese Gl liefert zusammen mit
$$x = Z_X, \quad y = Z_Y, \quad z = xX + yY - Z$$
eine Parameterdarstellung der eigentlich gesuchten Integrale $z(x, y)$.

FORSYTH-JACOBSTHAL, DGlen, S. 388, Beisp. 2 (4), S. 824.

6·128—6·139. Rest.

6·128 $\sqrt{p} + \sqrt{q} = ax$; DGl mit getrennten Veränderlichen.

$$z = \frac{(ax - A)^3}{3a} + A^2 y + B \quad \text{für} \quad ax > A.$$

FORSYTH-JACOBSTHAL, DGlen, S. 385, Beisp. 2 (4), S. 822.

$\sqrt{p^2+q^2+1}+xp+yq=z$; Clairautsche DGl. 6·129

Ein vollständiges Integral ist

$$z = Ax + By + \sqrt{A^2+B^2+1}.$$

Singuläres Integral ist die obere Hälfte ($z > 0$) der Kugel

$$x^2+y^2+z^2=1.$$

Integrale sind allgemein die Flächen, deren sämtliche Tangentialebenen vom Nullpunkt den Abstand 1 haben.

Mansion, Équations du premier ordre, S. 16f.

$\sqrt{\sqrt{q}-p}+xp+yq=z$; Clairautsche DGl. 6·130

Ein vollständiges Integral ist

$$z = Ax + By + \sqrt{\sqrt{B}-A}$$

oder in anderer Bezeichnung der Konstanten

$$z = (A-B^2)\,x + A^2\,y + B.$$

Singuläres Integral ist

$$z = \frac{1}{4x} - \frac{x^2}{4y} \quad \text{für} \quad x > 0, \quad y < 0.$$

$(pq)^a = xp - yq$ 6·131

Aus den charakteristischen Glen erhält man das Vorintegral pq. Wird dieses gleich A gesetzt, so erhält man mit Benutzung der gegebenen Gl die Glen

$$p = \frac{A^a}{2x} \pm \frac{1}{2x}\sqrt{4xyA + A^{2a}}, \quad q = \frac{A}{p},$$

und hieraus das vollständige Integral

$$A^{-a}z = \frac{1}{2}\log\left|\frac{x}{y}\right| \pm R \pm \frac{1}{2}\log\left|\frac{R-1}{R+1}\right| + B \quad \text{mit} \quad R = \sqrt{4xyA^{1-2a}+1}.$$

$(p^2+q^2)^a = xq - yp$ 6·132

Aus den beiden letzten charakteristischen Glen erhält man das Vorintegral p^2+q^2. Setzt man dieses gleich A, so bekommt man zur Berechnung eines vollständigen Integrals die beiden Glen

$$z_x = \frac{-A^a y + xR}{x^2+y^2}, \quad z_y = \frac{A^a x + yR}{x^2+y^2} \quad \text{mit} \quad R^2 = A(x^2+y^2) - A^{2a}.$$

Man kann auch die Transformation

$$z(x,y) = \zeta(\varrho,\vartheta), \quad x = \varrho\cos\vartheta, \quad y = \varrho\sin\vartheta$$

vornehmen. Man bekommt dann die DGl D II·4

$$\zeta_\varrho^2 = \zeta_\vartheta^{\frac{1}{a}} - \frac{\zeta_\vartheta^2}{\varrho^2}$$

und damit das vollständige Integral

$$\zeta = A\,\vartheta + B + \int \sqrt{A^{\frac{1}{a}} - \frac{A^2}{\varrho^2}}\, d\varrho\,.$$

6·133 $(p^2 - q^2)^a = y\,p + x\,q$

Für $z(x, y) = \zeta(\xi, \eta),\quad 2\,\xi = x + y,\quad 2\,\eta = x - y$
entsteht die DGl 6·131

$$(\zeta_\xi\,\zeta_\eta)^a = \xi\,\zeta_\xi - \eta\,\zeta_\eta\,.$$

6·134 $(x\,p - y\,q)^a = p\,q$ s. 6·131.

6·135 $\left(\frac{p}{\cos^2 x}\right)^a + \left(\frac{q}{\sin^2 y}\right)^b z^c = z^{\frac{a\,c}{a-b}}$ s. D II·10.

6·136 $e^p = x(q + y)$; DGl mit getrennten Veränderlichen.

$$z = A\,y - \frac{y^2}{2} + x\log(A\,x) - x + B\,.$$

Kamke, DGlen 1930, S. 377, 430.

6·137 $\log p + a\,y^2(p + q) - 2\,a\,y\,z - 2\log y = b$

Aus den charakteristischen Glen erhält man das Vorintegral p/y^2. Man kann nun weiter nach D 9·3 verfahren. — Man kann auch die Transformation $z = y^2\,u(x, y)$ vornehmen. Man erhält für u die DGl D II·4

$$u_y = \frac{b - \log u_x}{a\,y^4} - u_x\,.$$

Mit beiden Methoden erhält man das vollständige Integral

$$z = A\,x\,y^2 - A\,y^3 + \frac{\log A - b}{3\,a\,y} + B\,y^2.$$

J. Graindorge, Mémoires Liège (2) 5 (1873) 70—72.

6·138 $\log p\,q + x\,p + y\,q = z$; Clairautsche DGl.

Ein vollständiges Integral ist

$$z = A\,x + B\,y + \log A\,B \quad \text{für} \quad A\,B > 0.$$

Singuläres Integral ist

$$z = -2 - \log x y \quad \text{für} \quad x y > 0.$$

MORRIS-BROWN, Diff. Equations, S. 293 (39), 395.

$p = \sin x q$; Typus D 11·4. 6·139

$$z = \frac{1}{A} \cos A x - A y + B.$$

7. Nichtlineare Differentialgleichungen mit drei unabhängigen Veränderlichen.

7·1—7·7. Gleichungen mit ein oder zwei quadratischen Gliedern der Ableitungen.

$p_1^2 + 2 x_2 x_3 p_1 + 2 x_1 x_3 p_2 + 2 p_3 = 0$ 7·1

Aus den charakteristischen Glen erhält man die Vorintegrale

$$(p_1 + p_2) \exp \frac{x_3^2}{2} \quad \text{und} \quad (p_1 - p_2) \exp\left(-\frac{x_3^2}{2}\right).$$

Werden diese gleich $2A$, $2B$ gesetzt, so bekommt man die Glen

$$p_1 = A \exp\left(-\frac{x_3^2}{2}\right) + B \exp \frac{x_3^2}{2},$$

$$p_2 = A \exp\left(-\frac{x_3^2}{2}\right) - B \exp \frac{x_3^2}{2},$$

die zusammen mit der gegebenen Gl ein vollständiges System bilden. Aus den drei Glen kann man auch noch p_3 berechnen und erhält damit das vollständige Integral

$$z = A(x_1 + x_2) e^{-X} + B(x_1 - x_2) e^{X} - A B x_3$$
$$- \frac{1}{2} \int (A^2 e^{-2X} + B^2 e^{2X})\, dx_3 + C \quad \text{mit} \quad 2X = x_3^2.$$

FORSYTH-JACOBSTHAL, DGlen, S. 419, Beisp. 5 (4), S. 832.

$a p_1^2 + b p_2^2 = x_3^2 p_3$; DGl mit getrennten Veränderlichen. 7·2

$$z = A x_1 + B x_2 - \frac{a A^2 + b B^2}{x_3} + C.$$

FORSYTH-JACOBSTHAL, DGlen, S. 419, Beisp. 5 (1), S. 831.

$p_1^2 + p_2^2 = z p_3 + z^2$; Typus D 13·2. 7·3

Der Ansatz

$$z = \zeta(\xi), \quad \xi = A x_1 + B x_2 + 2 C x_3$$

führt zu der gewöhnlichen DGl

$$(A^2 + B^2)\zeta'^2 = 2C\zeta\zeta' + \zeta^2$$

mit der Lösung

$$\log|\zeta| = \frac{\xi}{A^2 + B^2}\left(C \pm \sqrt{A^2 + B^2 + C^2}\right) + D.$$

FORSYTH-JACOBSTHAL, DGlen, S. 417, Beisp. 6 (1), S. 830.

7·4 $p_1^2 - p_2 p_3 = z(p_2 + p_3)$; Typus D 13·4.

Für $\zeta = \log|z|$ wird aus der DGl die DGl D 13·1

$$\zeta_{x_1}^2 = \zeta_{x_2}\zeta_{x_3} + \zeta_{x_2} + \zeta_{x_3}.$$

Ein vollständiges Integral ist daher

$$\log|z| = A x_1 + B x_2 + C x_3 + D \quad \text{mit} \quad A^2 = BC + B + C.$$

MORRIS-BROWN, Diff. Equations, S. 293 (44), 395.

7·5 $a(p_1 - p_2)p_3 + b x_3(x_2 p_1 + x_1 p_2) = c$

Aus den charakteristischen Glen erhält man die Vorintegrale

$$2a(p_1 - p_2) - b x_3^2, \quad p_1^2 - p_2^2, \quad (x_1 + x_2)(p_1 + p_2).$$

Die mit den beiden ersten gebildeten Glen

$$2a(p_1 - p_2) - b x_3^2 = A, \quad p_1^2 - p_2^2 = B$$

sind nach D 12·1 mit der gegebenen Gl, aber, wie leicht zu bestätigen ist, auch untereinander in Involution. Man erhält daher Integrale der gegebenen DGl, wenn man die drei Glen nach p_1, p_2, p_3 auflöst und dann integriert. Man bekommt

$$z = \frac{x_1 - x_2}{4a} X + aB\frac{x_1 + x_2}{X} + 2c\int\frac{dx_3}{X} + C \quad \text{mit} \quad X = b x_3^2 + A.$$

V. G. IMSCHENETSKY, Archiv Math. 50 (1869) 352—358; dort im Rahmen einer DGl mit sechs Veränderlichen. FORSYTH-JACOBSTHAL, DGlen, S. 417—419.

7·6 $2p_1(x_3 p_2 + x_2 p_3) + 2x_1 + x_2^2 = 0$

Durch die LEGENDREsche Transformation

$$x_\nu = Z_{X_\nu} = P_\nu, \quad p_\nu = X_\nu$$

erhält man die DGl 7·1

$$P_2^2 + 2X_1(X_3 P_2 + X_2 P_3) + 2P_1 = 0.$$

7·7 $x_1 z p_1(x_3 p_2 + x_2 p_3) = a(x_1 p_1 + 2z)$

In der DGl lassen sich die Veränderlichen trennen. Setzt man $z = u(x_1)\,v(x_2, x_3)$, so bekommt man

$$\frac{a}{x_1}\,\frac{x_1 u' + 2u}{u^2 u'} = A = v(x_3 v_{x_2} + x_2 v_{x_3}).$$

Der erste Teil liefert

$$u'\left(A\,u - \frac{a}{u}\right) = \frac{2\,a}{x_1}, \quad \text{also } \exp\frac{A\,u^2}{2\,a} = B\,x_1^2\,u.$$

Der zweite Teil ergibt für $w = v^2$ die lineare DGl

$$x_3\,w_{x_2} + x_2\,w_{x_3} = 2\,A$$

mit den Integralen

$$v^2 = 2\,A \log|x_2 + x_3| + \Omega(x_2^2 - x_3^2)$$

mit willkürlichem Ω.

7·8—7·14. Mehr als zwei quadratische Glieder der Ableitungen, und diese Glieder mit konstanten Koeffizienten.

$(p_1 + p_2)^2 = 2\,p_3 + z$; Typus D 13·2. 7·8

Der Ansatz

$$z = \zeta(\xi), \quad \xi = A\,x_1 + B\,x_2 + C\,x_3$$

führt zu der gewöhnlichen DGl

$$(A + B)^2\,\zeta'^2 = 2\,C\,\zeta' + \zeta$$

mit der Lösung

$$2\,u - 2\,C \log|u + C| = \xi + D, \quad u^2 = (A + B)^2\,\zeta + C^2.$$

Forsyth-Jacobsthal, DGlen, S. 417, Beisp. 3 (2), S. 830.

$a\,p_1^2 + b\,p_2^2 + c\,p_3^2 = 1$; Typus D 13·1. 7·9

Ein vollständiges Integral ist

$$z = A\,x_1 + B\,x_2 + C\,x_3 + D \quad \text{mit} \quad a\,A^2 + b\,B^2 + c\,C^2 = 1.$$

Über die Bedeutung der DGl im Falle $a = b = c$ für die geometrische Optik s. Courant-Hilbert, Methoden math. Physik II, S. 74ff. Hamilton-Prange, Strahlenoptik, S. 204. Haben alle Koeffizienten den Wert 1, so ergeben die mit den Lösungen z gebildeten Glen $z = \text{const}$ Parallelflächen; vgl. dazu Bianchi, DGeometrie, S. 511.

$a\,p_2\,p_3 + b\,p_3\,p_1 + c\,p_1\,p_2 = d$; Typus D 13·1. 7·10

Ein vollständiges Integral ist

$$z = A\,x_1 + B\,x_2 + C\,x_3 + D \quad \text{mit} \quad a\,B\,C + b\,C\,A + c\,A\,B = d.$$

$a_1\,p_1^2 + a_2\,p_2^2 + a_3\,p_3^2 = z$; Typus D 13·4. 7·11

$$z = \frac{(\Sigma\,A_\nu\,x_\nu + A)^2}{4\,\Sigma\,a_\nu\,A_\nu^2} \quad \text{oder auch} \quad z = \sum_{\nu=1}^{3}\frac{(x_\nu - A_\nu)^2}{4\,a_\nu}.$$

7·12 $p_1^2 + p_2^2 + p_3^2 = x_1^2 + x_2^2 + x_3^2$; DGl mit getrennten Veränderlichen.

$$z = \sum_{\nu=1}^{3} \int \sqrt{x_\nu^2 + A_\nu}\, dx_\nu + A_0 \quad \text{mit} \quad A_1 + A_2 + A_3 = 0.$$

FORSYTH-JACOBSTHAL, DGlen, S. 385, Beisp. 3, S. 822, Zeile 4ff.

7·13 $p_1^2 + p_2^2 + p_3^2 = x_1^2 + x_2^2 + x_3^2 + x_1 x_2 + x_2 x_3 + x_3 x_1$

Aus den charakteristischen Glen erhält man leicht Vorintegrale und mit diesen die in Involution befindlichen Glen

$$2(p_1 - p_2)^2 - (x_1 - x_2)^2 = A, \quad (p_1 + p_2 + p_3)^2 - 2(x_1 + x_2 + x_3)^2 = B.$$

Aus den drei Glen kann man p_1, p_2, p_3 und weiter z berechnen. Das etwas längere Ergebnis ist angegeben bei FORSYTH-JACOBSTHAL, DGlen, S. 419, Beisp. 5 (3), S. 831f.

7·14 $p_1^2 + p_2^2 + p_3^2 = 2(x_1 p_1 + x_2 p_2 + x_3 p_3)$

Aus den charakteristischen Glen erhält man z. B. die Vorintegrale p_3/p_1, p_2/p_1. Setzt man daher

$$A p_2 = B p_1, \quad A p_3 = C p_1,$$

so hat man ein vollständiges System von drei Glen. Man erhält aus ihnen

$$p_1 = \frac{2A(A x_1 + B x_2 + C x_3)}{A^2 + B^2 + C^2},$$

also

$$z = \frac{(A x_1 + B x_2 + C x_3)^2}{A^2 + B^2 + C^2}.$$

Die DGl kann auch noch auf andere Arten gelöst werden. Man erhält z. B. auch die Integrale

$$\frac{x_1^2}{z + A} + \frac{x_2^2}{z + B} + \frac{x_3^2}{z + C} = 1.$$

FORSYTH-JACOBSTHAL, DGlen, S. 523 (88); die dort unter (3) angegebene Funktion ist kein Integral, da dort $x_1 = x_2 = 0$ oder $x_3 = 0$ sein muß.

7·15—7·21. Rest der Gleichungen mit quadratischen Gliedern der Ableitungen.

7·15 $p_1(p_1 + p_2) + x_1 p_2(x_3 p_2 + p_3) = a x_1$

Aus den charakteristischen Gleichungen erhält man die Vorintegrale p_2, $p_3 + x_3 p_2$. Werden diese gleich A, B gesetzt, so erhält man mit der gegebenen Gl die drei in Involution befindlichen Glen

$$p_2 = A, \quad p_3 = -A x_3 + B, \quad p_1 = -\frac{A}{2} \pm \sqrt{(a - A B) x_1 + \frac{A^2}{4}}$$

und hieraus

$$z = -\frac{A}{2}x_1 \pm \frac{2}{3(a - AB)}\left((a - AB)x_1 + \frac{A^2}{4}\right)^{\frac{3}{2}} + A x_2 - \frac{A}{2}x_3^2 + B x_3 + C.$$

$p_1(p_1 + p_2) + x_1 p_2(x_3 p_2 + p_3) = x_1 z$; Typus D 13·4. 7·16

Für $z = \pm w^2$ entsteht die DGl 7·15

$$w_{x_1}(w_{x_1} + w_{x_2}) + x_1 w_{x_2}(x_3 w_{x_2} + w_{x_3}) = \pm \frac{x_1}{4}.$$

$p_1^2 + x_2 p_1 p_2 + x_1 x_2 p_2 p_3 + x_1 x_2^2 x_3 p_2^2 = x_1 z$; Typus D 13·4 7·17

Für $z = \pm u^2$ wird aus der DGl

$$q_1^2 + x_2 q_1 q_2 + x_1 x_2 q_2 q_3 + x_1 x_2^2 x_3 q_2^2 = \pm \frac{x_1}{4} \quad \text{mit} \quad q_\nu = u_{x_\nu}$$

Hierin lassen sich die Veränderlichen trennen. Setzt man

$$x_2 q_2 = A, \quad q_3 + A x_3 = B,$$

so bleibt

$$q_1^2 + A q_1 + A B x_1 = \pm \frac{x_1}{4}.$$

Aus diesen Glen erhält man

$$u = -\frac{A}{2}x_1 - \frac{v^3}{3(4AB \pm 1)} + A \log|x_2| + B x_3 - \frac{A}{2}x_3^2 + C$$

mit

$$v^2 = A^2 - (4AB \pm 1)x_1.$$

Etwas anders bei V. G. Imschenetsky, Archiv Math. 50 (1869) 350f.

$a_1(x_2 p_3 - x_3 p_2)^2 + a_2(x_3 p_1 - x_1 p_3)^2 + a_3(x_1 p_2 - x_2 p_1)^2 = 1$ 7·18

Aus den charakteristischen Glen erhält man die Vorintegrale

$$\Sigma x_\nu^2, \quad \Sigma x_\nu p_\nu; \quad \Sigma p_\nu^2$$

Die wirkliche Aufstellung der Lösungen erfordert längere Entwicklungen. Zu diesen s. L. Schlaefli, Annali Mat. (2) 2 (1869) 89—96. Mansion, Équations du premier ordre, S. 92—99

$z^2 p_1 p_2 + z p_2 p_3 + p_3 p_1 = 1$; Typus D 13·2. 7·19

$$\int \sqrt{ABz^2 + BCz + AC}\, dz = A x_1 + B x_2 + C x_3 + D.$$

Forsyth-Jacobsthal, DGlen, S. 383, Beisp. 2 (4), S. 821.

$(x_1 p_1 + x_2 p_2 + x_3 p_3)^2 = [a^2(x_1^2 + x_2^2 + x_3^2 + 1) - 1](p_1^2 + p_2^2 + p_3^2)$ 7·20

Für $z(x_1, x_2, x_3) = \zeta(\varrho, \varphi, \psi)$,

$$x_1 = \varrho \sin\varphi \cos\psi, \quad x_2 = \varrho \sin\varphi \sin\psi, \quad x_3 = \varrho \cos\varphi$$

entsteht die DGl

$$\zeta_\varphi^2 + \frac{\zeta_\psi^2}{\sin^2\varphi} = (1-a^2)\,\frac{\varrho^2(\varrho^2+1)}{a^2\varrho^2+a^2-1}\,\zeta_\varrho^2 .$$

Das ist eine DGl mit getrennten Veränderlichen. Werden linke und rechte Seite gleich A^2 gesetzt, so hat man die Glen

$$(1)\qquad \zeta_\varrho = \frac{A}{\sqrt{1-a^2}}\,\frac{1}{\varrho}\sqrt{a^2-\frac{1}{\varrho^2+1}},$$

$$(2)\qquad \zeta_\psi^2 = (A^2-\zeta_\varphi^2)\sin^2\varphi .$$

In der letzten Gl sind wieder die Variablen getrennt. Setzt man linke und rechte Seite gleich B^2, so hat man noch die Glen

$$(3)\qquad \zeta_\psi = B,$$

$$(4)\qquad \zeta_\varphi = \pm\sqrt{A^2-\frac{B^2}{\sin^2\varphi}}.$$

Es wird also

$$\zeta = \frac{A}{\sqrt{1-a^2}}\,I_1 + B\psi + I_2 + C,$$

wobei

$$I_1 = \int\frac{1}{\varrho}\sqrt{a^2-\frac{1}{\varrho^2+1}}\,d\varrho = \frac{a}{2}\log\frac{\sigma+a}{\sigma-a} - \sqrt{1-a^2}\,\operatorname{arc\,tg}\frac{\sigma}{\sqrt{1-a^2}}$$

mit

$$\sigma^2 = a^2 - \frac{1}{\varrho^2+1},$$

und

$$I_2 = A\,\arcsin\frac{u}{\sqrt{A^2-B^2}} - B\,\operatorname{arc\,tg}\frac{u}{B\cos\varphi}$$

mit

$$u^2 = A^2\sin^2\varphi - B^2.$$

Vgl. auch 6·105.

7·21 $2\,z\,e^{x_1}(e^{-x_1}p_1 + e^{-x_2}p_2)^2 = p_3$; Typus D 13·4.

Für $w = z^2$, $q_\nu = w_{x_\nu}$ wird aus der DGl die DGl mit getrennten Veränderlichen

$$(e^{-x_1}q_1 + e^{-x_2}q_2)^2 = e^{-x_3}q_3 .$$

Damit erhält man das vollständige Integral

$$z^2 = A\,e^{x_1} + B\,e^{x_2} + (A+B)^2\,e^{x_3} + C.$$

Morris-Brown, Diff. Equations, S. 293 (45), 395.

7·22—7·31. Gleichungen höheren Grades in den Ableitungen.

$p_1 p_2 p_3 = x_1 x_2 x_3$; DGl mit getrennten Veränderlichen. 7·22

$$z = A x_1^2 + B x_2^2 + C x_3^2 + D \quad \text{mit} \quad 8ABC = 1.$$

$p_1 p_2 p_3 = x_1 p_1 + x_2 p_2 + x_3 p_3$ 7·23

Aus den charakteristischen Glen erhält man die Vorintegrale p_2/p_1, p_3/p_1. Wird daher

$$A p_2 = B p_1, \quad A p_3 = C p_1$$

gesetzt, so bilden die drei Glen ein vollständiges System. Man erhält

$$p_1 = \sqrt{\frac{A}{BC}} \sqrt{A x_1 + B x_2 + C x_3}$$

und weiter

$$z = \frac{2}{3\sqrt{ABC}} (A x_1 + B x_2 + C x_3)^{\frac{3}{2}} + D.$$

Forsyth-Jacobsthal, DGlen, S. 419, Beisp. 5 (6), S. 832f.

$p_1 p_2 p_3 + x_1 p_1 + x_2 p_2 + x_3 p_3 = z$; Clairautsche DGl. 7·24

Ein vollständiges Integral ist

$$z = A x_1 + B x_2 + C x_3 + ABC.$$

Singuläres Integral ist $z^2 = -4 x_1 x_2 x_3$.

$p_1 p_2 p_3 = x_1 p_1^2 + x_2 p_2^2 + x_3 p_3^2$ 7·25

Aus den charakteristischen Glen erhält man leicht Vorintegrale. Bildet man mit diesen die Glen

$$\frac{1}{p_1} - \frac{1}{p_2} = A, \quad \frac{1}{p_1} - \frac{1}{p_3} = B,$$

so hat man drei Glen, die ein Involutionssystem bilden, und aus denen man p_1, p_2, p_3 und somit auch z berechnen kann. — Durch die Legendresche Transformation $x_\nu = P_\nu$, $p_\nu = X_\nu$ wird die DGl übergeführt in die lineare DGl 3·61

$$X_1^2 P_1 + X_2^2 P_2 + X_3^2 P_3 = X_1 X_2 X_3.$$

$p_1 p_2 p_3 - (x_2 x_3 p_2 p_3 + x_3 x_1 p_3 p_1 + x_1 x_2 p_1 p_2)$ 7·26
$+ x_1 x_2 x_3 (x_1 p_1 + x_2 p_2 + x_3 p_3) = 0$

Aus den charakteristischen Glen erhält man die Vorintegrale $x_1 p_1 - x_2 p_2$, $x_1 p_1 - x_3 p_3$. Nimmt man daher die Glen

$$x_2 p_2 = x_1 p_1 + A, \quad x_3 p_3 = x_1 p_1 + B$$

zu der gegebenen Gl hinzu, so hat man ein Involutionssystem. Die Elimination führt auf eine kubische Gl für p_1.

FORSYTH-JACOBSTHAL, DGlen, S. 427, Beisp. 7 (4), S. 841.

7·27 $(a_1 p_1 - z)(a_2 p_2 - z)(a_3 p_3 - z) = p_1 p_2 p_3$

Für $\zeta(x_1, x_2, x_3) = \log |z|$ wird aus der DGl die Gl D 13·1

$$(a_1 \zeta_{x_1} - 1)(a_2 \zeta_{x_2} - 1)(a_3 \zeta_{x_3} - 1) = \zeta_{x_1} \zeta_{x_2} \zeta_{x_3}$$

mit dem vollständigen Integral

$$\zeta = A_1 x_1 + A_2 x_2 + A_3 x_3 + A_0,$$

wo

$$(a_1 A_1 - 1)(a_2 A_2 - 1)(a_3 A_3 - 1) = A_1 A_2 A_3$$

sein muß.

FORSYTH-JACOBSTHAL, DGlen, S. 417, Beisp. 3 (3), S. 830 für $a_\nu = 1$.

7·28 $z p_1 p_2 p_3 = x_1 x_2 x_3$; Typus D 13·4.

Man setze $z = u^\lambda$. Dann wird aus der DGl

$$\lambda^3 u^{4\lambda-3} u_{x_1} u_{x_2} u_{x_3} = x_1 x_2 x_3,$$

also für $\lambda = \frac{3}{4}$ die DGl mit getrennten Veränderlichen

$$\frac{u_{x_1}}{x_1} \frac{u_{x_2}}{x_2} \frac{u_{x_3}}{x_3} = \left(\frac{4}{3}\right)^3.$$

Man erhält hieraus das vollständige Integral

$$\frac{3}{2} z^{\frac{4}{3}} = A x_1^2 + B x_2^2 + C x_3^2 + D \quad \text{für} \quad A B C = 1.$$

FORSYTH-JACOBSTHAL, DGlen, S. 381, Beisp. 3 (7), S. 821.

7·29 $a z p_1 + b z^2 p_2^2 + c z^3 p_3^3 = 1$

Für $w = z^2$ erhält man die DGl D 13·1

$$\frac{a}{2} q_1 + \frac{b}{4} q_2^2 + \frac{c}{8} q_3^3 = 1$$

(dabei ist $q_\nu = w_{x_\nu}$). Ein vollständiges Integral der gegebenen DGl ist daher

$$z^2 = A x_1 + B x_2 + C x_3 + D \quad \text{mit} \quad \frac{a}{2} A + \frac{b}{4} B^2 + \frac{c}{3} C^3 = 1$$

$p_1^2 + z\,p_2^2 + z^2 p_3^2 = z^3 p_1 p_2 p_3$; Typus D 13·2. 7·30

$$A\,B\,C \int \frac{z^3}{A^2 + B^2 z + C^2 z^2}\,dz = A\,x_1 + B\,x_2 + C\,x_3 + D.$$

FORSYTH-JACOBSTHAL, DGlen, S. 383, Beisp. 2 (5), S. 821.

$p_1^n + p_2^n + p_3^n = 1$; Typus D 13·1. 7·31

$$z = A\,x_1 + B\,x_2 + C\,x_3 + D \quad \text{mit} \quad A^n + B^n + C^n = 1.$$

8. Nichtlineare Differentialgleichungen mit mehr als drei unabhängigen Veränderlichen.

$p_1 p_2 + p_3 p_4 + x_1 p_1 + x_2 p_2 + x_3 p_3 + x_4 p_4 = z$; CLAIRAUTsche DGl. 8·1

Ein vollständiges Integral ist

$$z = \Sigma A_\nu x_\nu + (A_1 A_2 + A_3 A_4).$$

Singuläres Integral ist $z = -x_1 x_2 - x_3 x_4$.

$p_1 p_2 p_3 p_4 = x_1 p_1 + x_2 p_2 + x_3 p_3 + x_4 p_4$; Sonderfall von 8·13. 8·2

Aus den charakteristischen Glen erhält man die Vorintegrale p_ν/p_1 und hiermit die Glen

$$A_1 p_\nu = A_\nu p_1 \qquad (\nu = 2, 3, 4),$$

die zusammen mit der gegebenen Gl ein vollständiges System bilden. Die vier Glen lassen sich nach den p_ν auflösen. Damit erhält man

$$z = \frac{3}{4}\,\frac{(A_1 x_1 + \cdots + A_4 x_4)^{\frac{4}{3}}}{(A_1 \cdots A_4)^{\frac{1}{3}}} + A_0.$$

MORRIS-BROWN, Diff. Equations, S. 293 (47), 395.

$(p_1 - p_2)(p_3 + x_4)(p_4 + x_3) + x_2 p_1 + x_1 p_2 = 1$ 8·3

Die Veränderlichen lassen sich trennen. Man hat dann für eine willkürliche Konstante A die Glen

$$(p_3 + x_4)(p_4 + x_3) = A, \quad x_2 p_1 + x_1 p_2 + A(p_1 - p_2) = 1$$

zu lösen. Für die erste Gl findet man leicht das vollständige Integral

$$z_1 = -x_3 x_4 + B\,x_3 + \frac{A}{B}\,x_4.$$

Die zweite Gl ist linear, Integrale sind

$$z_2 = \log|x_1 + x_2| + \Omega\,[(x_1 + x_2)(x_1 - x_2 - 2A)]$$

mit beliebigem, stetig differenzierbarem Ω. Integrale der gegebenen DGl sind dann die Funktionen $z = z_1 + z_2$.

FORSYTH-JACOBSTHAL, DGlen, S. 420f.

8·4 $p_1^2 p_2^2 p_3^2 p_4^2 = x_1 p_1 + x_2 p_2 + x_3 p_3 + x_4 p_4$; Sonderfall von 8·13.

Zum Lösungsgang s. 8·2.

$$z = \frac{7}{8} \frac{(A_1 x_1 + \cdots + A_4 x_4)^{\frac{8}{7}}}{(A_1 \cdots A_4)^{\frac{1}{7}}} + A_0.$$

MORRIS-BROWN, Diff. Equations, S. 293 (48), 395.

8·5 $(p_1 + x_4 p_3) p_4 + (p_2 + x_5 p_3) p_5 = 0$

Da in der Gl x_1, x_2, x_3 nicht vorkommen, kann man

$$z = A x_1 + B x_2 + C x_3 + u(x_4, x_5)$$

ansetzen. Man erhält dann für u eine lineare homogene DGl mit dem Hauptintegral

$$u = \frac{C x_4 + A}{C x_5 + B}.$$

Allgemeiner sind Integrale der gegebenen DGl die Funktionen

$$z = \Omega\left(A x_1 + B x_2 + C x_3, \frac{C x_4 + A}{C x_5 + B}\right),$$

wo $\Omega(u, v)$ eine beliebige stetig differenzierbare Funktion sein darf. Ein vollständiges Integral ist auch

$$z = A x_1 + B x_2 + (A D - B C) x_3 + (C x_1 + D x_2 + E)(B x_4 - A x_5) + F.$$

Für eine geometrische Interpretation der Integrale s. S. LIE, Math. Annalen 5 (1872) 190f. Wird $z(x_1, \ldots, x_5) = F(x_1, \ldots, x_5)$ gesetzt, so sind die Charakteristiken der partiellen DGl $F(x, y, z, p, q) = 0$ Asymptotenlinien ihrer IFlächen. Vgl. auch GOURSAT, Équations du premier ordre, S. 251f.

8·6 $p_1 [p_5 + x_5(x_4 p_4 + x_5 p_5)] - p_2 [p_4 + x_4(x_4 p_4 + x_5 p_5)] + p_3(x_4 p_5 - x_5 p_4) = 0$

Da in der DGl x_1, x_2, x_3 nicht vorkommen, kann man

$$z = A x_1 + B x_2 + C x_3 + u(x_4, x_5)$$

ansetzen. Man erhält dann für u eine lineare homogene DGl mit dem Hauptintegral

$$u = \frac{(A x_4 + B x_5 - C)^2}{x_4^2 + x_5^2 + 1}.$$

Allgemeiner sind Integrale der gegebenen DGl die Funktionen

$$z = \Omega\left(A x_1 + B x_2 + C x_3, \frac{(A x_4 + B x_5 - C)^2}{x_4^2 + x_5^2 + 1}\right),$$

wo $\Omega(u, v)$ eine beliebige stetig differenzierbare Funktion sein darf. Integrale sind auch die Funktionen

$$z = \Omega(x_1 x_4 + x_2 x_5 - x_3, x_4, x_5).$$

Teillösungen bei DU BOIS-REYMOND, Partielle DGlen, S. 127—129. Geometrische Interpretation bei S. LIE, Math. Annalen 5 (1872) 194.

$$p_1 p_4 + (3x_2 + 2x_3)\, p_2 p_4 + (4x_2 + 5x_3)\, p_3 p_4 + [x_4 + x_5(p_2 - p_3)]\, p_4 p_5 + x_5 p_5^2 = 0$$ 8·7

Division durch p_4 ergibt

(1) $$p_1 + (3x_2 + 2x_3)\, p_2 + (4x_2 + 5x_3)\, p_3 + [x_4 + x_5(p_2 - p_3)]\, p_5 + x_5 \frac{p_5^2}{p_4} = 0.$$

Aus den charakteristischen Glen folgt

$$x_1 + \log|p_2 - p_3| = \text{const}, \quad 7x_1 + \log|p_2 + 2p_3| = \text{const},$$

also

(2) $$p_2 = 2A\, e^{-x_1} + B\, e^{-7x_1}, \quad p_3 = -A\, e^{-x_1} + B\, e^{-7x_1}.$$

Hiermit folgt aus den charakteristischen Glen weiter

$$\log\left|\frac{p_5}{p_4}\right| = 3A\, e^{-x_1} + \text{const},$$

also

$$p_5 = -C\, p_4 \exp(3A\, e^{-x_1})$$

und, wenn man damit nochmals in die charakteristischen Glen hineingeht,

(3) $$\begin{cases} p_4 = D \exp\left(C \int e^{3A\, e^{-x_1}}\, dx_1\right), \\ p_5 = -C D\, e^{3A\, e^{-x_1}} \exp\left(C \int e^{3A\, e^{-x_1}}\, dx_1\right). \end{cases}$$

Da die Glen (2) und (3) aus Vorintegralen von (1) gewonnen sind, sind sie zu (1) in Involution. Ferner sind sie offenbar untereinander in Involution. Daher haben die Glen (1), (2), (3) gemeinsame Lösungen. Durch Eintragen von (2) und (3) in (1) und Integration erhält man

$$z = A(2x_2 - x_3)\, e^{-x_1} + B(x_2 + x_3)\, e^{-7x_1} + D(x_4 - C x_5\, e^{3A\, e^{-x_1}}) \exp\left(C \int e^{3A\, e^{-x_1}}\, dx_1\right) + E.$$

V. G. Imschenetsky, Archiv Math. 50 (1869) 388—393; dort werden die Vorintegrale umständlicher, Schritt für Schritt durch das Jacobische Verfahren D 14·7 hergeleitet.

Man kann auch so vorgehen: Aus den charakteristischen Glen folgt auch

$$x_4 p_4 + x_5 p_5 = \text{const}, \quad \frac{p_4}{p_5}\, e^{p_2 - p_3} = \text{const},$$

also zusammen mit (2)

$$p_4 = \frac{C}{x_4 + D x_5 \exp 3A\, e^{-x_1}}, \quad p_5 = \frac{C D \exp 3A\, e^{-x_1}}{x_4 + D x_5 \exp 3A\, e^{-x_1}}.$$

Diese beiden Glen, zusammen mit (2) und der gegebenen Gl sind in Involution zueinander. Aus der gegebenen Gl kann man nun auch noch p_1

berechnen und erhält schließlich

$$z = A(2x_2 - x_3)e^{-x_1} + B(x_2 + x_3)e^{-7x_1}$$
$$+ C\log|x_4 + Dx_5 \exp 3Ae^{-x_1}| - CD\int \exp 3Ae^{-x_1}dx_1 + E.$$

Durch die LEGENDREsche Transformation geht die DGl in eine lineare DGl über.

FORSYTH-JACOBSTHAL, DGlen, S. 428f. (15), 844—846.

8·8 $(x_2 p_1 + x_1 p_2) x_3 + (p_1 - p_2) p_3 [p_4^2 + (x_4 + p_5)(x_6 + p_5) p_6] = a, \quad a \neq 0.$

Integrale erhält man für eine beliebige Konstante A durch Lösen der beiden Glen

(1) $$p_4^2 + (x_4 + p_5)(x_6 + p_5)p_6 = A,$$

(2) $$(x_2 p_1 + x_1 p_2)x_3 + A(p_1 - p_2)p_3 = a.$$

Sind $u(x_4, x_5, x_6)$ und $v(x_1, x_2, x_3)$ Integrale dieser beiden Glen, so ist $u + v$ ein Integral der gegebenen Gl. Da (1) frei von x_5 ist, erhält man Lösungen, wenn $p_5 = B$ als Konstante behandelt wird. Dann ist (1) eine DGl mit getrennten Veränderlichen, und man erhält

$$u = \frac{2}{3C}[A + C(x_4 + B)]^{\frac{3}{2}} + Bx_5 - C\log(x_6 + B).$$

Lösungen von (2) erhält man aus 7·5.

V. G. IMSCHENETSKY, Archiv Math. 50 (1869) 351—358 (mit Druckfehler in der Aufgabe). MANSION, Équations du premier ordre, S. 158—161.

8·9 $p_1 p_2 \cdots p_n = x_1 x_2 \cdots x_n$; DGl mit getrennten Veränderlichen.

$$2z = \sum_{\nu=1}^{n} A_\nu x_\nu^2 + A_0 \quad \text{mit} \quad A_1 \cdots A_n = 1$$

oder auch

$$(z - \zeta)^n = \left(\frac{n}{2}\right)^n \prod_{\nu=1}^{n} (x_\nu^2 - \xi_\nu) \quad \text{für beliebige } \zeta, \xi_\nu.$$

GOURSAT, Équations du premier ordre, S. 160. MANSION, Équations du premier ordre, S. 158, 236.

8·10 $p_1 p_2 \cdots p_n = x_1 p_1 + x_2 p_2 + \cdots + x_n p_n$; Sonderfall von 8·13.

Aus den charakteristischen Glen erhält man die Vorintegrale p_ν/p_1. Wird daher

$$A_1 p_\nu = A_\nu p_1 \qquad (\nu = 2, \ldots, n)$$

gesetzt, so erhält man ein vollständiges System von n Glen, und aus diesem das vollständige Integral

$$z = A_0 + \frac{n-1}{n}(A_1 \cdots A_n)^{\frac{1}{1-n}}(A_1 x_1 + \cdots + A_n x_n)^{\frac{n}{n-1}}.$$

$$p_1 p_2 \cdots p_n = (a_1 p_1 - z)(a_2 p_2 - z) \cdots (a_n p_n - z)$$ 8·11

Für $\zeta(x_1, \ldots, x_n) = \log|z|$ wird aus der DGl die DGl D 13·1

$$(a_1 \zeta_{x_1} - 1) \cdots (a_n \zeta_{x_n} - 1) = \zeta_{x_1} \cdots \zeta_{x_n}$$

mit dem vollständigen Integral

$$\zeta = A_0 + A_1 x_1 + \cdots A_n x_n \quad \text{für} \quad (a_1 A_1 - 1) \cdots (a_n A_n - 1) = A_1 \cdots A_n.$$

$$z = \sum_{\nu=1}^{n} x_\nu p_\nu + (n+1)(p_1 \cdots p_n)^{\frac{1}{n+1}};$$ CLAIRAUTsche DGl. 8·12

Ein vollständiges Integral ist

$$z = \sum_{\nu=1}^{n} A_\nu x_\nu + (n+1)(A_1 \cdots A_n)^{\frac{1}{n+1}};$$

singuläres Integral ist

$$z = \frac{(-1)^n}{x_1 \cdots x_n}.$$

$f(p_1, \ldots, p_n) = x_1 p_1 + \cdots + x_n p_n$, f eine homogene Funktion m-ten Grades. 8·13

Aus den Vorintegralen $\frac{p_\nu}{p_1}$ $(\nu = 2, \ldots, n)$ erhält man die Glen

$$p_\nu = \frac{A_\nu}{A_1} p_1 \qquad (\nu = 2, \ldots, n),$$

die zusammen mit der gegebenen Gl ein vollständiges System bilden. Daraus ergibt sich

$$p_\mu = A_\mu \left(\frac{\Sigma A_\nu x_\nu}{f(A_1, \ldots, A_n)}\right)^{\frac{1}{m}},$$

also

$$z = \frac{m-1}{m} \left(\frac{(\Sigma A_\nu x_\nu)^m}{f(A_1, \ldots, A_n)}\right)^{\frac{1}{m-1}} + C.$$

Mitteilung von G. LORENTZ.

$$f(p_1, \ldots, p_n) = \sum_{\nu=1}^{n} x_\nu f_\nu(p_\nu)$$ 8·14

Vorintegrale sind die Funktionen $F_\nu(p_\nu) - F_1(p_1)$ mit

$$F_\nu(p) = \int \frac{dp}{f_\nu(p)}.$$

Man löse das aus der gegebenen Gl und den Glen

$$F_\nu(p_\nu) - F_1(p_1) = A_\nu \qquad (\nu = 2, \ldots, n)$$

bestehende System nach den p_ν auf. Sind die Lösungen $p_\nu = P_\nu(x_1, \ldots, x_n)$, so ist

$$z = \int_{\xi_1, \ldots, \xi_n}^{x_1, \ldots, x_n} \sum_{\nu=1}^{n} P_\nu \, dx_\nu$$

ein Integral der gegebenen DGl.

Mitteilung von G. Lorentz.

9. Systeme von nichtlinearen Differentialgleichungen.

9·1 $F(p, q, z - xp - yq) = 0, \quad G(p, q, z - xp - yq) = 0$

Ist $F(a, b, c) = G(a, b, c) = 0$, so ist $z = ax + by + c$ eine gemeinsame Lösung.

Goursat, Équations du premier ordre, S. 290.

9·2 $p_1^2 + p_2^2 + p_3^2 = f(x_1^2 + x_2^2 + x_3^2), \quad x_2 p_1 - x_1 p_2 = 0$

Involutionssystem. Die zweite Gl ist linear, über ihre Lösungen kann man sich eine vollständige Übersicht verschaffen. Aus diesen Lösungen sind dann diejenigen auszuwählen, die auch die erste Gl erfüllen.

Eine IBasis der zweiten Gl ist offenbar $x_1^2 + x_2^2$, x_3. Integrale dieser Gl sind daher auch alle stetig differenzierbaren Funktionen $\zeta(\xi_1, \xi_2)$ mit $\xi_1 = \sqrt{x_1^2 + x_2^2}$, $\xi_2 = x_3$. Sollen diese Funktionen auch die erste Gl erfüllen, so muß

$$\zeta_{\xi_1}^2 + \zeta_{\xi_2}^2 = f(\xi_1^2 + \xi_2^2)$$

sein. Für diese DGl s. 6·64.

9·3 $p_1 p_2 = x_3 x_4, \quad p_3 p_4 = x_1 x_2$

Klammerbildung ergibt die Gl

$$x_1 p_1 + x_2 p_2 - x_3 p_3 - x_4 p_4 = 0.$$

Die drei Glen bilden ein vollständiges System. Auflösung nach p_1, p_2, p_3 führt zu

$$p_1 = \frac{x_2 x_3}{p_4}, \quad p_2 = \frac{x_4 p_4}{x_2}, \quad p_3 = \frac{x_1 x_2}{p_4}$$

oder

$$p_1 = \frac{x_4 p_4}{x_1}, \quad p_2 = \frac{x_1 x_3}{p_4}, \quad p_3 = \frac{x_1 x_2}{p_4}.$$

Jedes der beiden Systeme ist jetzt ein Involutionssystem. Das zweite geht aus dem ersten durch Vertauschung von x_1 mit x_2 (also auch von p_1 mit p_2) hervor. Die A. MAYERsche Transformation

$$Z(u, u_1, u_2, u_3, x_4) = z(x_1, x_2, x_3, x_4),$$
$$x_1 = u\,u_1, \quad x_2 - \xi_2 = u\,u_2, \quad x_3 = u\,u_3$$

ergibt für das erste System

$$Z_u = \frac{2\,u\,u_1\,u_3\,(u\,u_2 + \xi_2)}{Z_{x_4}} + \frac{u_2}{u\,u_2 + \xi_2}\,x_4\,Z_{x_4}.$$

(Da u das Intervall $0 \leq u \leq 1$ durchlaufen muß, erkennt man jetzt, daß die Einführung von $\xi_2 \neq 0$ notwendig war.) Da u_1, u_2, u_3, ξ_2 Parameter sind, ist das die DGl 6·52. Man erhält daher hier

$$Z = A\,(u\,u_2 + \xi_2)\,x_4 + \frac{u^2\,u_1\,u_3}{A} + B,$$

also

$$z = A\,x_2\,x_4 + \frac{x_1\,x_3}{A} + B.$$

Vertauschung von x_1 mit x_2 liefert die Integrale

$$z = A\,x_1\,x_4 + \frac{x_2\,x_3}{A} + B.$$

Vollständige Integrale sind auch

$$z = 2\sqrt{x_1\,x_3(x_2\,x_4 - A)} + B, \quad 2\sqrt{x_2\,x_3(x_1\,x_4 - A)} + B.$$

Für die Anwendung des JACOBIschen Lösungsverfahrens s. D 14·7.

V. G. IMSCHENETSKY, Archiv Math. 50 (1869) 405—408. M. COLLET, Annales École Norm. 7 (1870) 44—47. FORSYTH. Diff. Equations V, S. 125—127.

$p_1\,p_2\,p_3 = p_4, \quad x_1\,p_1 = x_2\,p_2 + x_4\,p_3 + x_3\,p_4$ 9·4

Klammerbildung liefert die Gl

$$p_1\,p_2\,p_4 = p_3.$$

Ist $p_1\,p_2 \equiv 0$, so folgt, daß alle $p_\nu \equiv 0$ sind; man erhält dann das Integral $z = C$. Ist $p_3 \equiv 0$ oder $p_4 \equiv 0$, so ist auch $p_4 \equiv 0$ bzw. $p_3 \equiv 0$. Es bleibt dann die DGl $x_1\,p_1 = x_2\,p_2$ mit dem Hauptintegral $x_1\,x_2$ übrig.

Es seien daher jetzt alle $p_\nu \neq 0$. Dann folgt aus den drei Glen

$$p_1\,p_2 = \pm 1, \quad p_3 = \pm p_4, \quad x_1\,p_1 = x_2\,p_2 + (x_3 \pm x_4)\,p_4.$$

Dieses ist ein Involutionssystem. Für die letzte Gl ist, je nachdem das obere oder untere Vorzeichen gilt, $x_1\,x_2$, $x_1(x_3 + x_4)$ oder $x_1\,x_2$, $x_2(x_3 - x_4)$ eine IBasis, und diese erfüllt auch die zweite Gl. Es bleibt also noch $\zeta(\xi_1, \xi_2)$ mit $\xi_1 = x_1\,x_2$ und $\xi_2 = x_1(x_3 + x_4)$ bzw. $x_2(x_3 - x_4)$ so zu be-

9·4 stimmen, daß ζ auch die erste Gl erfüllt. Man erhält die Gl (vgl. zu dieser 6·51)

$$(\xi_1 \zeta_{\xi_1} + \xi_2 \zeta_{\xi_2}) \zeta_{\xi_1} = \pm 1$$

mit dem Vorintegral $\zeta_{\xi_2}/\zeta_{\xi_1}$. Aus $\zeta_{\xi_2} = A \zeta_{\xi_1}$ und der vorangehenden Gl ergibt sich

$$\zeta_{\xi_1} = [\pm (\xi_1 + A \xi_2)]^{-\frac{1}{2}}, \quad \text{also} \quad \zeta = 2 \sqrt{\pm (\xi_1 + A \xi_2)} + B$$

und daher

$$z = 2 \sqrt{x_1 x_2 + A x_1 (x_3 + x_4)} + B \quad \text{und} \quad z = 2 \sqrt{A x_2 (x_4 - x_3) - x_1 x_2} + B.$$

Register.

(Die Zahlen geben die Seiten an.)

Mathematische Leitfäden

Herausgegeben von Prof. Dr. Dr. h.c. mult. G. Köthe,
Prof. Dr. K.-D. Bierstedt, Universität-Gesamthochschule Paderborn,
und Prof. Dr. G. Trautmann, Universität Kaiserslautern

Real Variable and Integration
With Historical Notes
by J. J. BENEDETTO, Prof. at the University of Maryland
278 pages. Paper DM 48,—

Spectral Synthesis
by J. J. BENEDETTO, Prof. at the University of Maryland
278 pages. Paper DM 72,—

Partial Differential Equations
An Introduction
by Dr. rer. nat. G. HELLWIG, o. Prof. at the Technische Hochschule Aachen
2nd edition. xi, 259 pages with 35 figures. Paper DM 52,—

Einführung in die mathematische Logik
Klassische Prädikatenlogik
Von Dr. rer. nat. H. HERMES, o. Prof. an der Universität Freiburg i. Br.
4. Auflage. 206 Seiten. Kart. DM 46,—

Funktionalanalysis
Theorie und Anwendung
Von Dr. rer. nat. H. HEUSER, o. Prof. an der Universität Karlsruhe
2. Auflage. 696 Seiten mit 30 Bildern, 742 Aufgaben zum Teil mit Lösungen und zahlreichen Beispielen.
Kart. DM 84,—

Gewöhnliche Differentialgleichungen
Einführung in Lehre und Gebrauch
Von Dr. rer. nat. H. HEUSER, o. Prof. an der Universität Karlsruhe,
628 Seiten mit 107 Bildern, 705 Aufgaben zum Teil mit Lösungen und zahlreichen Beispielen
Kart. DM 68,—

Lehrbuch der Analysis
Von Dr. rer. nat. H. HEUSER, o. Prof. an der Universität Karlsruhe
Teil 1: 7. Auflage. 643 Seiten mit 128 Bildern, 780 Aufgaben zum Teil mit Lösungen.
Kart. DM 54,—
Teil 2: 5. Auflage. 736 Seiten mit 101 Bildern, 576 Aufgaben zum Teil mit Lösungen. Kart. DM 58,—

Locally Convex Spaces
by Dr. phil. H. JARCHOW, Prof. at the University of Zürich
548 pages. Hardcover. DM 98,—

Lineare Integraloperatoren
Von Prof. Dr. rer. nat. K. JÖRGENS
224 Seiten mit 6 Bildern, 222 Aufgaben und zahlreichen Beispielen. Kart. DM 48,—

Moduln und Ringe
Von Dr. rer. nat. F. KASCH, o. Prof. an der Universität München
328 Seiten mit 176 Übungen und zahlreichen Beispielen. Kart. DM 58,—

B. G. Teubner Stuttgart

Mathematische Leitfäden (Fortsetzung)

Gewöhnliche Differentialgleichungen
Von Dr. rer. nat. H.W. KNOBLOCH, o. Prof. an der Universität Würzburg, und
Dr. phil. F. KAPPEL, o. Prof. an der Universität Graz
332 Seiten mit 29 Bildern und 98 Aufgaben. Kart. DM 58,—

Garbentheorie
Von Dr. rer. nat. R. KULTZE, Prof. an der Universität Frankfurt/M.
179 Seiten mit 77 Aufgaben und zahlreichen Beispielen. Kart. DM 44,—

Differentialgeometrie
Von Dr. rer. nat. D. LAUGWITZ, Prof. an der Technischen Hochschule Darmstadt
3. Auflage. 183 Seiten mit 44 Bildern. Kart. DM 44,—

Kategorien und Funktoren
Von Dr. rer. nat. B. PAREIGIS, o. Prof. an der Universität München
192 Seiten mit 49 Aufgaben und zahlreichen Beispielen. Kart. DM 44,—

Lehrbuch der Algebra
Unter Einschluß der linearen Algebra
Von Dr. rer. nat. G. SCHEJA, o. Prof. an der Universität Tübingen, und
Dr. rer. nat. U. STORCH, o. Prof. an der Universität Bochum
Teil 1: 408 Seiten mit 15 Bildern, 579 Aufgaben und 254 Beispielen. Kart. DM 52,—
Teil 2: 816 Seiten mit 44 Bildern, 1285 Aufgaben und 351 Beispielen. Kart. DM 68,—
Teil 3: 239 Seiten mit 21 Bildern, 258 Aufgaben und 53 Beispielen. Kart. DM 28,—

Einführung in die harmonische Analyse
Von Dr. rer. nat. W. SCHEMPP, ord. Prof. an der Universität Siegen (Gesamthochschule), und
Dr. sc. math. B. DRESELER, apl. Prof. an der Universität Siegen (Gesamthochschule)
298 Seiten mit 3 Bildern, 205 Aufgaben und 116 Beispielen. Kart. DM 58,—

Topologie
Eine Einführung
Von Dr. rer. nat. Dr. h.c. H. SCHUBERT, o. Prof. an der Universität Düsseldorf
4. Auflage. 328 Seiten mit 23 Bildern, 121 Aufgaben und zahlreichen Beispielen. Kart. DM 52,–

Algebraische Topologie
Eine Einführung
Von Dr. rer. nat. R. STÖCKER, Prof. an der Universität Bochum, und
Dr. rer. nat. H. ZIESCHANG, Prof. an der Universität Bochum
424 Seiten mit zahlreichen Bildern, Beispielen und Übungsaufgaben. Kart. DM 52,—

Lineare Operatoren in Hilberträumen
Von Dr. rer. nat. J. WEIDMANN, Prof. an der Universität Frankfurt/M.
368 Seiten mit 221 Aufgaben und 93 Beispielen. Kart. DM 62,—

Partielle Differentialgleichungen
Sobolevräume und Randwertaufgaben
Von Dr. rer. nat. J. WLOKA, o. Prof. an der Universität Kiel
500 Seiten mit 24 Bildern, 99 Aufgaben und zahlreichen Beispielen. Gebunden. DM 84,—

Preisänderungen vorbehalten

B. G. Teubner Stuttgart

Teubner-Ingenieurmathematik